装备管理信息系统

主　编　张晓丰
副主编　郭建胜　陈继成
编　著　李正欣　李克武　田　舢
　　　　王　健　谢　鹏　等

国防工业出版社
·北京·

内 容 简 介

本书是在作者多年从事"装备管理信息系统"课程教学、研究的基础上编写而成的。全书共9章，主要包括装备管理信息系统的概念、结构、分类，开发所需的管理基础、技术基础，生命周期各阶段主要任务、工作内容及方法，以及装备管理信息系统发展与应用案例等内容。本书编写力求简洁，注重实用，便于读者理解和掌握。

本书可以作为相关专业本科生、研究生的教材，也可作为从事装备信息系统建设、管理与开发的相关人员学习的参考用书。

图书在版编目（CIP）数据

装备管理信息系统 / 张晓丰主编. —北京：国防工业出版社，2023.1
ISBN 978-7-118-12704-1

Ⅰ.①装… Ⅱ.①张… Ⅲ.①武器装备管理—管理信息系统 Ⅳ.①E145.1

中国版本图书馆 CIP 数据核字（2022）第 196077 号

※

国防工业出版社出版发行
（北京市海淀区紫竹院南路23号 邮政编码100048）
三河市天利华印刷装订有限公司印刷
新华书店经售

*

开本 787×1092 1/16 印张 14½ 字数 310 千字
2023 年 1 月第 1 版第 1 次印刷 印数 1—1500 册 定价 78.00 元

（本书如有印装错误，我社负责调换）

国防书店：(010)88540777　　书店传真：(010)88540776
发行业务：(010)88540717　　发行传真：(010)88540762

前言

  装备管理信息系统是管理信息系统与装备管理领域相结合的产物,是提高装备管理效能的重要支撑。装备管理信息系统的建设是装备管理系统建设中的一项重要内容。学习相关的概念、构建技术与方法,有助于更好地开发和应用装备管理信息系统,为此,我们在相关专业中开设了"装备管理信息系统"课程,并在前期出版的《航空装备信息管理系统》的基础上,结合教学实际对教材内容进行更新完善与补充。

  本书共9章,较为系统地介绍了装备管理信息系统的概念、结构、分类,开发所需的管理基础、技术基础,生命周期各阶段主要任务、工作内容及方法,以及装备管理信息系统的发展与应用案例。基于教学实际的需要,本书侧重于装备管理系统开发过程及相关技术。

  本书编写的特点:内容涵盖装备管理信息系统规划、分析、设计、实施、运行与维护整个生命周期;以装备管理信息系统的开发为主,适当兼顾管理信息系统的管理、装备管理信息系统所积累数据的分析与利用;编写时力求概念清晰,内容实用,通俗易懂。

  本书由张晓丰担任主编,郭建胜、陈继成担任副主编,李正欣、李克武、田舢、王健、谢鹏、余稼洋等参与编写。张晓丰编写第3、8章部分内容及第7章,郭建胜编写第1章,陈继成编写第5、6章,李克武编写第3章部分内容及第4章,李正欣编写第2章,田舢、王健、谢鹏、余稼洋编写第8章部分内容及第9章。全书由张晓丰统稿。

  本书的出版得到了国防工业出版社的大力支持,在此向国防工业出版社表示诚挚的谢意。本书参考了相关领域人员辛勤工作的成果,在此向相关作者致以崇高的敬意。

  由于装备管理信息系统综合性、交叉性强,作者水平有限,书中难免存在不足,敬请广大读者批评指正。

作 者

2022年6月

目录

第1章 概述 ... 1
1.1 信息及相关概念 ... 1
1.1.1 数据与信息 ... 1
1.1.2 信息的性质 ... 2
1.1.3 信息的度量 ... 3
1.2 信息与管理决策 ... 4
1.2.1 信息与管理 ... 4
1.2.2 信息与决策 ... 5
1.3 装备信息与装备信息管理 ... 5
1.3.1 装备信息 ... 5
1.3.2 装备信息管理 ... 7
1.4 管理信息系统 ... 8
1.4.1 信息系统 ... 8
1.4.2 管理信息系统 ... 9
1.5 装备管理信息系统 ... 10
1.5.1 概念与结构 ... 10
1.5.2 生命周期 ... 12
1.5.3 分类 ... 13
本章小结 ... 15
思考题 ... 15

第2章 装备管理信息系统开发基础 ... 16
2.1 开发条件与原则 ... 16
2.1.1 开发条件 ... 16
2.1.2 开发原则 ... 17
2.2 开发的技术基础 ... 18
2.2.1 系统软件 ... 18
2.2.2 应用软件 ... 21

2.2.3 网络技术基础 ………………………………………………… 23
　　　2.2.4 大数据与云计算 ………………………………………………… 25
2.3 软件开发方法 ……………………………………………………… 28
　　　2.3.1 结构化开发方法 ………………………………………………… 28
　　　2.3.2 面向对象开发方法 ……………………………………………… 29
　　　2.3.3 原型法 …………………………………………………………… 32
　　　2.3.4 信息工程方法 …………………………………………………… 33
　　　2.3.5 计算机辅助软件工程方法 ……………………………………… 34
　　　2.3.6 XP方法 ………………………………………………………… 35
2.4 软件开发管理 ……………………………………………………… 36
　　　2.4.1 开发组织机构 …………………………………………………… 36
　　　2.4.2 文档管理 ………………………………………………………… 37
　　　2.4.3 软件质量管理 …………………………………………………… 39
　　　2.4.4 开发过程计划与控制 …………………………………………… 40
　　　2.4.5 CMM与CMMI ………………………………………………… 52
本章小结 ………………………………………………………………… 58
思考题 …………………………………………………………………… 59

第3章 装备管理信息系统规划 ……………………………………… 60

3.1 系统规划概述 ……………………………………………………… 60
　　　3.1.1 规划的内容 ……………………………………………………… 60
　　　3.1.2 规划的特点 ……………………………………………………… 61
　　　3.1.3 规划的一般过程 ………………………………………………… 61
3.2 规划方法及其选择 ………………………………………………… 63
　　　3.2.1 关键成功因素法 ………………………………………………… 63
　　　3.2.2 战略目标集转换法 ……………………………………………… 65
　　　3.2.3 企业系统规划法 ………………………………………………… 66
　　　3.2.4 基于价值链的规划方法 ………………………………………… 68
　　　3.2.5 规划方法的选择 ………………………………………………… 70
3.3 业务流程重组与业务流程优化 …………………………………… 71
　　　3.3.1 业务流程重组概念 ……………………………………………… 71
　　　3.3.2 业务流程重组过程 ……………………………………………… 72
　　　3.3.3 业务流程重组方法与原则 ……………………………………… 73
　　　3.3.4 业务流程重组实例 ……………………………………………… 74
　　　3.3.5 业务流程优化 …………………………………………………… 75
3.4 装备管理信息系统可行性研究 …………………………………… 75
　　　3.4.1 可行性研究概述 ………………………………………………… 75

3.4.2　可行性研究内容 ·· 76
　　3.4.3　可行性研究报告 ·· 77
本章小结 ·· 78
思考题 ·· 78

第4章　装备管理信息系统分析 ··· 79
4.1　系统分析概述 ··· 79
　　4.1.1　系统分析的方法 ·· 79
　　4.1.2　系统分析的过程 ·· 80
　　4.1.3　系统分析需注意的问题 ·· 81
4.2　现行系统调查 ··· 81
　　4.2.1　系统调查的原则 ·· 81
　　4.2.2　系统调查的内容 ·· 82
　　4.2.3　系统调查的方法 ·· 82
4.3　组织结构与管理功能分析 ··· 84
　　4.3.1　组织结构分析 ··· 84
　　4.3.2　组织职能分析 ··· 84
　　4.3.3　管理功能分析 ··· 85
4.4　业务流程分析 ··· 85
　　4.4.1　业务流程分析概述 ··· 85
　　4.4.2　业务流程图 ··· 86
　　4.4.3　业务流程分析过程 ··· 88
4.5　数据分析 ··· 88
　　4.5.1　数据汇总分析 ··· 88
　　4.5.2　数据流程分析 ··· 89
　　4.5.3　数据字典 ·· 92
　　4.5.4　处理逻辑描述工具 ··· 94
4.6　新系统逻辑模型 ·· 96
　　4.6.1　系统目标 ·· 97
　　4.6.2　新系统信息处理方案 ·· 97
　　4.6.3　系统资源配置 ··· 98
4.7　系统分析报告 ··· 98
　　4.7.1　系统分析报告内容 ··· 98
　　4.7.2　系统分析报告评价 ··· 99
　　4.7.3　系统分析报告实例 ··· 99
本章小结 ··· 107
思考题 ··· 108

第5章 装备管理信息系统设计 ··· 109
5.1 系统设计概述 ··· 109
5.1.1 系统设计依据与原则 ·· 109
5.1.2 系统设计阶段划分 ·· 110
5.1.3 系统设计方法 ·· 110
5.2 系统概要设计 ··· 110
5.2.1 系统总体布局 ·· 110
5.2.2 软件总体结构设计 ·· 111
5.2.3 系统环境配置 ·· 117
5.3 系统详细设计 ··· 119
5.3.1 代码设计 ·· 119
5.3.2 数据库设计 ·· 122
5.3.3 模块与处理过程设计 ·· 125
5.3.4 输入/输出设计 ··· 127
5.3.5 安全可靠性设计 ·· 132
5.4 系统设计报告 ··· 134
5.4.1 系统设计报告的内容 ·· 134
5.4.2 系统设计报告实例 ·· 135
本章小结 ·· 137
思考题 ·· 137

第6章 装备管理信息系统实施 ··· 138
6.1 系统实施概述 ··· 138
6.2 程序设计 ··· 138
6.2.1 程序设计方法 ·· 138
6.2.2 程序设计步骤 ·· 139
6.2.3 程序开发工具 ·· 140
6.3 软件测试 ··· 140
6.3.1 软件测试方法 ·· 141
6.3.2 软件测试级别 ·· 143
6.3.3 软件测试内容 ·· 146
6.3.4 软件测试案例 ·· 147
6.4 系统转换 ··· 151
6.4.1 数据和文档准备 ·· 151
6.4.2 用户培训 ·· 151
6.4.3 系统转换方式 ·· 152

本章小结 ··· 153
思考题 ··· 154

第7章 装备管理信息系统运行与维护 ··· 155
7.1 系统运行管理 ··· 155
7.1.1 运行管理制度 ·· 155
7.1.2 系统日常管理 ·· 155
7.2 系统维护 ·· 156
7.2.1 系统维护内容 ·· 157
7.2.2 程序维护类型 ·· 157
7.2.3 系统维护过程 ·· 158
7.3 系统评价 ·· 159
7.3.1 系统评价概述 ·· 159
7.3.2 评价指标体系 ·· 160
7.3.3 评价方法 ·· 161
7.4 系统安全管理 ··· 162
7.4.1 信息安全威胁 ·· 163
7.4.2 信息系统安全技术 ·· 163
7.4.3 安全管理 ·· 167
本章小结 ··· 168
思考题 ·· 168

第8章 装备管理信息系统发展 ··· 169
8.1 决策支持系统 ··· 169
8.1.1 决策支持系统概念 ·· 169
8.1.2 决策支持系统结构 ·· 170
8.1.3 群决策支持系统 ··· 171
8.2 专家系统 ·· 173
8.2.1 专家系统的概念 ··· 173
8.2.2 专家系统分类 ·· 175
8.2.3 专家系统设计开发 ·· 175
8.3 智能决策支持系统 ··· 180
8.3.1 智能决策支持系统概念 ·································· 180
8.3.2 智能决策支持系统基本结构 ···························· 181
8.3.3 智能决策支持系统常见结构 ···························· 181
8.4 数据仓库与数据挖掘 ·· 182
8.4.1 数据仓库 ·· 182

8.4.2　数据挖掘 ··· 187
8.5　商务智能 ··· 190
　　8.5.1　商务智能的内涵 ··· 190
　　8.5.2　商务智能的功能与技术 ··································· 191
　　8.5.3　商务智能工具分类 ··· 193
　　8.5.4　商务智能项目建设方法 ··································· 193
本章小结 ··· 198
思考题 ·· 199

第9章　装备管理信息系统应用 ··· 200
9.1　维修作业管理子系统 ··· 200
　　9.1.1　案例背景 ··· 200
　　9.1.2　用例图 ·· 201
　　9.1.3　类图与序列图 ·· 204
　　9.1.4　内部外部接口 ·· 205
　　9.1.5　面向对象设计原则 ··· 206
　　9.1.6　类与接口设计 ·· 207
　　9.1.7　功能逻辑设计 ·· 211
9.2　装备管理决策应用 ·· 212
　　9.2.1　装备维修预测控制 ··· 212
　　9.2.2　装备数据可视化分析 ······································ 215
本章小结 ··· 218
思考题 ·· 218

参考文献 ··· 219

第1章 概　　述

现代管理需要信息系统的支持，管理信息系统在组织的运行过程中发挥着神经系统的作用。本章从信息的基本概念入手，介绍装备信息、信息系统等相关概念，以及装备管理信息系统的概念、特征和分类等基本知识。

1.1 信息及相关概念

信息是管理的基础，是管理信息系统的处理对象。管理信息系统作用发挥得好坏，在很大程度上取决于其提供信息的质量与数量，而信息的质量与数量在一定程度上又取决于人们对信息的认识以及管理信息系统的质量。

1.1.1 数据与信息

数据（Data）是描述客观事物性质、状态以及事物相互关系的符号或者符号的组合。例如，某飞机的翼展是 14m，"14m"是一项数据；该飞机某次飞行 150min，"150min"就是一项数据。

一般来说，数据可以分为数值型和非数值型两大类。数值型数据是可以直接进行运算的数字、字母或者数字与字母的组合。例如，某型设备的平均故障间隔时间为 428 小时，其中"428"就是数值型数据。非数值型数据是指数值型数据以外的其他数据，如图像、视频等。随着技术的发展，计算机处理的数据类型日益丰富，但数值型数据仍是管理信息系统处理的主要对象。

数据具有两种基本性质：一是描述性。数据是对现实世界的描述，描述的可以是客观事物的性质、状态，也可以是事物之间的联系。例如，飞机完好与否就是事物状态的描述，飞机与其维护机组的对应关系就是事物之间联系的描述。二是可识别性。数据是一种可识别的符号，而且可以用多种形式表达。例如，描述 5 名维修人员，可以用 5、五、正等多种形式表示维修人员的数量。

数据仅仅是一种符号，并非所有的数据都有意义。其中，对于接收者有影响或潜在影响的才有意义，这种称为"信息"（Information）。信息的定义很多，比如：

(1) 信息是能够帮助人们进行决策的知识。
(2) 信息是关于客观世界的某一方面的知识。
(3) 信息可以减少人们决策时的不确定性，增加对外界事物的了解。
(4) 信息是以符号形式存在的激起行为的源泉。

可以认为，信息是数据经过加工处理后所得到的另外一种形式的数据，这种数据对信息接收者的行为有一定的影响。数据形成信息的加工处理可以是简单的，也可以是复杂的。比如，根据某飞机去年的飞行里程、今年的飞行里程，得到该飞机两年总的飞行里程，这种处理很简单。比如，根据飞机故障规律，预测下一阶段飞机故障情况、确定航材需求，这一处理就比较复杂。数据与信息的关系，很像原料与成品之间的关系（图1.1），数据好像是原料，信息好像是产品。信息产品的利用，有时还依赖于接收者的理解能力和水平。比如，同样是故障检测信息，一些人可以从中发现内在的问题，从而更快、更准地进行排故。

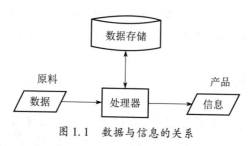

图1.1 数据与信息的关系

1.1.2 信息的性质

信息具有以下性质：

（1）事实性。事实性是信息基本的性质。维护信息的事实性，也就是维护信息的真实性、准确性和客观性等，从而达到信息的可信性。但在一些特殊情况下，出于保密、竞争等需要，有时会故意降低发布信息的真实性，甚至是制造虚假信息。

（2）等级性。等级性也称为层次性。一个系统的信息可能成为另一个系统的数据。例如维修作业工卡，对于实施维修作业的人而言是信息，他（她）要依照工卡的内容、顺序与工作标准进行作业。对于统计工卡完成率的人员而言，他（她）对已经完成的工卡进行计数，并计算其与下达工卡数的比值，此时，他（她）并不关注工卡的具体内容，工卡只是数据。由于管理通常可以分为高层、中层、低层三个层次，信息一般也可相应地分为战略级、策略级和执行级信息：战略级信息是关系组织全局的信息、策略级信息是关系组织管理的信息、执行级信息是关系日常运行的信息。在信息精度上，执行级信息精度最高，策略级信息次之，战略级信息则要求最低。从使用频率看，执行信息的频率最高，策略级信息次之，战略级信息使用频率最低。在加工方法上，执行级信息的加工方法固定，比如，统计飞机故障率的方法是固定的；策略级信息次之；战略级信息有时用模型计算，有时靠专家预测，加工方法不固定，而且与决策者的风格与习惯密切相关。

（3）可传输性。信息可以通过电话、光缆、卫星途径等进行传输，而且随着技术的发展，信息传输的形式越来越多样，传输速度越来越快。此外，信息的传输成本远远低于物质和能源的传输成本。

（4）可压缩性。信息可以进行集中、概括和综合，而不丢失信息的本质。比如，可以从众多实验数据中提取出一个经验公式，可以把复杂的代码用框图进行概要描述。

(5)扩散性。信息具有扩散的本性，信息源和接收者之间的梯度越大，信息的扩散力越强。信息的扩散性一方面有利于知识的传播，但另一方面不利于保密。因此，需要人为地筑起信息壁垒，采取法规、规章及技术手段，阻止或减少信息的盲目扩散。尤其是在军事领域中，更应落实保密制度，否则可能导致信息系统的失败，甚至损害军队和国家利益。

(6)共享性。信息可以在多个人、组织或系统中共享。而且信息在本质上不能进行交换，只能进行共享。比如，甲告诉乙一个消息，甲并没失去什么。这一点，与物质交换的零和性有着本质区别。

(7)增值性。用于某种用途的信息，随着时间的推移，其价值一般会不断降低。但随时间延续所积累的大量信息，借助于有效的分析，可从中提炼有用的信息。例如，飞机完好率历史信息，对于当前管理决策而言没有什么直接的价值，但综合分析历史各期飞机完好率，从中得到一定的规律，就可以为制定提高完好率的针对性措施提供支撑，从而实现对积累信息的增值利用。

(8)转换性。信息、物质和能源是人类社会赖以存在和发展的三种资源。三者有机联系，在一定条件下可以互相转化。比如，从故障信息中发现规律，用于改进装备设计制造，提高装备可靠性，从而降低装备故障频度、备件需求量和非计划维修工作量。

1.1.3 信息的度量

信息的度量主要包括信息量的度量和信息价值的度量。

1. 信息量的度量

最常用的度量是信息量。信息帮助人们消除认识的不确定的程度越大，该信息的信息量就越大；反之，信息量就越小。如果事先就确切地知道了信息中相关事件的内容，则该信息的信息量为零。

信息量可以用以下公式计算：

$$H(x) = -\sum P(X_i) \log_2 P(X_i) \quad (i = 1, 2, 3, \cdots, n)$$

式中，X_i 为第 i 个状态，共有 n 个状态；$P(X_i)$ 为出现第 i 个状态的概率；$H(x)$ 为消除不确定信息所需要的信息量，单位为比特（bit）。

例如，假定装备状态为"完好"或"故障"之一，出现这两种状态的概率各为 1/2，即

$$P(X_1) = 0.5, \quad P(X_2) = 0.5$$

则 $H(x) = -(P(X_1)\log_2 P(X_1) + P(X_2)\log_2 P(X_2)) = -(-0.5-0.5) = 1\text{bit}$。即用 1bit 的信息就可以准确地表达装备处在哪个状态。若该装备状态为"完好"的概率为 3/4，"故障"的概率为 1/4，则确切知道该装备完好状态所需的信息量为

$$H(x) = -\left(\frac{3}{4}\log_2\frac{3}{4} + \frac{1}{4}\log_2\frac{1}{4}\right) = -(-1.807-0.125) = 1.932\text{bit}$$

2. 信息价值的度量

不同信息的价值往往不同，度量信息价值的方法通常有两种：一种是按所付出的社

会必要劳动量来计算；另一种是衡量使用效果的方法。前者计算所得的信息价值叫内在价值，后者计算所得的价值叫外延价值。

按照社会必要劳动量来计算信息产品的价值，其方法和计算其他一般产品价值的方法是一样的。即

$$V = C + P$$

式中，V 为信息产品的价值；C 为生产该信息所花成本；P 为利润。

衡量使用效果的方法认为，信息的价值是在决策过程中用了该信息所增加的收益减去获取信息所花费用。这里所说的收益是指，在选择方案时，利用信息进行比较后在多个方案中选择最优方案，或不利用信息任选一个方案，执行两种方案最终所获得效益的差。

$$P = P_{\max} - P_i$$

式中，$P_{\max}$ 为最好方案的收益；P_i 为任选某个方案的收益。

比较合理的是用几种方案的期望收益代替 P_i，再表示严格一些，即

$$P = \operatorname{Max}[P_1, P_2, \cdots, P_n] - \frac{1}{n}\sum_{i=1}^{n} P_i$$

如果不是在多个方案中选一个，而是直接利用信息和模型选择最优方案，那么上式应为

$$P = P_{\mathrm{opt}} - \frac{1}{n}\sum_{i=1}^{n} P_i$$

式中，P_{opt} 为最优方案的收益。

1.2 信息与管理决策

1.2.1 信息与管理

信息在管理中起着基础性的作用。管理活动是在一定环境中，管理者向管理对象施加影响、管理对象向管理者做出反应两个过程的统一，离开信息，任何管理都将无法进行。

（1）信息是制定计划的基本依据。制定计划，必须先收集和分析过去的、现在的实际信息，掌握和运用反映未来趋势的预测信息。拥有信息的数量和水平决定着计划的质量。

（2）信息是组织实施的保证。组织实施是实现计划目标所采取的行动。设置机构、配备人员、调动财力和物力，都需要相关信息作为前提条件，才能保证这些活动的顺利进行。

（3）信息是调节控制的指示器。在计划实施过程中，缩小或纠正实际结果偏离现实目标的差距，必须要有反映管理系统运行状态的监测信息，调整实际参量以接近目标参量的反馈信息。

（4）信息是激励人员的依据。一方面，为达到激励的目的，需要设置适当的目标，

而激励目标的制定，需要分析人员需求的信息；另一方面，对人员进行奖惩，也需要其业绩的信息。

（5）信息是领导指挥的基础。领导者要知人善任，需要掌握组织和人员的全面信息。

1.2.2 信息与决策

以西蒙（A. Simon）为代表的"决策理论"学派认为整个管理过程就是一系列的决策过程，"管理就是决策"。管理的三个层次，即高层管理、中层管理和基层管理，所对应的决策分别为战略性决策、战术性决策和业务活动决策。

战略性决策，是有关重大方向性问题的决策，如装备发展方针、长远规划、新装备试制等；战术性决策，是为了保证战略性决策所需要的人、财、物的准备而进行的决策，如人事调动、资金周转、资源分配等；业务活动决策，是为了提高日常工作效率和效益而作的决策，通常着眼于短期和个别方面，如确定采购批量。不同的决策所使用的信息有不同的特点，如表 1.1 所示。

表 1.1 决策种类及信息特性

信息特性	决策种类		
	业务性	战术性	战略性
主要来源	内部	介于二者之间	外部
范围	较小	介于二者之间	较广
频率	高	介于二者之间	低
精确度	高	介于二者之间	低
时间性	历史的	介于二者之间	预测的
可知性	预知的	介于二者之间	突发的
寿命	短	介于二者之间	长
保密要求	低	介于二者之间	高
加工方法	固定	介于二者之间	灵活
组织	严谨	介于二者之间	松散

1.3 装备信息与装备信息管理

1.3.1 装备信息

装备信息泛指在装备管理全系统全寿命过程中出现的各类信息，包括装备的基本信息、使用信息、储存信息、故障信息、维修信息、可靠性信息、备件和其他供应品信息、人员信息、费用信息等。装备信息是装备在时空特性变化的体现，是保证装备的合理使用和正确维修的基础，也是联系使用阶段与装备寿命周期其他阶段的纽带，合理利用装备信息可以提高装备管理与使用的效能。

装备管理过程中涉及各种各样的信息，信息量庞大、种类繁多，不但包括装备本身的信息，而且包括主装备以外保障装备的信息，以及有关政策、法规、标准等信息。这些信息从不同角度或不同需要有不同的分类方法。

（1）按重要性分，装备信息可分为核心信息、主要信息和一般信息。装备的核心信息包括装备的建设规划、实力、储备、战时方案、战时保障计划以及主要新型装备性能。装备的主要信息包括装备的调配保障计划、使用计划和日常使用情况，质量信息和完好率（在航率）、消（损）耗情况，维修设备与器材数量、质量和分布，修理机构维修能力，经费分配和使用，主要技术革新项目以及主要装备履历档案资料和一般新型装备性能资料等。装备一般信息包括装备业务工作情况，装备人员数量、质量和训练情况，一般技术革新项目，一般装备履历档案资料以及装备管理工作研究成果等。

（2）按稳定情况分，装备信息可分为基本信息和动态信息。基本信息包括比较稳定的政策、法规、标准，装备的结构特点、工作原理，装备的战术技术性能和作战特点，装备设计系统的构成信息，装备研制部门的人、财、物信息，装备使用部门的构成信息（如工具、设备、人员、设施、机构等），以及研制生产中的实验、试验、计算等工程技术数据、资料等。动态信息包括装备的使用情况数据、技术状态检测数据、故障安全及维修数据等，以及需要经常收集、统计、更新的信息。

（3）按所属的环境分，装备信息可分为外部信息和内部信息。对内部信息与外部信息的划分，根据立足点的不同而不同。比如，对整个军种装备管理而言，外部信息包括军委制定的有关政策、法规、标准，下发的指令计划，其他军种及地方装备管理信息等；内部信息则是指军种范围内在装备管理过程中出现的所有信息，例如装备的基本信息、使用信息、维修信息等。

（4）按时效性分，装备信息可分为周期性信息、历史性信息和当前信息。周期性信息包括下属单位定期上报的信息以及本单位季度、年度的总结性信息，例如月份修理工作报告，飞机、发动机大修年计划等。历史性信息主要指装备的档案类信息，例如历年装备的订购计划，飞机、发动机的档案管理等。当前信息包括近期发生或正在发生的随机性强、规律性差的信息，例如某新型装备的使用信息、技术通报的落实信息、装备维修过程中的监控信息等。

（5）按信息的作用分，装备信息可分为预测信息和模拟信息。预测信息是指根据已掌握的数据、信息，对下一步装备的发展建设和管理所作的估计，例如装备的发展方向、次年经费的预算等。模拟信息指对设计方案的仿真信息，例如飞机的作战预案、战斗转场概算等。

（6）按信息反映的内容，装备信息可以分为以下主要类别：

- 装备基本信息，反映装备基本情况的一些基本信息，如装备名称、型号、类型、生产厂家、生产年份、批次等。
- 使用信息，反映装备使用情况的信息，如使用单位、使用时间和使用强度、使用环境等。

- 储存信息，反映装备储存基本情况的信息，如装备储存条件、储存时间、质量变化等。
- 故障信息，反映装备在使用、储存中的故障的信息，如故障时间、故障部位、故障原因、故障现象等。
- 维修信息，反映装备故障修复或预防性维修的有关信息，如各项预防性维修工作的级别、维修工作类型、维修时间及消耗的资源等。
- 可靠性信息，反映装备、零部件可靠性的数据，如故障状态、寿命分布类型、参数等。
- 维修性信息，反映装备、零部件维修性的数据，如维修时间的分布类型、参数等。
- 备件和其他供应品信息，反映备件和其他供应品的品种、需求、储存与消耗的数量等。
- 人员信息，反映与装备相关人员的信息情况，如使用人员情况、维修人员情况等。
- 费用信息，反映装备维修和使用中费用的预算和实际收支的信息，如维修费用、使用费用等。
- 维修机构信息，反映各级维修机构、设备、设施等方面的信息。
- 相关信息，如有关政策、法规、标准、制度、设施等方面的信息。

1.3.2 装备信息管理

装备从立项论证开始就产生了大量信息，这些信息为装备设计、生产、使用部门和单位进行装备技术设计、研制和合理使用提供了决策依据。因此，应对装备信息的收集、处理、存储、传输和利用加以科学管理，为信息管理提供科学、合理、有效、先进的方法和技术手段，保证信息畅通无阻，供各部门或单位所用。

装备信息管理是装备信息收集、传输、处理、使用等过程中思想、方法和技术手段的总称，目的是通过对信息的管理，为装备部门提供源源不断的信息服务，以便实施科学的管理决策。装备信息管理是装备管理中的一项重要工作，是装备系统工程的重要组成要素之一。装备信息管理的工作包括装备信息收集、加工、存储、反馈与传递以及信息利用的跟踪等内容，其主要流程如图1.2所示。

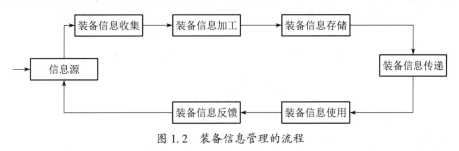

图1.2 装备信息管理的流程

（1）装备信息收集。在内容上主要包括装备技术战术指标和可靠性、维修性、保障性等方面的信息；装备设计、生产质量和维修方案信息；装备故障信息，维修间隔、维修工作及维修物资消耗数据，维修工具和设备使用情况，费用数据。在收集方式上一般分为常规收集和非常规收集。常规收集是指对常规信息的连续收集，收集内容稳定、格式统一。非常规收集是指需要不定期进行的某些信息的收集。收集的信息有时全面，有时是专题信息。

（2）装备信息加工。信息加工处理主要指对收集的原始信息，按照一定的程序和方法进行处理。加工处理的基本要求是系统化，便于存储、传递和使用。加工处理没有固定的模式，但基本程序和内容包括信息的审核与筛选、分类和排序、统计与计算、分析与评价。

（3）装备信息存储。信息经过加工处理后，一般需要进行分类存储，以便于信息的查询使用和信息资源的开发使用。

（4）装备信息传递。信息只有经过传递才能发挥它的作用。装备信息的传递是实现装备闭环控制的必要途径，是将装备管理各项活动连成一个有机整体的纽带。装备信息传递的基本要求是保真、保密、快速、便捷。

（5）装备信息反馈。装备信息反馈是把决策信息实施的结果输送回来，以便于输出新的信息，用以修正装备管理决策目标和控制、调节系统有效运行。装备管理中，每个局部工作的完成都会对整体目标产生影响。为了实现预期目标，要获得各方面、各环节的反馈，并依据反馈信息修正决策，指导和控制系统的正常运行。

1.4 管理信息系统

1.4.1 信息系统

系统（System）是若干相互作用有机组织在一起实现某个目标的要素的集合。信息系统（Information System，IS）是集计算机技术、网络技术和软件技术等于一体的、提供信息服务的系统。信息系统的根本目的是利用信息技术，实现信息资源的开发利用，为管理决策提供信息服务。

从外部视角来看，信息系统可以用图1.3来描述：输入是获取和收取原始数据的活动，处理是将数据转换为有用输出的一组操作，反馈是用来改变输入或处理活动的输出。

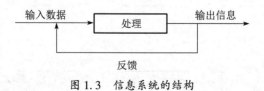

图1.3 信息系统的结构

信息系统的内部构成可以用五要素模型（Five-Component Framework）描述，信息系统由硬件、软件、数据、程序和人组成，如图1.4所示。这种观点认为，信息系统是一个典型的社会技术系统，既需要计算机、设备等物理技术，也需要组织、人员等才能正常工作。其中，"程序"并非计算机软件程序，而是进行数据处理、作业处理、管理控制等过程的规范和相关制度等。

| 硬件 | 软件 | 数据 | 程序 | 人 |

图1.4 信息系统五要素模型

1.4.2 管理信息系统

1. 管理信息系统的概念

管理信息系统（Management Information System，MIS）是信息系统的一个子集，这一概念最早出现在1970年，瓦尔特·肯尼万（Walter T. Kennevan）给出管理信息系统的定义是：

"管理信息系统是以书面或口头的形式，在合适的时间向经理、职员以及外界人员提供过去的、现在的、预测未来的有关企业内部及其环境的信息，以帮助他们进行决策。"

这个定义强调了管理信息系统通过及时提供各种信息以支持企业管理，但它没有对管理信息系统提出现代信息技术要求，因此，其含义比较宽泛。1985年，高登·戴维斯（Gordon B. Davis）给管理信息系统下了如下定义：

"管理信息系统是一个综合利用计算机硬件和软件，手工作业的分析、计划、控制和决策模型，以及利用数据库进行组织管理和决策服务的用户—机器系统。"

这个定义在20世纪80年代中期之后被认为是管理信息系统的权威定义。

美国学者Kenneth C. Laudon和Jane P. Laudon给出了如下定义：

"管理信息系统技术上可以定义为互联部件的一个集合，它收集、处理、储存和分配信息以支持组织的决策和控制。"

管理信息系统的定义还有很多，比如，管理信息系统是组织理论、会计学、统计学、数学模型等同时展现在计算机硬件和软件系统中的混合物。管理信息系统是能够提供过去、现在和将来信息的一种有条理的方法，它按适当的时间间隔提供信息，支持组织的计划、控制和操作功能，以支持决策的制定。管理信息系统是一个高度复杂、多元和综合的人机系统，它全面使用现代计算机技术、网络通信技术、数据库技术以及管理科学、运筹学、统计学、模型论和各种最优化技术，为经营管理和决策服务。

我国从事管理信息系统教学和研究的学者给出的定义是：

"管理信息系统是一个以人为主导，利用计算机硬件、软件、网络通信设备以及其他办公设备，进行信息的收集、传输、加工、储存、更新和维护，以企业战略竞优、提高效益和效率为目的，支持企业高层决策、中层控制、基层运作的集成化的人机系统。"

2. 管理信息系统概念结构

从概念上看，管理信息系统由信息源、信息处理器、信息用户和信息管理者四大部件组成,如图 1.5 所示。信息源是指数据输入源,是信息产生地。信息用户是信息的使用者。信息处理器由数据采集装置、数据变换装置、数据传输装置、数据存储和运行装置等部分组成。信息管理者负责管理信息系统的设计、运行,并与其他部分协调配合。

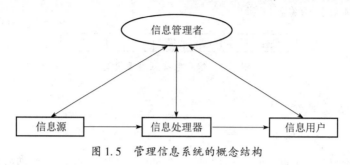

图 1.5 管理信息系统的概念结构

1.5 装备管理信息系统

1.5.1 概念与结构

装备管理信息系统是指装备管理部门根据装备全系统全寿命管理业务需要而建立的、由人、计算机、网络及其他软硬件等组成的,进行装备信息收集、传递、储存、加工、维护和使用的系统。其目的是合理、有效地利用装备信息,提高装备管理的工作效率和军事经济效益,实现装备管理的科学化、现代化。

装备管理信息系统是装备管理系统的重要组成部分。装备管理信息系统是管理信息系统的子集。

从不同的视角分析装备管理信息系统,可以得到不同的结构。

1. 功能结构

从使用者的角度看,一个装备管理信息系统总是有一个目标,具有多种功能,功能之间又有联系,形成其功能结构。如某工程装备管理信息系统的功能结构如图 1.6 所示。

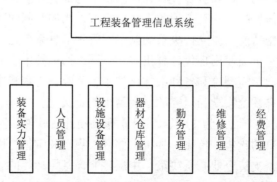

图 1.6 某工程装备管理信息系统功能结构

（1）装备实力管理子系统。实现部队现有装备编制、实力、技术状况的管理。

（2）人员管理子系统。实现部队现有技术人员的管理，建立人员档案，掌握人员的编制、实力、受训考核和凭证发放等情况。

（3）设施设备管理子系统。实现对部队设施的维修、设备的管理，建立维修设施、设备档案，对维修设施、设备的情况进行统计分析。

（4）器材仓库管理子系统。实现对器材采购、入库和调拨管理，实现库存按需查询，生成器材申请计划，对器材库存、消耗情况进行统计。

（5）勤务管理子系统。实现装备保障计划、动态管理和日常管理。装备保障计划主要包括装备的使用、保养、修理和器材供应计划等；装备动态管理主要处理装备的派遣、撤收、动态登记统计等工作；装备日常管理是对日常管理情况进行登记统计处理。

（6）维修管理子系统。实现从装备修理申请到修竣后交接整个过程的管理，便于全程掌握装备的维修情况和修理分队的维修情况。

（7）经费管理子系统。主要对维修经费预算、决算和维修记账和单装维修经费进行管理。

2. 软件结构

装备管理信息系统的软件结构，指支持装备管理信息系统各种功能的软件系统或软件模块所组成的系统结构。这种视角侧重于技术的角度。例如，航材管理信息系统具有筹措管理、跟踪管理、保障月报、装备管理、战备管理等模块，同时还带有它自己的专用数据文件。整个系统有为全系统所共享的数据和程序，包括公用数据文件、公用程序、公用模型库及数据库管理系统。其软件结构如图1.7所示，每个方块是一段程序块或一个文件，每一个纵行是支持某一管理领域的软件系统。

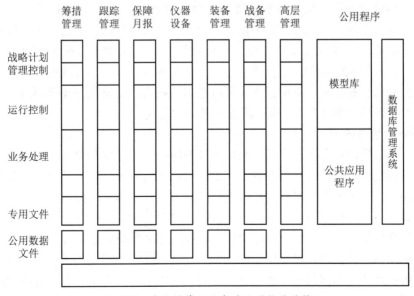

图1.7 某航材管理信息系统的软件结构

1.5.2 生命周期

装备管理信息系统的生命周期可以划分多个阶段。将生命周期划分为若干个阶段是为了对每一个阶段的目的、任务、所采用的技术、应参加的人员、要取得的阶段性成果以及与前后阶段的联系等做深入具体的研究，从而降低工作难度。

粗略地讲，装备管理信息系统可以分为开发阶段和运行维护阶段。开发阶段的工作是建成系统；系统建成投入运行后，还需要不断地进行维护，以延长其使用时间，直到被新的系统所取代。取而代之的新系统也将经历同样的生命周期。图1.8描述了装备管理信息系统的完整的生命周期，共包括系统规划、系统分析、系统设计、系统实施、系统运行与维护等阶段。

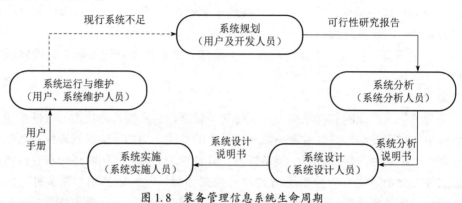

图1.8 装备管理信息系统生命周期

1. 系统规划阶段

系统规划阶段的任务是适应装备管理信息化建设的需要，对装备管理和使用的环境、目标、现行系统的状况进行初步调查，根据装备发展战略，确定装备管理信息系统建设发展的战略，对开发建设新系统（目标系统）的需求做出分析和预测，同时充分考虑目标系统所受到的各种约束，研究建设目标系统的必要性和可能性，对方案进行论证与可行性分析，提出立项论证报告、可行性研究报告。研究报告评审通过之后，将目标系统的开发建设方案及实施计划编写成系统研制任务书。

2. 系统分析阶段

系统分析阶段的任务是根据系统研制任务书所确定的范围和要求，对现行系统进行详细调查，描述现行系统的业务流程，找出现行系统的局限性和不足之处。在现有调查资料的基础上，对装备管理部门的业务进行调查与研究，确定目标系统的目标和逻辑功能要求，提出目标系统的逻辑模型。这一阶段又称为逻辑设计阶段，是整个装备管理信息系统开发建设的关键。系统分析阶段的工作成果主要体现在系统分析说明书中，这是装备管理信息系统开发建设过程中一系列文档中的重要一份。系统分析说明书应完整、准确、通俗。系统使用部门通过系统分析说明书可以了解未来系统所具备的功能，判断是不是其所要求的系统。系统分析说明书一旦通过评审，就是系统设计的依据，也是将来对目标系统验收的依据。

3. 系统设计阶段

系统设计阶段的任务是根据系统分析阶段构造出的独立于物理设备的目标系统逻辑模型，考虑系统分析说明书中规定的功能要求和实际条件，进行目标系统的物理模型设计，具体选择一个物理的计算机信息处理系统。这一阶段又称为物理设计阶段。系统设计阶段一般又分为概要设计和详细设计两个子阶段。这一阶段输出的技术文档是系统设计说明书。

4. 系统实施阶段

系统实施阶段的任务是将设计出来的新系统付诸实施。这一阶段的工作主要包括计算机等硬件设备的购置、安装和调试，程序的编写与调试，人员培训，数据转换与初始化，系统整体调试等。这一阶段的特点是几个相互联系、相互制约的工作同时展开，必须精心组织，合理安排工作进程。系统实施是按实施计划分步骤完成的，每一项工作都应写出实施进度计划，工作完成之后提交相应的报告，如测试分析报告等。这一阶段要完成用户手册和操作手册等的编写。

5. 系统运行和维护阶段

系统实施阶段完成之后，得到一个可以运行的新的装备管理信息系统。系统转换之后，目标系统经过一段时间的试运行以及进一步的修改、调试和定型，应当对系统整个开发阶段的工作情况和结果进行一次验收，其验收内容主要是系统的工作质量和经济效益。之后，目标系统便进入一个正常的、长期的运行和维护阶段，直至被更新的系统所替代。这一阶段的主要工作就是保证系统正常运行，定期记录系统运行的情况，对系统进行必要的维护并履行相应的审批和验收手续。

1.5.3 分类

1. 管理活动的分类

Robert Anthony 在《规划和控制系统：一个分析基本框架》一文中将管理活动分为战略规划、管理控制和操作控制三大类，如图 1.9 所示。

1）战略规划

战略规划是确定组织目标和达到这些目标所需要的资源，以及控制这些资源的获得、使用和分配等的一个过程。首先，战略规划强调的是组织目标的选择和达到这些目标所需要的活动和手段，战略规划的一个基本工作是对组织本身及其环境的未来状况进行预测。其次，战略规划通常是高层管理人员的工作，它具有非重复性和创造性。由于所面临问题的复杂性以及处理这些问题的无规律性，评价战略规划过程的质量非常困难。

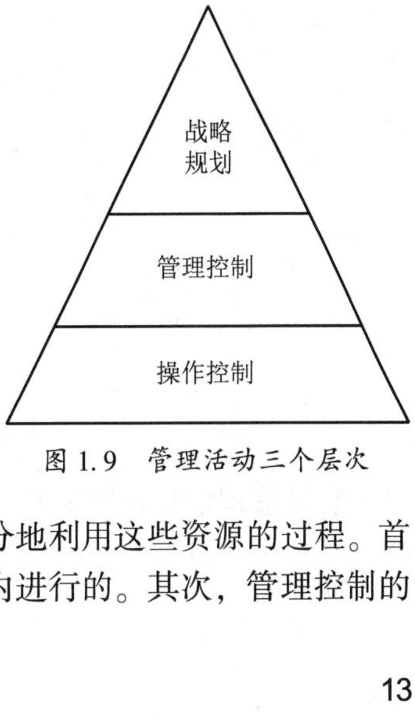

图 1.9 管理活动三个层次

2）管理控制

管理控制是管理人员获得资源并为有效完成目标而充分地利用这些资源的过程。首先，管理控制活动是在战略规划确定的政策和目标的范围内进行的。其次，管理控制的首要目标是保障有效且充分地利用组织资源。

3）操作控制

操作控制是为了确保具体的业务活动高效率地进行而采取行动的过程。管理控制和操作控制的基本区别在于操作控制是侧重于对具体的业务控制（例如对飞机某一部件的维修活动），而管理控制是侧重于对人员的控制、对资源的合理利用。由于通过管理控制活动，作业、具体目标和资源已加以详细的规划，因此在操作控制中无需什么判断。

这三类活动的信息需求是有差别的，这种差别反映了对应领域中管理人员所需要的信息的基本特征。

战略规划主要侧重于建立组织的政策和目标。其中，组织及其环境之间的关系是战略规划关心的核心问题，对未来进行预测的工作在该活动中尤为重要。因此，战略规划所需要的信息是一种高度聚合的信息，主要是通过组织的外部资源获得，信息的范围很大，对信息准确性的要求却不甚严格，而且信息的需求频率很低。

操作控制活动的信息需求与战略规划恰好相反。面向操作控制的业务，需要的是明确定义、范围狭窄、内容详细的信息，这种信息大部分是内源信息，使用频率很高，具有很高的准确性。

管理控制活动的信息需求介于操作控制与战略规划之间。另外，与管理控制有关的信息大部分是通过人员之间的交互作用来获得的。

2. 装备管理信息系统的分类

管理信息系统通常可以按照层次维、职能维和智能维进行分类。装备管理信息系统属于管理信息系统，其逻辑结构亦呈三维结构，如图 1.10 所示。

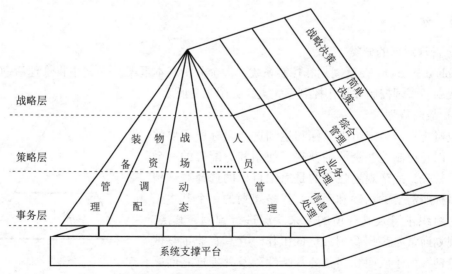

图 1.10 装备管理信息系统基本分类

装备管理信息系统主要对策略层和事务层提供支持，一般不对战略层提供支持，战略层通常由决策支持系统或主管信息系统提供支持。管理信息系统能够提供装备管理中的计划、物资、技术、维修、质量、设备、设施、人力、装备状况等方面的综合管理，具有信息处理、业务处理、综合管理和辅助简单决策等方面的功能。装备管理信息系统的支撑平台包括计算机、信息网络、辅助设备等硬件系统和操作系统、数据库系统、开发环境和工具、中间件等软件系统。系统支撑平台是管理信息系统的重要组成部分。

本章小结

信息是现代社会广泛使用的一个概念。信息是经过加工的数据，是对决策有价值的数据。信息所包含的内容是多种多样的，可从特征、管理层次、加工程度、来源、稳定性和流向等多个不同的角度进行分类。信息具有事实性、等级性、可压缩性、扩散性、传输性、共享性、增值性、转换性等基本性质。装备信息可按信息的重要性、稳定程度、所属环境、时效、作用、反映的内容等进行划分。

信息系统是集计算机技术、网络技术和软件技术等于一体的、提供信息服务的系统，管理信息系统是应用于管理领域的信息系统，装备管理信息系统是管理信息系统在装备领域的具体应用。装备管理信息系统是指装备管理部门根据装备全系统、全寿命管理的业务需要建立的由人、机等组成的能进行装备信息收集、传递、储存、加工、维护和使用的系统。它是装备管理系统的重要组成部分，具备一般管理信息系统的功能、性质和特点，其生命周期可以划分为系统规划、系统分析、系统设计、系统实施、系统运行维护等阶段，装备管理信息系统可以从职能维、层次维、智能维三个方面进行划分。

思考题

1. 什么是信息，什么是数据，信息与数据的联系与区别是什么？
2. 请列举信息的性质并举例说明。
3. 请说明装备信息的概念及分类。
4. 请说明信息在管理中的作用。
5. 请解释装备管理信息系统的概念，并用概念结构解释某一装备管理信息系统。
6. 请举例说明某一装备管理信息系统的功能结构与软件结构。
7. 简述装备管理信息系统的生命周期，以及生命周期各阶段的主要工作内容。
8. 简述装备管理信息系统的分类框架。

第 2 章　装备管理信息系统开发基础

系统开发是建立装备管理信息系统过程中必不可少的工作。装备管理信息系统开发中往往涉及装备管理思想与方法、工作模式与流程、信息技术等多方面，需要较长的周期和不小的资金投入。要确保开发成功，必须具备一定的前提条件，遵循一定的系统开发原则，运用适当的开发方法和技术，并有效组织和管理开发全过程。

2.1　开发条件与原则

2.1.1　开发条件

信息系统开发经验教训表明：要确保信息系统开发成功，一定要具备必要的基础。对装备管理信息系统而言，也要满足一些前提条件才能保证开发成功。

1. 得到领导重视与业务部门支持

大多数装备管理信息系统开发是一项系统工程，周期长，耗资大，涉及装备系统的管理体制、管理方法、流程调整等诸多因素。这些问题单靠系统分析小组是无力解决的，必须由主要领导亲自抓。领导者充分重视，纵观全局，协调各方面的关系，有始有终地把管理信息系统从分析、设计到实施抓到底，才能取得成功。

同时，装备管理信息系统的开发也离不开各业务部门的支持，因为各级业务部门的人员最熟悉本部门的业务管理活动、业务流程和工作特点，了解本部门的信息需求。因此，获得业务部门的支持，并吸收部分业务部门人员参与开发过程，才能确保最终系统满足用户的需求。

2. 具有科学管理工作基础

装备管理信息系统是在科学管理的基础上发展起来的。只有在合理的管理制度、完善的规章、稳定的业务运行秩序、科学的管理方法以及完整准确的数据的基础上，才能考虑管理信息系统的开发问题。为了适应计算机管理的要求，装备管理工作必须逐步加强管理工作的程序化、管理业务的标准化、报表文件的规范化、数据资料的完善化以及代码的统一化。

3. 建立一支专业的开发队伍

在建立和使用装备管理信息系统过程中，装备系统内部的人员构成将发生变化。一部分工作人员可能改变自己的工作性质和内容，还要配备一些新的专业人员，如系统分析员、程序设计员、计算机操作人员、硬件和软件维修人员等。为了建立这支专业队伍，必须做好选择和培训工作，特别要注意对系统分析员的选择和培养，因为他们要研究整个装备系统及各个组成部分的活动,且要根据研究的结果进行系统设计和实施。因此,系统分析员既要有丰富的实际工作经验和装备保障的专门知识,还要熟悉计算机的硬件、软件及管理数学方法。

从具有实践经验的人员中培养系统分析员,能在较短的时间内开始系统分析和系统设计工作。因为很难在短期内培养一个"全能"的系统分析员,所以组织几个各有专长的专家,成立一个系统分析和系统设计小组,担负整个管理信息系统的分析、设计和实施任务,是较为现实的做法。为了相互配合,协调一致,有共同的语言是很重要的,故对这些专家也必须有针对性地加以培训。

4. 具备足够的资金支持

装备管理信息系统开发要有一定的物质基础。信息系统开发是一项投资大、风险大的系统工程。系统开发部门在装备管理信息系统开发过程中,需要购买机器设备,购买软件,消耗各种材料,发生人工费用、培训费用以及其他一些相关的费用。为了保证装备管理信息系统开发的顺利进行,开发前应有一个总体规划,进行可行性论证,对所需资金应有一个合理的预算,制定资金筹措计划,保证资金按期到位;开发过程中要加强资金管理,防止浪费现象的发生。

2.1.2 开发原则

系统工程理论是装备管理信息系统开发的方法论基础,装备管理信息系统开发应遵循系统工程的一般原则,同时还要兼顾装备管理方面的特殊性。具体而言,开发应遵循以下原则:

1. 整体性原则

设计装备管理信息系统时,要站在装备管理全局的角度来通盘考虑,要避免那些局部最优、整体不良的设计。同时,需要考虑各部门的职能分工、任务安排等问题,做好相互协调。

2. 面向用户原则

装备管理信息系统是为装备管理工作服务的,建成的系统要由用户来使用,满足用户的要求是系统开发工作的出发点和归宿,这是系统目的性的体现。

因此,系统开发的成功与否取决于是否符合用户的需要。但用户的需求往往不能一次性完整而准确地表达出来,而是随着开发工作的进展而不断明确和具体化的。因此,在系统开发的整个过程中,开发人员应该始终与用户保持密切联系,不断及时地了解用户的要求和意见。

3. 工程化原则

装备管理信息系统的开发管理应采用工程化方法,即科学划分工作阶段,制定阶段性考核标准,分步组织实施,所有的文档和工作成果要按标准存档。这样做的好处:一是便于人们沟通,通过文档减少语言交流的"二义性";二是系统开发的阶段性成果明显,可以在此基础上继续推进开发;三是有案可查,使未来系统的修改、维护和扩充比较容易。

4. 优化创新原则

装备管理信息系统的开发，不能以简单地模拟原有管理模式和处理过程为目标，必须根据装备管理工作的实际情况、科学管理的要求以及信息技术的支持程度加以优化与创新，实现利用信息系统更好支持管理的目的。

5. 动态适应性原则

装备管理理念、管理工作内容与方式以及外界环境都处在不断变化的过程中，为了适应这种变化，装备管理信息系统需要具有良好的扩展性和维护性。系统开发中必须具有开放性和超前性，使系统具备较强的动态适应性，从而使系统具有较强的生命力。

6. 可靠性与安全性原则

可靠性与安全性是信息系统重要的指标之一。在装备管理信息系统开发过程中，要注重系统的健壮性、易恢复性，提供较完备的可靠性；注重系统的安全性，采取有效的措施提高系统安全性和数据安全性。

2.2 开发的技术基础

2.2.1 系统软件

信息系统需要依靠软件来管理和使用计算机硬件，把数据资源转换成各类信息产品。计算机软件大体上可以划分为两类：一类是系统软件，另一类是应用软件。系统软件是指在计算机执行各类信息处理任务时，管理与支持计算机系统资源及操作的程序。

1. 计算机操作系统

计算机操作系统是应用程序与计算机硬件的"中间人"，为计算机硬件和应用程序提供了一个交互的界面，并指挥计算机的各部分硬件协调工作。如果没有操作系统的统一安排和管理，计算机硬件将没有办法执行应用程序的命令。

1）DOS 操作系统

最初的 PC 计算机大多采用 DOS（Disk Operation System）操作系统，这是一种单任务单线程操作系统，由 MSDOS.SYS、IO.SYS 和 COMMAND.COM 三个基本文件和一些外部命令组成。其中，MSDOS.SYS 称为 DOS 的内核，它主要用来管理和启动系统的各个部件，为 DOS 的引导做好准备工作；IO.SYS 主要负责系统的基本输入和输出；COMMAND.COM 文件是 DOS 与用户的接口，它主要提供了一些 DOS 内部命令。

2）Windows 系列操作系统

随着计算机硬件性能的提高，微软公司开发了 Windows 系列操作系统。Windows98/XP/Vista/7 是专门为 PC 机设计的多任务操作系统。微软还为服务器设计了 Windows NT、Windows 2000 Server、Windows 2000 Advance Server 以及 Windows Server 2003/2008/2012 等，支持多处理器和多种计算机体系结构，具有高性能、高可用性与高安全性，是多任务多线程的操作系统。微软公司还开发了支持嵌入式开发的 Windows CE 操作系统。目前，微软公司推出了支持 64 位 CPU 的新一代操作系统 Windows 10。

3）NetWare 操作系统

NetWare 操作系统曾经在局域网操作系统中雄霸一方。它对网络硬件的要求较低，具有相当丰富的应用软件支持，技术完善可靠，并且 NetWare 服务器对无盘工作站和游戏的支持好，曾经广泛应用于局域网。目前这种操作系统的市场已被 Windows 和 Linux 系列操作系统瓜分了。

4）Unix 操作系统

Unix 系统采用集中式分时多用户体系结构，网络管理功能良好，应用软件支持丰富，用户接受度高。版本主要有 AT&T 和 SCO 的 Unix SVR、IBM AIX 等。它多数是以命令方式进行操作的，不容易掌握，因此主要应用于大型网站或大型的企事业局域网中。

5）Linux 操作系统

Linux 最大的特点就是源代码开放，可以免费得到许多应用程序。中文版本的 Linux 有 RedHat、红旗 Linux 等。Linux 与 Unix 有许多类似之处，具有良好的安全性和稳定性，在国内得到了用户充分的肯定。

麒麟操作系统（Kylix），是参照 Unix 操作系统标准，针对服务器需求，设计并开发的具有自主版权的中文服务器操作系统。

除了上述操作系统之外，还有 IBM 公司 OS/2 操作系统（主要用于 IBM 服务器）以及苹果公司的 Machitosh 操作系统。

2. 移动设备操作系统

当前，移动设备数量正急速增长。移动端的操作系统作用与计算机操作系统类似，也是为硬件和应用程序提供了一个交互的界面，并指挥各部分硬件协调工作。使用比较广泛的移动设备操作系统有 Android、iOS，国产鸿蒙操作系统也崭露头角。

1）Android 操作系统

安卓（Android）是一种基于 Linux 内核（不包含 GNU 组件）的自由及开放源代码的操作系统，主要使用于移动设备，如智能手机和平板电脑，由美国 Google 公司和开放手机联盟领导及开发。

Android 系统架构分为五层，从上到下依次是应用层、应用框架层、系统运行库层、硬件抽象层和 Linux 内核层。系统内置的应用程序以及非系统级的应用程序都属于应用层。负责与用户进行直接交互，通常都是用 Java 进行开发的。应用框架层为开发人员提供了开发应用程序所需要的 API，平常开发应用程序都是调用的这一层所提供的 API，当然也包括系统的应用。这一层是由 Java 代码编写的，可以称为 Java Framework。

2）鸿蒙操作系统

鸿蒙 OS 是华为公司开发的一款基于微内核、面向 5G 物联网、面向全场景的分布式操作系统。鸿蒙的英文名是 HarmonyOS，意为和谐。

这个新的操作系统将适用于手机、计算机、平板、电视、工业自动化控制、无人驾驶、车机设备、智能穿戴设备等，是面向下一代技术而设计的，能兼容 Android 系统 Web 应用。由于鸿蒙系统微内核的代码量只有 Linux 宏内核的千分之一，其受攻击概率也大幅降低。

此外，苹果公司在其出品的手机、平板电脑等移动计算设备使用 iOS 操作系统。

3. 信息服务器

在网络上要实现信息发布、文件上传与下载、电子邮件传输、域名解析等，需有 Web 服务器、FTP 服务器、Mail 服务器、DNS 服务器等提供相应的服务。由于构建网站时通常用 Web 服务器来实现信息发布，因此下面主要介绍目前主流的 Web 服务器。其他服务器在不同操作系统平台上有多个不同的软件。

最常见的动态信息网站是 ASP（Active Server Page）系列的网站和 JSP（Java Server Page）系列的网站。

ASP 网站建设大多采用 Windows+IIS+ASP/ASP.Net 方式。微软公司的 IIS（Internet Information Server）具有良好的方便性和易用性，因此成为 Windows 平台上主流的 Web 服务器，但其安全性不高。

JSP 构建的网站的操作系统可以选用 Unix、Linux 或 Windows。支持 JSP/Servlet 的 Web 服务器很多，常见的有 Apache + Tomcat、BEA Weblogic Application Server、IBM WebSphere Application Server、iPlanet Web Server 等。其中，Apache 是世界排名第一的 Web 服务器，据调查，世界上 50%以上的 Web 服务器都在使用 Apache，它也是一个安全可靠开放源码的免费服务器软件。

4. 数据库管理系统

数据库管理系统（Database Management System，DBMS）完成对数据的分配、组织、编码、存储、检索和维护等功能，常用作多层应用的数据层应用。从 20 世纪 70 年代后期开始，数据库技术得到长足发展，之后出现了分布式数据库（Distributed Database）、面向对象数据库（Object-Oriented Database）、数据仓库（Data Warehouse，DW）、数据集市（Data Market）等新型数据库技术。目前，主流的数据库管理系统有 Oracle、Sybase、DB2、Informax 和 MySQL 等，国产数据库管理系统有达梦、金仓、神通等。

1）达梦数据库

达梦数据库目前的版本是 DM8，它具有开放的、可扩展的体系结构，易于使用的事务处理系统，以及低廉的维护成本，是达梦公司完全自主开发的产品。DM8 是一个能跨越多种软硬件平台、具有大型数据综合管理能力、高效稳定的通用数据库管理系统。

数据库访问是数据库应用系统中非常重要的组成部分。DM 作为一个通用数据库管理系统，提供了多种数据库访问接口，包括 ODBC、JDBC、DPI 以及嵌入方式等，具有非常丰富的功能和特色。

2）金仓数据库

人大金仓数据库管理系统（简称金仓数据库或 KingbaseES）是北京人大金仓信息技术股份有限公司自主研制开发的具有自主知识产权的通用关系型数据库管理系统。

金仓数据库主要面向事务处理类应用，兼顾各类数据分析类应用，可用作管理信息系统、业务及生产系统、决策支持系统、多维数据分析系统、全文检索系统、地理信息系统、图片搜索系统等的承载数据库。金仓数据库是入选国家自主创新产品目录的数据库产品。

金仓数据库的最新版本为 KingbaseES V8，KingbaseES V8 在系统的可靠性、可用性、性能和兼容性等方面进行了重大改进，支持多种操作系统和硬件平台，如支持 Unix、Linux 和 Windows 等数十个操作系统产品版本；支持 X86（含 64 位芯片）及国产龙芯、飞腾、申威等 CPU 硬件体系结构，并具备与这些版本服务器和管理工具之间的无缝互操作能力。

针对不同类型的客户需求，KingbaseES V8 设计并实现了企业版、标准版、专业版等多类版本。这些版本全部构建于同一数据库引擎内。在不同平台上，这些版本完全兼容。KingbaseES V8 数据库应用程序可从笔记本电脑扩展到台式机、大型数据库服务器，以至整个企业网络，而无需重新设计。此外，当用户业务发展需要更大的数据处理能力时，KingbaseES V8 还支持各个版本之间的平滑升级。KingbaseES V8 目前已发布标准版、企业版、专业版等版本，满足各种业务场景对通用数据库管理系统的技术需求。

2.2.2 应用软件

应用软件是指那些综合用户信息处理需求的、直接处理特定应用的程序。一般包括通用应用系统和专业应用系统。通用应用系统如办公软件、通信软件、绘图程序；专业应用系统如统计软件、财务软件、CAD、CAM 及程序开发工具。在装备管理系统的应用中，最常用的有办公软件和支持管理的应用系统。

1. 办公软件

常用的办公软件有 MSOffice、WPS Office 和支持跨平台的 Sun StarOffice。随着网络及通信技术的发展，传统的办公、管理和决策方式被改变，出现了办公自动化（Office Automation，OA）、电子政务（e-Government Affairs）等，它们成为组织机构信息发布、协同工作、公文流转、日常办公、信息集成、知识管理等平台，以提高办公效率和决策质量。

目前，市场上主流的电子报文分发产品之一是微软的 Exchange Server，它将即时通信、实时数据和视频会议等强大功能集成为一个统一的消息平台，使用户能及时获得一切有关信息，彼此紧密连接，大大提高工作效率。

2. 应用系统

应用系统包括支持系统开发的软件包和支持用户的专业软件。目前流行的程序设计语言有 C++、VB、Object Pascal、Java、C#、Python 等。

Java 是一种可以编写跨平台应用软件的面向对象的程序设计语言。Java 编程语言的风格十分接近 C 语言、C++语言。它继承了 C++语言面向对象技术的核心，舍弃了 C 语言中容易引起错误的指针（以引用取代）、运算符重载、多重继承（以实现多个接口来取代）等特性，增加了垃圾回收器功能，是一种纯粹的面向对象的程序设计语言。Java 技术具有卓越的通用性、高效性、平台移植性和安全性，广泛应用于个人 PC、数据中心、游戏控制台、科学超级计算机、移动电话和互联网，自面世后就非常流行，发展迅速，对 C++语言形成了有力冲击。C#是微软公司发布的一种面向对象的、运行于.NET

Framework 上的高级程序设计语言。它继承 C 和 C++强大功能，同时借鉴 Java、Object Pascal 等语言的优点，综合了 VB 简单的可视化操作、C++的高运行效率、Java 的面向对象特性和 Delphi 的组件对象模型，称为微软公司 .NET 框架的主角。

在具体应用方面，各领域通常都有很多与应用领域密切相关的软件。如工程设计领域有 Pro Engineer、AutoCAD 等，统计分析领域有 SAS、SPSS 等，ERP 及财务管理领域的国产软件有用友、金蝶、浪潮等。软件开发领域也有很多软件，比如数据库建模工具 Power Designer、ERWin 等，UML 建模工具 Visio、Borland Together 等。

在装备保障领域的管理信息系统有航空维修管理信息系统、故障诊断专家系统、航材管理信息系统、军械管理系统等。

3. 地理信息系统

随着"数字地球""数字城市"等概念的出现，地理信息系统（Geographic Information System，GIS）成为发展最快、应用最广的系统之一。

GIS 是一套用来储存、管理、分析、展示地理数据的计算机系统。GIS 软件技术体系常见的有模块式（Module GIS）、组件式（Components GIS）、核心式（Core GIS）、网络式（Web GIS）等。其中，Web GIS 是当今 GIS 技术发展的重要方向。GIS 的产品主要有 Autodesk 公司的 MapGuide、ESRI 公司的 Internet Map Server、Intergraph 公司的 GeoMedia Web Map、MapInfo 公司的 ProServer 以及 Bentley 公司的 Model Server/Discovery 等。

在信息作战条件下，军事地理信息系统（Military GIS）作为一体化作战指挥控制、数字化战场和现代武器系统的战场地理环境平台，通过集成 GIS、GPS 和通信等技术，为预警探测、侦察、指挥、控制及火力打击等提供有力的支持，备受世界各国的重视。

4. 定位技术及其系统

随着装备管理精细化水平的提升、信息技术的发展等，准确掌握装备、人员或车辆的位置成为一种比较普遍的需求。由此需要定位技术。

1）GPS 定位技术

GPS 是英文 Global Positioning System（全球定位系统）的简称。GPS 起始于 1958 年美国军方的一个项目，1964 年投入使用。20 世纪 70 年代，美国陆海空三军联合研制了新一代卫星定位系统 GPS。主要目的是为陆海空三大领域提供实时、全天候和全球性的导航服务，并用于情报收集、核爆监测和应急通信等一些军事目的，经过 20 余年的研究试验，耗资 300 亿美元，到 1994 年，全球覆盖率高达 98%的 24 颗 GPS 卫星已布设完成。

2）北斗卫星定位技术

北斗卫星导航系统是中国自行研制的全球卫星定位与通信系统（BDS），是全球定位系统（GPS）和 GLONASS 之后第三个成熟的卫星导航系统。系统由空间端、地面端和用户端组成，可在全球范围内全天候、全天时为各类用户提供高精度、高可靠的定位、导航、授时服务，并具备短报文通信能力，已经初步具备区域导航、定位和授时能力，定位精度优于 20m，授时精度优于 100ns。自 2012 年 12 月 27 日起，北斗系统正式对亚太地区提供无源定位、导航、授时服务。

2.2.3 网络技术基础

1. 计算机网络组成

1) 计算机网络的逻辑结构

计算机网络的逻辑结构是从网络的工作原理考虑的网络结构。网络上互联的计算机各自是一个独立的计算机系统，具有自己的软、硬件资源，可以完成信息处理功能。要实现资源共享和数据通信必须通过网络通信控制处理器和通信信道，因此，计算机网络在逻辑上可分为资源子网和通信子网，如图2.1所示。

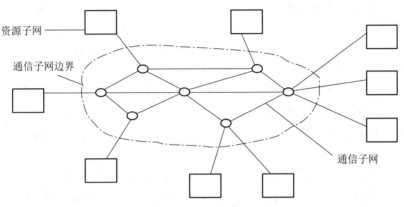

图 2.1 通信子网和资源子网

图2.1中，外层是资源子网，内层是通信子网。资源子网主要包括拥有资源的主机和请求资源的终端，它们都是端节点，也与通信的源节点和宿节点相连接。通信子网的任务是在端节点之间传送由信息组成的报文，它主要由转接节点和通信线路组成。转接节点指网络通信过程中起控制和转发信息作用的节点，例如交换机、集线器等。通信线路是指传输信息的信道，可以是电话线、同轴电缆、无线电线路、卫星线路、微波中继线路以及光纤缆线等。广域网中，一个报文从源节点到宿节点，在通信子网中需经过多个转接节点的转发，即先将报文接收存储，然后按通信协议的规定，以一定的方式选择路径转发出去，这就是存储转发。局域网中，转接节点简化为一个微处理芯片。有线局域网所使用的主流技术是以太网，每台计算机都设定一个微处理芯片（在网卡中），以广播方式进行报文信息传送，唯一的信道为网络中所有主机共享；任何主机发出的信息所有主机都能收到；信息包中的地址信息则可指明通信双方的源地址和目标地址，也可使用特定的地址说明该信息包是发送给所有主机的。

2) 计算机网络的物理结构

计算机网络的物理结构是指网络的物理实现，包括硬件和软件的物理集成。具体实现与网络的功能、性能有关。

通信子网一般由分组交换器、多路转换器、分组组装/拆卸设备、网络控制中心组成。资源子网由网络上全部计算机硬、软件资源组成，一般包括：

（1）硬件。包括主机（Host）/终端。

（2）软件。最基础的软件是网络操作系统，它是建立在各主机操作系统之上的一种操作系统，实现不同主机系统之间的用户通信、资源共享以及提供统一的网络用户接口。网络数据库系统，它可以是集中式网络数据库，也可以是分布式网络数据库，向网络用户提供数据服务，实现网络数据共享。网络应用软件，它是实现网络应用的各种软件的集合，如电子邮件服务软件、文件传输服务软件等。

（3）网络互联设备。用于实现不同协议层上的连接，如网桥、路由器、网关等。

2. 协议

协议（Protocol）是两台计算机之间进行通信必须遵循的一组规则。不同的机种如大型机、小型机和微机都有不同的协议，网关（Gateway）用于解决不同协议的网络间的通信。如果两个网络使用的协议相同，则以桥接器（Bridge）相连。国际标准化组织ISO已经定义了一组通信协议，称为"开放式系统互联模型"（Open System Interconnection Model, OSI）。某些大型公司有自己的标准协议，如美国IBM公司的SNA（System Network Architecture）协议。ISO于20世纪70年代提出的OSI是一个七层概念性网络模型，是一个希望各厂在生产网络产品时应该遵循的协议，是一种理想的工业标准。

OSI模型分为七层，每一层都是建立在下一层的基础之上，每一层都是为上一层提供服务。

（1）物理层。通过用于通信的物理介质传送和接收原始的位流。

（2）数据链路层。将位流以帧为单位分割打包，向网络层提供正确无误的信息包的发送和接收服务。

（3）网络层。负责提供连接和路由选择，包括处理输出报文分组的地址，解码输入报文组的地址以及维持路由选择的信息，以便对负载变化做出适当的响应。

（4）传输层。提供端到端或计算机与计算机之间的通信，从对话层接收数据，经过处理之后传送到网络层，并保证在另一端能正确地接收所有的数据块。

（5）对话层。负责建立、管理、拆除进程之间的连接，"进程"是指如邮件、文件传输、数据库查询等一次独立的程序执行。

（6）表示层。负责处理不同的数据表示的差异及其相互转换、不同格式文件的转换，以及不兼容终端的数据格式之间的转换。

（7）应用层。直接和用户进行交互。

目前，全球因特网所采用的协议族是TCP/IP协议族，TCP是传输层控制协议，IP提供网络层服务。TCP/IP已有几十年的发展历史，其上已积累了大量的软硬件资源，用于连接互不兼容的计算机和网络，已经深入各个应用领域。

3. IPv4与IPv6

IP是TCP/IP协议族中网络层的协议，是TCP/IP协议族的核心协议。目前IP协议的版本号是4（简称IPv4），IPv4的地址位数为32位，有$2^{32}-1$个地址。随着互联网的迅速发展，IPv4定义的有限地址空间将被耗尽。

为了解决地址空间不足的问题，出现了IPv6。IPv6采用128位地址长度，几乎可以不受限制地提供地址。按保守方法估算，IPv6实际可分配的地址分布到整个地球的表面，每平方米面积上可用地址在 1000 个以上。

IPv6 除了一劳永逸地解决了地址短缺问题之外，还考虑了 IPv4 中解决不好的其他问题，主要有端到端 IP 连接、服务质量（QoS）、安全性、多播、移动性、即插即用等。与 IPv4 相比，IPv6 主要有以下优点：

（1）更大的地址空间。IPv4 中规定 IP 地址长度为 32，而 IPv6 中 IP 地址的长度为 128，即有 $2^{128}-1$ 个地址。

（2）更小的路由表。IPv6 的地址分配一开始就遵循聚类的原则，这使得路由器能在路由表中用一条记录（Entry）表示一片子网，大大减小了路由表的长度，提高了路由器转发数据包的速度。

（3）增强组播（Multicast）以及流控制（Flow-control）能力。这使得网络上的多媒体应用有了长足发展的机会，为 QoS 控制提供了良好的网络平台。

（4）支持自动配置（Auto-Configuration）。这是对 DHCP 协议的改进和扩展，使得网络的管理更加方便和快捷。

（5）更高的安全性。IPv6 网络中，用户可以对网络层的数据进行加密并对 IP 报文进行校验，极大增强了网络安全。

2.2.4 大数据与云计算

1. 大数据

大数据是一个比较抽象的概念，研究机构 Gartner 给出的定义是："大数据"是需要新处理模式才能具有更强的决策力、洞察发现力和流程优化能力的海量、高增长率和多样化的信息资产。大数据具有四个基本特征：数据量巨大（Volume）；数据类型多样（Variety），既包括结构化数据，也包括非结构化数据；价值密度低（Value），以视频为例，在连续不间断监控过程中，可能仅有一两秒的影像是有用的；处理速度快（Velocity），数据时效性要求高。

大数据技术的战略意义不在于掌握庞大的数据信息，而在于对这些含有意义的数据进行专业化处理，即提高对数据的"加工能力"，通过"加工"实现数据的"增值"。

大数据常和云计算联系到一起，从技术上看，大数据必然无法用单台的计算机进行处理，必须采用分布式计算架构。它对于海量数据的分析和挖掘，都需要依托云计算的分布式处理、分布式数据库、云存储和虚拟化等技术实现。

2. 云计算

云计算（Cloud Computing）是由位于网络上的一组服务器将其计算、存储、数据等资源以服务的形式提供给请求者以完成信息处理任务的方法和过程。在此过程中，被服务者只是提供需求并获取服务结果，对于需求被服务的过程并不知情；同时服务者以最优利用的方式把资源动态地分配给众多的服务请求者，以求达到最大效益。

云是网络、互联网的一种比喻说法，用来表示互联网和底层基础设施的抽象。云计算中，计算分布在大量的分布式计算机上，而非本地计算机或远程服务器中，组织的数据中心的运行将与互联网更相似。这使得组织能够将资源切换到需要的应用上，根据需求访问计算机和存储系统。这意味着计算能力也可以作为一种商品进行流通。

云计算的特点可以概括为以下几点：

(1) 超大规模。"云"具有相当的规模，Google 云计算已经拥有 100 多万台服务器，Amazon、IBM、微软、Yahoo 等公司的"云"均拥有几十万台服务器。企业私有云一般拥有数百上千台服务器。

(2) 虚拟化。云计算支持用户在任意位置使用各种终端获取应用服务，但用户无需了解也不用担心应用运行的具体位置，只需一台笔记本或者一个手机，就可以通过网络服务来实现需要的计算，甚至包括超级计算这样的任务。

(3) 高可靠性。"云"使用了数据多副本容错、计算节点同构可互换等措施来保障服务的高可靠性。

(4) 通用性。云计算不针对特定的应用，在"云"的支撑下可以构造出千变万化的应用，同一个"云"可以同时支撑不同的应用运行。

(5) 高可扩展性。"云"的规模可以动态伸缩，满足应用规模增长的需要。

(6) 按需服务。"云"是一个庞大的资源池，可以像自来水、电、煤气那样计费，按需购买。

但云计算中数据需要到云端进行存储和计算，因此在安全性上具有潜在的危险。

一般认为云计算包括以下几个层次的服务：基础设施即服务（Infrastructure-as-a-Service，IaaS）、平台即服务（Platform-as-a-Service，PaaS）和软件即服务（Software-as-a-Service，SaaS）。

(1) IaaS：消费者通过 Internet 可以从完善的计算机基础设施获得服务。例如，硬件服务器租用。

(2) PaaS：将软件研发的平台作为一种服务，以 SaaS 的模式提交给用户。PaaS 的出现可以加快 SaaS 的发展，尤其是加快 SaaS 应用的开发速度。例如，软件的个性化定制开发。

(3) SaaS：它是一种通过 Internet 提供软件的模式，用户无需购买软件，而是向提供商租用基于 Web 的软件，来管理企业经营活动。例如，阳光云服务器。

云计算与传统计算相比具有许多优点，主要包括：

(1) 敏捷性。云使用户可以轻松使用各种技术，从而可以更快地进行创新，并构建几乎任何可以想象的东西。用户可以根据需要快速启动资源，从计算、存储和数据库等基础设施服务到物联网、机器学习、数据湖和分析等。

用户可以在几分钟内部署技术服务，并且从构思到实施的速度比以前快了几个数量级。这使用户可以自由地进行试验，测试新想法，以打造独特的客户体验并实现业务转型。

(2) 弹性。借助云计算，用户无需为日后处理业务活动高峰而预先过度预置资源。相反，用户可以根据实际需求预置资源量。用户可以根据业务需求的变化立即扩展或缩减这些资源，以扩大或缩小容量。

(3) 节省成本。云技术将用户的固定资本支出（如数据中心和本地服务器）转变为可变支出，并且只需按实际用量付费。此外，由于规模经济的效益，可变费用比用户自行部署时低得多。

3. 虚拟化技术

虚拟化是一个广义的术语，在计算机方面通常是指计算元件在虚拟的基础上而不是真实的基础上运行。虚拟化技术可以扩大硬件的容量，简化软件的重新配置过程。CPU 的虚拟化技术可以单 CPU 模拟多 CPU 并行，允许一个平台同时运行多个操作系统，并且应用程序都可以在相互独立的空间内运行而互不影响，从而显著提高计算机的工作效率。

虚拟化技术与多任务以及超线程技术是完全不同的。多任务是指在一个操作系统中多个程序同时并行运行，而在虚拟化技术中，则可以同时运行多个操作系统，而且每一个操作系统中都有多个程序运行，每一个操作系统都运行在一个虚拟的 CPU 或者是虚拟主机上；而超线程技术只是单 CPU 模拟双 CPU 来平衡程序运行性能，这两个模拟出来的 CPU 是不能分离的，只能协同工作。虚拟化技术也与如今 VMware Workstation 等同样能达到虚拟效果的软件不同，是一个巨大的技术进步，具体表现在减少软件虚拟机相关开销和支持更广泛的操作系统方面。

纯软件虚拟化解决方案存在很多限制。"客户"操作系统在很多情况下是通过虚拟机监视器（Virtual Machine Monitor，VMM）来与硬件进行通信，由 VMM 来决定其对系统上所有虚拟机的访问。（注意，大多数处理器和内存访问独立于 VMM，只在发生特定事件时才会涉及 VMM，如页面错误。）在纯软件虚拟化解决方案中，VMM 在软件套件中的位置是传统意义上操作系统所处的位置，而操作系统的位置是传统意义上应用程序所处的位置。这一额外的通信层需要进行二进制转换，以通过提供到物理资源（如处理器、内存、存储、显卡和网卡等）的接口，模拟硬件环境。这种转换必然会增加系统的复杂性。此外，客户操作系统的支持受到虚拟机环境的能力限制，这会阻碍特定技术的部署，如 64 位客户操作系统。在纯软件解决方案中，软件堆栈增加的复杂性意味着，这些环境难以管理，因而会加大确保系统可靠性和安全性的困难。而 CPU 的虚拟化技术是一种硬件方案，支持虚拟技术的 CPU 带有特别优化过的指令集来控制虚拟过程，通过这些指令集，VMM 会很容易提高性能，相比软件的虚拟实现方式能很大程度上提高性能。虚拟化技术可提供基于芯片的功能，借助兼容 VMM 软件能够改进纯软件解决方案。由于虚拟化硬件可提供全新的架构，支持操作系统直接在上面运行，从而无需进行二进制转换，减少了相关的性能开销，极大简化了 VMM 设计，进而使 VMM 能够按通用标准进行编写，性能更加强大。另外，在纯软件 VMM 中，缺少对 64 位客户操作系统的支持，而随着 64 位处理器的不断普及，这一严重缺点也日益突出。而 CPU 的虚拟化技术除支持广泛的传统操作系统之外，还支持 64 位客户操作系统。

虚拟化技术是一套解决方案。完整的情况需要 CPU、主板芯片组、BIOS 和软件的支持，例如 VMM 软件或者某些操作系统本身。即使只是 CPU 支持虚拟化技术，在配合 VMM 软件的情况下，也会比完全不支持虚拟化技术的系统有更好的性能。

2.3 软件开发方法

装备管理信息系统开发的效率、质量、成本及用户的满意程度,除了管理、技术等方面的因素外,在很大程度上取决于系统开发方法的选择。软件系统开发方法是指软件开发过程中指导思想、逻辑、途径及工具等的组合。

早期的软件开发重视编程,但不重视系统分析和设计,也不重视文档。"软件危机"出现以后,系统开发方法的研究得到了重视。20世纪70年代出现了生命周期法,较好地给出了过程的定义,改善了软件开发过程。70年代后期,开始强调"初始阶段"的重要性,因为差错发现得越晚,纠正成本越高。80年代初期,随着第四代语言的逐渐成熟、快速开发工具的应用,出现了原型法。该方法重在通过原型来捕获用户的需求,并不断修改以全面满足要求。20世纪80年代末期,计算机辅助工具、面向对象技术得到了迅速发展,为计算机辅助软件工程、面向对象方法奠定了基础。

2.3.1 结构化开发方法

1. 结构化开发方法的含义

结构化开发方法(Structured System Analysis and Design,SSA&D)也称为结构化生命周期法,是指用系统工程的思想和工程化的方法,按照用户至上的原则,自顶向下进行整体性分析与设计,自底向上逐步实施的一种系统开发过程。

结构化开发方法是系统工程思想和工程化方法在信息系统开发领域的运用。它把整个系统开发过程划分为若干个相对独立的阶段,如系统规划、系统分析、系统设计、系统实施等,再严格规定每个阶段的任务和工作步骤,同时提供便于理解和交流的开发工具与开发方法。在系统分析时,采用自顶向下、逐层分解,由抽象到具体地逐步认识问题的过程;在系统设计时,先考虑系统的整体优化,再考虑局部优化;在系统实施时,则坚持自底向上,先局部后整体,通过标准化模块的链接形成完整的系统。

2. 开发阶段划分

结构化开发方法把装备管理信息系统生命周期划分为系统规划、系统分析、系统设计、系统实施和系统运行维护等五个阶段。

系统规划阶段主要任务是对装备保障的外部环境、目标、现行系统的状况进行初步调查,明确问题,确定装备管理信息系统的发展战略,分析和预测系统需求,分析系统所受的各种约束,研究建设新系统的必要性和可能性,并从技术和经济等角度对方案进行可行性分析。在系统分析阶段,对现行系统进行详细调查,进行组织机构功能分析、管理业务流程分析、数据与数据流程分析、功能与数据的关系分析,建立新系统的逻辑模型,形成综合性的系统分析报告。系统设计阶段,在系统分析工作基础上,进行总体结构设计、代码设计、数据库/文件设计、输入/输出设计、模块结构与功能设计,最终给出系统设计报告。系统实施阶段的任务是将设计的系统付诸实现。这一阶段工作内容为程序设计,程序调试,设备购置、安装与调试,人员培训,数据准备和初始化,系统调试与转化，最后投入试运行并且进行完善性维护。系统运行与维护阶段的主要工作内容包括系统的日常运行管理与维护，系统综合评价及系统开发项目的监理审计，以及由于环境变化、需求变化导致的对系统进行的修改、维护或者局部调整。

当系统运行一段时间之后，系统运行的环境可能发生根本性的变化，出现一些不可调和的问题。此时，用户将会进一步提出开发新系统的要求，也就标志着老系统生命的结束。

3. 结构化开发方法的特点

1）优点

结构化开发方法注重系统开发过程的整体性和全局性，强调在整体优化的前提下，考虑具体的分析设计问题；严格区分开发阶段，使每一步工作都能及时地总结，对发现的问题能及时地反馈和纠正，极大地减少了开发过程的盲目混乱，提高了系统开发的成功率。

2）缺点

该方法由于严格进行阶段划分，且每个阶段不能随便变更前一阶段的工作成果，可能导致后一阶段工作无法及时把环境变化的要求反映到开发中来，导致开发周期长、开发出来的系统可能脱离现实；该方法中所需的大量图表难以采用计算机自动完成，编制起来费时费力；这一方法要求系统开发者在调查中充分地掌握用户需求、管理状况以及预见可能发生的变化，这不符合人们循序渐进认识事物的规律性。

尽管结构化系统开发方法存在一些缺点，但其严密的理论基础和系统工程方法仍然是系统开发中不可缺少的。而且，复杂系统的开发往往必须采用结构化方法。随着大量开发工具的引入，开发工作效率得到了提高，使得结构化方法的生命力越来越强。因此，结构化开发方法仍然是一种被广泛采用的系统开发方法。

2.3.2 面向对象开发方法

面向对象开发方法是在 20 世纪 80 年代各种面向对象的程序设计方法（如 Smalltalk、C++等）的基础上逐步发展而来的。

1. 基本思想

面向对象开发方法认为：客观世界是由各种各样的对象组成的；对象是一个独立存在的实体，从外部可以了解它的功能，但其内部细节是"隐蔽"的，它不受外界干扰；不同的对象之间相互作用和联系构成各种不同的系统。

应用面向对象方法，需要对所研究的问题空间进行自然分割，识别其中的对象及其相互关系，建立问题空间的信息模型，使系统的开发过程能像硬件组装那样，由"软件集成块"构筑。当设计和实现一个信息系统时，把握系统本质，在满足需求的条件下，把系统设计成由一些不可变的（相对固定）部分（即对象）组成的最小集合。

（1）客观事物由对象组成。对象（Object）是在原事物基础上抽象的结果，任何复杂的事物都可以通过对象的某种组合构成。

（2）对象由属性和方法组成。属性（Attribute）反映对象的信息特征，如特点、值、状态等，方法（Method）则用来定义改变属性状态的各种操作。对象是被封装的实体，封装（Encapsulation）是指严格的模块化。

（3）对象之间的联系通过传递消息实现。传递消息（Message）是通过消息模式（Message Pattern）和方法所定义的操作过程来完成的。

（4）对象可按其属性进行归类。类（Class）是具有相同属性与行为特征的对象的抽象。类的实例化就是对象。类有一定的结构，类上可以有超类（Superclass），类下可以有子类（Subclass），类之间的这种层次结构称为继承（Inheritance）。

2. 面向对象的开发过程

通常认为，面向对象方法的开发过程包括系统调查和需求分析（定义问题）、分析问题的性质和求解问题（识别对象）、详细设计问题、程序实现、系统部署等几个步骤。

（1）系统调查和需求分析。对系统将要面临的具体管理问题及用户对系统开发的需求进行调查研究，确定系统目标。

（2）分析问题的性质和求解问题。根据系统目标分析和求解问题，识别需要的对象，弄清对象的行为、结构、属性等；弄清可能施于对象的操作方法，为对象与操作的关系建立接口。

（3）详细设计问题。给出对象的实现描述。整理问题、详细地设计对象，对分析结果做进一步的抽象、归纳与整理，最后以范式的形式确定对象。

（4）程序实现。采用面向对象的程序设计语言实现抽象出来的对象，使之成为应用程序软件。

（5）系统部署。根据实际需要，将应用程序部署到具体的计算机上。

3. 面向对象方法的特点

与以往的方法相比，面向对象方法具有其独特性，如功能分解方法只能单纯反映管理功能的结构状态，数据流程模型只是侧重反映事物的信息特征和流程，信息模拟只能被动地迎合实际问题需要的做法。面向对象方法从对象的角度进行系统的分析与设计，直接反映了人们对客观世界的认知模式，进而为开发系统提供一种全新的思路和方法。

在面向对象方法中，从应用设计到解决问题的方案更加抽象化，而且具有更好的对应性，使各个阶段的衔接更为顺畅、自然；该方法提供了一系列图表工具，在设计中容易与用户沟通；该方法把数据和操作封装到对象之中，使应用程序具有较好的重用性、易改进、易维护和易扩充性。这些使得该方法成为一种应用范围广泛的方法。

4. 面向对象方法的主要特征

1）封装性

封装是一种信息隐蔽技术，是对象的重要特性。封装使数据和加工该数据的方法（函数）封装为一个整体，以实现独立性很强的模块，使得用户只能见到对象的外特性（对象能接受哪些消息，具有哪些处理能力），而对象的内特性（保存内部状态的私有数据和实现加工能力的算法）对用户是隐蔽的。封装的目的在于把对象的设计者和对象的使用者分开，使用者不必知晓行为实现的细节，只需用设计者提供的消息来访问该对象。

2）继承性

继承性是子类自动共享父类之间数据和方法的机制。它由类的派生功能体现。一个类直接继承其他类的全部描述，同时可修改和扩充。继承具有传递性。继承分为单继承（一个子类只有一父类）和多重继承（一个类有多个父类）。类的对象是各自封闭的，如果没有继承性机制，则类对象中数据、方法就会出现大量重复。继承不仅支持系统的可重用性，而且还促进系统的可扩充性。继承概念的实现方式有两类：实现继承与接口继承。实现继承是指直接使用基类的属性和方法而无需额外编码的能力；接口继承是指仅使用属性和方法的名称，但是子类必须提供实现的能力。

3）多态性

对象根据所接收的消息而做出动作，同一消息为不同的对象接收时可产生完全不同的行动，这种现象称为多态性。多态机制使具有不同内部结构的对象可以共享相同的外部接口。

在面向对象方法中，对象和传递消息分别表现事物及事物间相互联系的概念。

5. 面向对象方法的优势

（1）强调从现实世界中客观存在的事物（对象）出发来认识问题域和构造系统，使系统能更准确地反映问题域。

（2）运用人类日常的思维方法和原则（体现于OO方法的抽象、分类、继承、封装、消息等基本原则）进行系统开发，有利于发挥人类的思维能力，有效地控制系统复杂性。

（3）对象的概念贯穿于开发全过程，使各个开发阶段的系统成分具有良好的对应关系，显著提高系统的开发效率与质量，并大大降低系统维护的难度。

（4）对象概念的一致性，使参与系统开发的各类人员在开发的各阶段具有共同语言，有效地改善了人员之间的交流和协作。

（5）对象的相对稳定性和对易变因素隔离，增强了系统对环境的适应能力。

（6）对象、类之间的继承关系和对象的相对独立性，对软件复用提供了强有力的支持。

6. 面向对象方法的研究领域

在研究OO方法的热潮中，有如下主要研究领域：

（1）智能计算机的研究。因为OO方法可将知识片看作对象，并为相关知识的模块化提供方便，所以在知识工程领域越来越受到重视。OO方法的设计思想被引入智能计算机的研究中。

（2）新一代操作系统的研究。采用OO方法来组织设计新一代操作系统具有如下优点：采用对象来描述OS所需要设计、管理的各类资源信息，如文件、打印机、处理机、各类外设等更为自然；引入OO方法来处理OO的诸多事务，如命名、同步、保护、管理等，会更易实现、更便于维护；OO方法对于多机、并发控制可提供有力的支持，使其更丰富和协调。

（3）多学科的综合研究。当前，人工智能、数据库、编程语言的研究有汇合趋势。例如，在研究新一代数据库系统（智能数据库系统）中，能否用人工智能思想与OO方法建立描述功能更强的数据模型？能否将数据库语言和编程语言融为一体？为了实现多学科的综合，OO方法是一个很有希望的汇聚点。

（4）新一代面向对象的硬件系统的研究。要支持采用OO方法设计的软件系统的运行，必须建立更理想的能支持OO方法的硬件环境。目前采用松耦合结构的多处理机系统更接近于OO方法的思想；作为最新出现的神经网络计算机的体系结构与OO方法的体系结构具有惊人的类似，并能相互支持与配合：一个神经元就是一个小粒度的对象；神经元的连接机制与OO方法的消息传送有着天然的联系；一次连接可以看作一次消息的发送。可以预料，将OO方法与神经网络研究相互结合，必然可以开发出功能更强、更迷人的新一代计算机硬件系统。

2.3.3 原型法

1. 原型法的含义

原型，是指由系统分析设计人员与用户合作，在定义用户基本需求的基础上，短期内开发出一个只具备基本功能、简易的应用软件。不同于逻辑意义上不可运行的"模型"，原型是一个实实在在的、可运行的软件系统，只不过软件的功能并不完善而已。

原型法是指借助于功能强大的辅助开发工具，按照不断寻优的设计思想，通过反复的完善性试验最终开发出来符合用户要求的管理信息系统的过程和方法，即首先快速开发一个原型，然后运行这个原型，通过对原型的不断评价和改进，使之逐步完善，直至用户满意为止。采用原型法，用户面对的不再是难以理解的图表，而是直观的软件，在演示或使用中提出需求，避免了需求表达不清等问题，使系统开发真正体现面向用户的原则。

但应用原型法需要满足四个条件：系统开发周期短、成本低；用户能够积极参与原型评价；原型必须是可运行的；原型易于修改。

2. 原型法的特点

原型法的原理十分简单，并无任何高深的理论和技术，但在实践中获得了巨大的成功，这主要是由于原型法更好地遵循了人们认识事物的规律，容易为人们所接受。

（1）认识论上的突破。从认识论的角度来看，人们认识事物不可能一次就完全了解。开发过程是人们对计算机应用认识逐步加深、循序渐进的过程。开始时，用户和设计者对于系统功能要求的认识往往是不完整的、粗糙的，通过建立并使用原型，可以有效地展开问题的讨论，直接而又及时地发现问题，并且进行修正，通过反复修改、完善系统，确保用户的要求得到较好的满足。

（2）提高用户满意程度。借助于原型系统，为用户建立正确的信息模型和功能模型，由用户和系统设计者、编程人员共同制定合理的解决方案。采用原型做试验，要比召开系统分析、设计会议，阅读难懂的图表来想象待开发的目标系统更有意义，有助于激发用户主动参与的积极性，提高对系统的满意程度。

（3）降低开发风险及开发成本。由于使用原型系统测试开发思想及方案，只有用户和开发人员意见一致时，才会继续开发最终系统，因而减少了开发失败的可能性。应用原型法，无需编写过多的文档资料，摆脱了老一套的工作方法，使系统开发的时间和费用大大减少，同时，还可减少用户培训时间，这些都有助于系统开发成本的降低。

原型法固然有其优越性，但它的应用有一定的局限性，主要表现在以下四个方面：

（1）开发工具要求高。原型法需要现代化的开发工具支持，否则开发工作量太大、成本过高，失去了采用原型法的优势。可以说，开发工具的水平是原型法能否顺利实现的第一要素。

（2）解决复杂系统和大系统问题困难。对于大型的系统，如果不经过系统分析来进行整体性划分，想要直接用屏幕一个一个地模拟是很困难的。对于复杂系统，由于其功能种类多、技术复杂，与应用业务领域知识密切相关，应用原型法也很难模拟这些复杂的功能与对象。

（3）管理水平要求高。如果原系统的基础管理不善、信息处理过程混乱，将使原型法的运用产生困难。首先，由于对象工作过程不清，构造原型有一定困难；其次，由于基础管理不好，没有科学合理的方法可依，系统开发容易采取机械地模拟原来手工系统的做法。

（4）系统的交互方式必须简单明了。那些具有大量运算的、逻辑性较强的程序模块，由于没有复杂的交互，而内部逻辑又复杂，就不适宜通过构造原型、供人评价来进行修改完善。

值得指出的是，从严格意义上说，原型法只是系统开发的思想，并不是完整意义上的方法论体系。这就注定原型法必须与其他系统开发方法结合使用，才能发挥其效能。

2.3.4 信息工程方法

信息工程（Information Engineering，IE）是建设计算机化的信息系统工程的简称，它是指应用规范化方法、现代信息技术和工程化流程对信息系统进行规划、分析、设计和构建。信息工程的概念由詹姆斯·马丁（James Martin）在20世纪70年代提出。经过几十年的发展和完善，信息工程已经形成了一套严格的方法体系，被称为信息工程方法学。

1. 信息工程的概念

信息工程概念可以形象地用金字塔结构来表示，如图 2.2 所示。装备管理信息系统的三个要素是装备管理部门的各种信息、业务活动过程和信息系统建设所依赖的各种信息技术。信息、过程、技术构成了信息工程金字塔结构的三个面。信息系统建设又需要划分为信息战略规划、业务领域分析、系统设计和系

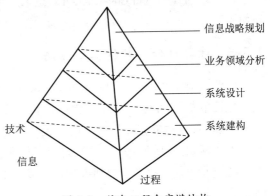

图 2.2 信息工程金字塔结构

统建构四个阶段，这四个阶段构成了信息工程结构的四个层次。

2. 信息工程方法各阶段的工作内容

1）信息战略规划

在信息工程方法学中，信息战略规划（Information Strategy Planning，ISP）是信息系统建设的第一阶段的工作，其任务是建立装备管理信息系统的宏观框架。信息战略规划由业务战略规划和信息战略规划两部分内容构成。其中，业务战略规划描述各装备管理部门的职责、方向、目标、战略、关键成功因素和各部门的信息需求。信息战略规划是装备管理信息系统的宏观模型，它由装备系统模型、业务活动模型和数据模型三部分构成。装备系统模型是装备管理功能的高层视图，描述整个装备部门的功能结构和功能层次；业务活动模型是对各部门功能的分解，描述为实现装备管理目标和功能、各部门所具有的各种业务活动以及业务与部门功能的关系；数据模型反映实体以及实体与功能的相互关系。

2）业务领域分析

业务领域分析（Business Area Analysis，BAA）是对信息战略规划所确定各业务领域中的数据和业务过程的分析。为了实现信息系统目标，需要分析该业务领域所需要的基本数据和存在的基本业务过程，以及这些数据和业务过程之间的关系。业务领域分析的结果是业务过程模型，该模型是数据和业务的关联矩阵，描述业务和数据之间的关联关系。

3）系统设计

系统设计（System Design）是在业务领域分析的基础上提出信息系统的设计方案。通常把系统设计分为业务系统设计和技术设计两个方面。业务系统设计立足于业务本身，确定信息系统各业务功能的实现方案，不考虑系统的实现环境。具体任务是：设计准备，定义操作顺序，对话、布局和界面设计，操作程序和逻辑设计，设计的一致性和完整性确认。技术设计的任务是确定业务系统的技术环境和技术条件，进行信息系统的网络、系统设备、软件平台等环境的设计。

4）系统建构

系统建构（System Construction）是采用集成开发环境实现所设计的系统，并提供用户使用。

2.3.5 计算机辅助软件工程方法

计算机辅助软件工程（Computer Aided Software Engineering，CASE）主要是为了解决"软件危机"问题。导致"软件危机"的一个主要原因是传统的软件开发需要靠"人"进行集约性的作业生产，由"人"所造成的错误是不可避免的。软件工程从诞生起就面临着如何组织"人"进行大规模作业，以及如何逐步用其他方法代替"人"的作业这两大课题。前者主要研究软件开发方法和项目管理方法，后者就是软件工程自动化工具，即 CASE 工具。

1. 基本思路

CASE 方法从诞生起就有明确的辅助软件工程的性质，它与软件工程方法是密不可分的。CASE 技术作为实现计算机软件工程的一种技术或环境，有两个突出的特点：一是开发支持工具总是与特定的开发方法结合在一起的，任何一种 CASE 工具都是针对某一种开发方法发挥作用的；二是通过实现分析、设计、程序开发与维护的自动化，提高整个系统开发工程的生产率。

CASE 技术的关键是集成，通过集成图形处理技术、程序生成技术、关系数据库技术和各类开发工具于一身，并与项目管理工具和软件开发方法相结合，对系统开发过程很好地支持：一方面，在系统开发的各个阶段不同程度地取代了某些简单重复的工作，很多文档和编程工作可以自动完成，并且能辅助开发人员对复杂问题进行分析，使得软件工程在软件开发中得到了具体的应用；另一方面，对各阶段进行统一管理，以保证系统开发过程的连续性和一致性。

2. CASE 法的特点

CASE 具有以下特点：

（1）不同的 CASE 工具所能支持的系统规模有大有小。

（2）根据 CASE 工具所支持的不同开发阶段分为上游 CASE 工具和下游 CASE 工具。上游 CASE 工具主要针对系统分析、设计阶段；下游 CASE 工具主要针对系统实施、维护阶段。

（3）CASE 工具的选择与开发方法的选择密切相关。每种开发方法都有相应的 CASE 工具支持，CASE 的环境应用必须依赖于具体的开发方法，一个具体的 CASE 工具一般只能支持一种开发方法。

确切地说，CASE 方法并不能作为一种独立的开发方法，但这并不影响其对管理信息系统的开发方法和开发过程的支持作用。

2.3.6 XP 方法

XP 是 Extreme Programming 的缩写，一般翻译为"极限编程"，其含义并不是中文常理解的"极端"化做法。实际上，XP 是一种审慎的、有纪律的软件开发方法。

在软件工程的实践过程中，人们逐渐认识到传统的软件开发方法太过"笨重"，导致的直接结果是生产成本的上升，于是开始寻找"轻量级"生产模式，即只有很少的一些规则和做法。XP 就是在这样的背景下于 20 世纪 90 年代产生。

XP 的鼻祖是 Kent Beck，他逐渐意识到改进软件项目的四个因素：第一是强调沟通，第二是推崇简单，第三是注重反馈，第四是富有勇气。这四个因素后来成为 XP 的四大价值观。经过多年的应用和实践检验，XP 总结出了软件开发中的十余条做法，涉及软件设计、测试、编码、发布等各个环节，下列几点是必须要遵守的：

（1）编码之前写出测试；

（2）结对编码；

（3）频繁集成；

（4）不要加班；

（5）每天与用户进行交流；

（6）遵循用户的优先级；

（7）每天清理代码；

（8）适应开发方式和环境。

XP 方法有别于传统软件开发，它要求从第一天就进行测试，以获得反馈信息，尽早给用户提供可用系统；经常性听取用户的反馈，进行修改；程序员与用户及其他程序员之间经常保持交流，要求开发设计尽可能简洁；特别强调客户满意和团队合作，遵循用户的需求变化，即使在开发的生命周期晚期，这种需求变化也应该得到满足；开发队伍不仅仅是编程人员，还包括管理人员和客户。有了这些基础，XP 开发人员就可以自信地面对需求和软件技术的变化。

可以说，XP 改变了人们开发程序的传统思维方式，是软件开发的一种新的重要的发展，尤其适合中小规模的团队（2~10 人的团队）进行一些需求不甚明确或需求变化很大的开发。

2.4 软件开发管理

2.4.1 开发组织机构

系统开发涉及的人员较多，为了确保领导与协调有力，分工与职责明确，需要建立相应的组织机构。通常的做法是成立两个小组，即系统开发领导小组和系统开发工作小组。

1. 系统开发领导小组

任何一项工作的开展，都必须有相应的领导核心和组织机构。信息系统开发也需要设立一个系统开发领导小组，负责对开发工作的规划、计划、资金预算等工作的审核；协调各部门建立信息系统规章制度以及数据流程和数据标准等；安排参加各阶段开发工作的人员和各自的任务；组织召集各有关人员对各阶段开发工作的方案文件、文档资料等进行审核；负责组织对系统实施的验收和评审等。

系统开发领导小组一般应由用户单位的最高领导担任组长，各业务部门的负责人为组员，以保证领导小组的权威性，有利于协调与系统开发有关的各部门之间的工作。

2. 系统开发工作小组

系统开发工作小组的成员主要是由负责开发的一方组成，即若干系统分析和设计人员，组织中应该有一个通晓全局的管理者参加，负责具体的联络和沟通。

小组的任务是根据系统目标和系统开发领导小组的指导开展具体工作。这些工作包括开发方法的选择，各类调查的设计和实施，调查结果的分析，可行性报告撰写，系统的逻辑设计与物理设计，具体编程和实施，新旧系统的交接方案编制，新系统运行监控。如果需要，还要协助组织进行组织机构变革和新管理规章制度的制定。

典型的开发组织及人员结构如图 2.3 所示。

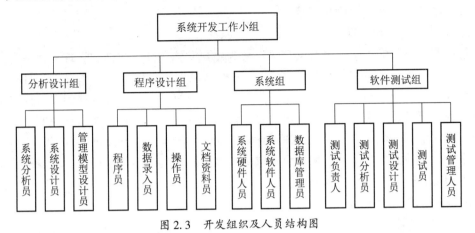

图 2.3 开发组织及人员结构图

2.4.2 文档管理

1. 文档的地位和作用

信息系统开发的产品是软件,软件包括程序和文档。程序是供计算机执行的指令,程序执行对与错,用户只有检查结果才知道;文档是供相关人员阅读的,没有规范的文档,程序就难以维护。

由于大部分装备管理信息系统开发投资大、风险大,经历的时间长,参与的人员多,因此在开发的各个阶段,都需要用规范的文档记录开发过程,交流思想。文档是项目组内各类人员之间及组内外各部门的通信手段,也是观察、控制、协调开发过程的依据。可以说,文档是信息系统的生命线。具体来说,文档有以下七种沟通作用。

(1) 用户与系统分析人员的沟通。这类沟通主要通过系统开发合同、可行性研究报告、总体规划报告、系统分析说明书等文档体现。这些文档体现双方的共识。

(2) 系统开发人员与项目管理人员的沟通。这类沟通主要通过系统开发计划、系统开发定期报告及系统开发总结报告体现。这些文档明确了开发人员的具体目标、可用资源及约束,这也是对开发过程进行考评的依据。

(3) 前期开发人员与后期开发人员的沟通。这类沟通主要通过系统分析说明书、系统设计说明书等各个开发阶段的文档体现。这些文档保证了各开发阶段的顺利衔接,降低了人员流动带来的风险。

(4) 测试人员与开发人员的沟通。测试人员根据系统分析说明书、系统开发合同、系统设计说明书、测试计划等文档进行测试,将测试结果写成系统测试报告。

(5) 开发人员与用户在系统运行期间的沟通。主要通过用户手册和操作手册体现。

(6) 系统开发人员与系统维护人员的沟通。主要通过系统分析说明书、系统设计说明书和系统总结报告体现。

(7) 用户与维护人员在系统运行维护期间的沟通。用户在系统运行期通过系统运行日志，记载系统运行情况，形成运行报告，提出修改建议，维护人员根据确认的修改建议和系统开发中的文档维护系统。

2. 文档的类型和内容

按照服务目的的不同，系统文档可以分为用户文档、开发文档和管理文档三类。国家标准《计算机软件开发文件编写指南》（GB 438A—2009）是一份指导性文件，建议在软件开发过程中编写的文档主要包括：可行性研究报告、项目开发计划、软件需求说明书、数据要求说明书、总体设计说明书、详细设计说明书、数据库设计说明书、用户手册、操作手册、模块开发卷宗、测试计划、测试分析报告、开发进度月报和项目开发总结报告。各种文档具体编写内容及要求参见该国标。具体编写过程中，可以根据项目的规模和复杂程度，做适当的调整。

3. 文档的编写与管理

1）文档的编写

必须从"文档是信息系统的生命线"这一高度来认识文档的编写工作。高质量的文档应具备以下一些特点。

（1）有针对性。编制文档，首先要分清读者对象，满足他们的需要。

（2）文字准确、简单明了。行文要确切，没有二义性。

（3）完整统一。一份文档应当是完整的、独立的、自成体系的。为了便于阅读，同一项目的几个文档有些相同部分，这样的重复是必要的。不同文档之间的内容应协调一致，没有矛盾。

（4）可追溯性。同一项目各开发阶段提供的文档之间应当有可追溯的关系，必要时可以跟踪追查。例如，某项功能需求，应当在系统分析说明书、系统设计说明书、测试计划中以及用户手册中都有所体现。

（5）可检索性。文档的结构安排、装订都应考虑读者查阅的方便，能以最快的速度找到所需的内容。

2）文档的管理

信息系统文档管理主要包括以下几个方面的内容。

（1）文档管理制度化。必须形成一整套的文档管理制度，包括文档的标准，修改文档和出版文档的条件，开发人员应承担的责任和任务。根据这一套完善的制度协调系统开发，评价开发成员的工作。

（2）文档标准化、规范化。在系统开发前先选择或制定文档标准。对已有参考格式和内容的文档，应按相应的规范撰写文档。对于没有参考格式和内容的文档，项目组内部制定相应的规范和格式，在统一标准下编制文档资料。

（3）维护文档的一致性。信息系统的开发建设过程中，一旦涉及某个文档的修改，必须及时准确地修改与之相关联的文档，否则将引起系统开发工作的混乱。对于主文件的修改尤其要谨慎。修改前要估计可能带来的影响，并按照提议、评议、审核、批准和实施的步骤加以严格控制。

（4）维持文档的可追溯性。由于信息系统开发的动态性，系统某种修改是否有效，要经过一段时间的检验，因此文档要分版本来实现。各版本的更新时机和要求要有相应的制度。

2.4.3 软件质量管理

信息系统的核心是应用软件，软件的质量决定信息系统的生命。对软件进行质量管理，提高其质量特性，对开发者和用户都非常重要。

1. 软件质量特性

软件质量是指软件产品满足明确或隐含需求能力的有关特征和特性的总和，通常可以用以下特性来定义：功能性、可靠性、效率、安全性、可维护性、可移植性、易使用性、可扩充性、可重用性。

为了进行软件质量控制和管理，需要将这些质量特性转化为与软件本身有关的内容，或者说转化为面向技术的特性。这种转化是通过定义一组二级特性来完成的。二级特性进一步刻画了软件质量特性，利用这些二级特点，可以测量一个软件的质量。软件质量特性与软件质量二级特性的关系如表2.1所示。

表2.1 软件质量特性与二级特性的关系

软件质量特性	二级特性
功能性	可追踪性、完备性、一致性
可靠性	可操作性、简单性；健壮性、可防护性
效率	通信有效性、处理有效性、设备有效性
安全性	保密性、可防护性、健壮性、数据安全性
可维护性	一致性、简单性、模块性、结构性、清晰性、可见性、自描述性、文档完备性
可移植性	清晰性、模块性、自描述性、系统无关性、兼容性、通用性
易使用性	培训性、简单性、清晰性、自描述性、可见性
可扩充性	兼容性、模块性、结构性、一致性、简单性、公用性
可重用性	通用性、模块性、结构性、系统无关性、公用性

2. 软件质量管理内容

软件质量管理是为了达到需要的软件质量而进行的所有管理活动。这些活动大体上可以分为质量控制和质量设计两大类。

1）质量控制

质量控制活动可以进一步分为计划、规程评价和产品评价三类。

为了进行质量控制，首先需要制定软件质量管理计划。计划的目的是确定质量目标、各个阶段应达到的要求、进度安排、所需资源等。计划贯穿于软件的整个生存期，指导各个阶段的具体工作。

规程具体描述在软件生存期中应当遵循的规则、标准。软件开发过程要满足已有的标准，但不同的软件要求不尽相同。规程评价应包括软件质量保证功能的描述，如希望得到的质量度量，在什么阶段进行评审及评审形式，应达到的测试水平，以及各类软件人员的职责。

软件产品评价的目的是确保产品符合需求，类似于硬件的产品检验。评价的方法有设计审查、代码审计、分析测试结果等。

2) 质量设计

质量设计确定应达到的水平，考虑高质量的软件如何设计，如何通过测试确定质量等问题。首先要确定软件产品的主要质量要素，并尽量使指标定量化。例如，希望软件产品的可靠性为 0.99，应当有实际的措施、工具和方法来保证预定的指标；如采用自顶向下的设计，要求每个模块有单出单入的特性，对存取考虑必要的授权等。此外，质量管理人员必须预先制定测试计划，软件运行后要有测试报告来确认是否达到了预定的质量水平。

3. 软件质量的影响因素

影响软件质量的因素是多种多样的。

（1）软件需求模糊以及软件需求的变更从根本上影响着软件产品的质量。软件不同于任何其他制造业的产品，它是一种可视性很差的复杂的逻辑实体，使得软件质量难以把握的一个因素是软件需求。确定需求，既是后继阶段开发的基础，又是软件开发完成后验收的依据，而且还是工期和开发成本估计的出发点，开发人员和用户都十分关心它。但软件需求既不可见，也往往说不清。这给软件的开发工作带来许多困难，埋下软件质量缺陷的隐患。

（2）手工开发工作难免出现差错。目前，软件开发工作大多仍是手工劳动，但又需要开发人员集中精力，全神贯注投入的智力密集性工作。对于这种复杂、细致而可见性差的工作，出错的可能不能完全排除。

（3）软件质量管理的实际困难。软件开发的管理人员往往更关心项目开发的成本和进度，因为成本和进度是显而易见的，并且易于度量。

此外，软件开发中的沟通也是一个重要方面，许多软件项目需要若干甚至许多技术人员和管理人员参与。在互相交流中经常产生对问题的不同认识和误解，如不能及时消除，必定埋下影响产品质量的祸根。另外，软件项目组中人员的流动难以完全避免。对于尚未建立成熟的软件过程的机构来说，软件项目组人员的变动会对软件的质量造成影响。

2.4.4 开发过程计划与控制

计划与控制是信息系统开发过程管理中的重要内容，如果缺少有效的计划与控制，开发项目失败的概率将会大大增加。信息系统开发项目管理专家詹姆斯·华德（James.Ward）曾指出，对于一个大的信息系统开发咨询公司，有 25% 的大项目被取消，60% 的项目远远超过成本预算，70% 的项目存在质量问题。他认为正确的项目计划、适当的进度安排、有效的项目控制可以避免和减少以上这些问题的发生。

1. 计划

一个详细的计划主要包括：确定执行项目需要的特定活动，明确每项活动的职责；确定这些活动的完成顺序；计算每项活动所需的时间和资源；制定项目预算等。

1) 工作分解结构与责任矩阵

计划过程的第一步是确定开发项目目标、预期的结果或最终产品。目标通常根据工作范围、进度计划和成本而定，要求在一定期限和预算内完成这项工作。目标要明确、可行、具体、可以度量，并在执行者和客户之间达成一致意见。

项目目标确定之后，需要建立一个工作分解结构（Work Breakdown Structure，WBS）来确定需要执行的工作要素或活动，用责任矩阵表示完成工作分解结构中工作细目的个人责任。工作分解结构把一个项目分解成容易管理的几个部分，有助于找出完成项目所需的所有工作要素而无遗漏；责任矩阵强调每一项工作细目由谁负责，表明每个人的角色在整个项目中的作用。

图2.4是某装备管理信息系统工作分解结构图，在此基础上制定了责任矩阵（表2.2）。

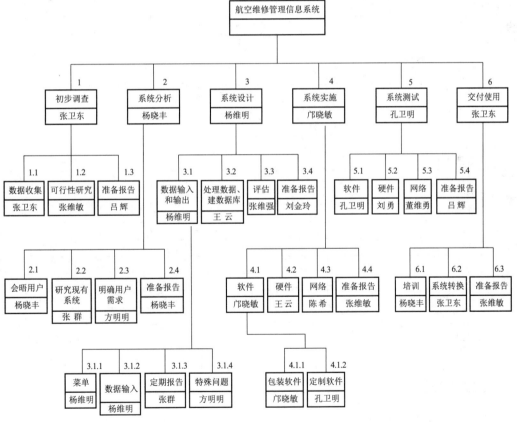

图2.4 某装备管理信息系统项目工作分解结构

表2.2反映了工作分解结构所示的所有活动，还表明了每项任务谁负主要责任、谁负次要责任。

表 2.2　某装备管理信息系统项目责任矩阵

WBS	工作细目	张卫东	杨晓丰	张维敏	吕辉	张群	方明明	杨维明	张维强	刘金玲	邝晓敏	王云	陈希	孔卫明	刘勇	董维勇
1	初步调查	P		S	S											
1.1	数据收集	P	S										S			
1.2	可行性研究			P		S	S		S	S						
1.3	准备报告	S			P											
2	系统分析			P		S	S									
2.1	会晤用户			P		S										
2.2	研究现有系统					P			S				S			
2.3	明确用户需求						P									
2.4	准备报告			P												
3	系统设计							P	S	S		S				
3.1	数据输入和输出					S	S	P								
3.1.1	菜单		S					P								
3.1.2	数据输入		S					P								
3.1.3	定期报告					P	S						S			
3.1.4	特殊问题					S	P						S			
3.2	数据处理、建数据库											P			S	S
3.3	评估	S	S	S				P								
3.4	准备报告									P	S					
4	系统实施			S						P	S	S				
4.1	软件									P	S	S	S			
4.1.1	包装软件									P	S	S	S			
4.1.2	定制软件										S	S	P			
4.2	硬件							S				P				
4.3	网络											P				
4.4	准备报告				P											
5	系统测试					S								P	S	S
5.1	软件				S	S								P		
5.2	硬件									S	S			P		
5.3	网络								S	S						P
5.4	准备报告				P								S	S	S	
6	交付使用	P	S	S												
6.1	培训		P							S		S				
6.2	系统转换	P								S		S				
6.3	准备报告	S	S	P												

说明：P 为主要责任；S 为次要责任

2）制定网络计划

确定了项目所有的详细活动后，要以图解方式描述这些活动的先后顺序和相互关系，这就是网络图。

（1）甘特图。也叫条形图（Bar Chart）。它把计划和进度安排两种职能组织在一起。图 2.5 是某装备管理信息系统项目的甘特图。

活动	负责人	0	5	10	15	20	25	30	35	40	45	50
初步调查	张卫东	━━━										
系统分析	杨晓丰		━━━━━━━									
系统设计	杨维明				━━━━━━━━━							
系统实施	邝晓敏							━━━━━━				
测试	孔卫明									━━		
交付使用	张卫东										━━━	

图 2.5 某装备管理信息系统项目甘特图

绘制甘特图，先要弄清楚活动之间的相互关系，哪些活动在其他活动开始之前必须完成，哪些活动可以同时进行。传统甘特图中，不能明显表达一项活动延误会影响哪些活动，同时，由于计划与进度安排同时进行，因此不便于对计划进行手工改动。

（2）网络技术。网络技术把计划和进度安排区分开来，使修改计划和安排一份最新进度计划更为容易。20 世纪 50 年代，发展起来两种网络计划方法：计划审评技术（Program Evaluation and Review Technique，PERT）和关键路径法（Critical Path Method，CPM）。二者都用网络图表明活动的顺序流程及活动之间的相互关系。

绘制网络图可以有两种形式：一种是用节点表示活动；另一种是用箭头表示活动。

用节点表示活动，如图 2.6 所示，活动用方框表示，方框内是对活动的描述，每个框有一个唯一的编号，连接方框的箭头表示活动之间的先后顺序。在图 2.6 中，有两个活动：安装机件、测

图 2.6 节点表示活动

试性能，编号分别为 3 和 4，只有在"安装机件"完成之后，"测试性能"才能开始。

在箭头表示活动的形式中，一项活动在网络图中用一个箭头表示，对活动的描述写在箭线上，如图 2.7 所示。图中的圆圈表示"事件"。活动由事件连接起来，箭尾代表活动的开始，称为紧前事件；箭头代表活动的结束，称为紧随事件。事件 2 是活动"安装机件"的紧随事件，又是活动"测试性能"的紧前事件，表示"安装机件"的结束和"测试性能"的开始。

图 2.7 箭头表示活动

在绘制用箭头表示活动的网络图中，有两个基本规则可以用来识别活动：第一，图中每个事件（圆圈）有唯一的编号，即图中不会有相同的事件号；第二，每项活动必须由唯一的紧前事件号和紧随事件号组成。

图 2.8（a）中的活动 A，B 由相同的紧前事件号 1 和紧随事件号 2 组成，这是不允许的。为了描述这种情况，引入虚活动的概念。这种活动不消耗资源，在网络图中用一个虚箭头表示。引入虚活动之后，图 2.8（a）可以表示为图 2.8（b）或图 2.8（c）。

43

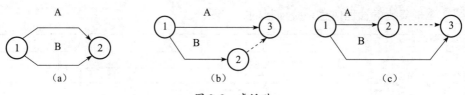

图 2.8　虚活动

根据活动一览表和网络原理可以绘制网络图。首先，选择要用的形式：用节点表示活动还是用箭头表示活动。然后按逻辑顺序开始绘制活动，对于每项活动应考虑三个问题：一是在该活动开始之前，哪些活动必须完成？二是哪些活动可以与该活动同时进行？三是哪些活动只能在该活动完成之后才能开始？

2. 进度安排

项目计划确定了项目所需完成的活动以及活动的顺序。要按照计划安排进度，还需要解决估计活动工期、确定活动开始与结束时间、确定关键路径等问题。

1）估计活动的工期

制定项目进度安排的第一步是估计每项活动从开工到完成所需要的时间。工期估计是估计一项活动经历的所有时间，即工作时间加上相关等待时间。例如，"飞机喷漆"的工期估计是 5 小时，这包括了工作时间，也包括等待油漆变干的时间，因为只有油漆干了之后才能进行下一道工序。

2）进度计划

为建立一个用所有活动的工期来计算进度的基准，有必要为整个项目选择一个预计开始时间和一个要求完工时间。这两个时间规定了项目必须完成的时间限制。

根据已估计出网络图中每项活动的工期和项目必须完成的时间段，可以计算出一个项目进度，为每项活动提供一个时间表，即：一是在项目预计开始时间的基础上，每项活动能够开始和完成的最早时间；二是为了在要求完工时间内完成项目，每项活动必须开始和完成的最迟时间。

（1）最早开始时间和最早结束时间。
- 最早开始时间（Earliest Start Time，ES）是指某项活动能够开始的最早时间，可以根据项目的预计开始时间和所有紧前活动的工期估计计算出来。
- 最早结束时间（Earliest Finish Time，EF）是指某项活动能够完成的最早时间，有

$$EF = ES + 工期估计$$

（2）最迟开始时间和最迟结束时间。
- 最迟开始时间（Latest Start Time，LS）是指使项目在要求完工时间内完成，某项活动必须开始的最迟时间。
- 最迟结束时间（Latest Finish Time，LF）是指为了使项目在要求完工时间内完成，某些活动必须完成的最迟时间。显然有

$$LS = LF - 工期估计$$

图 2.9 是附有最早开始时间、最早结束时间、最迟开始时间、最迟结束时间的某装备管理信息系统开发工作网络图。

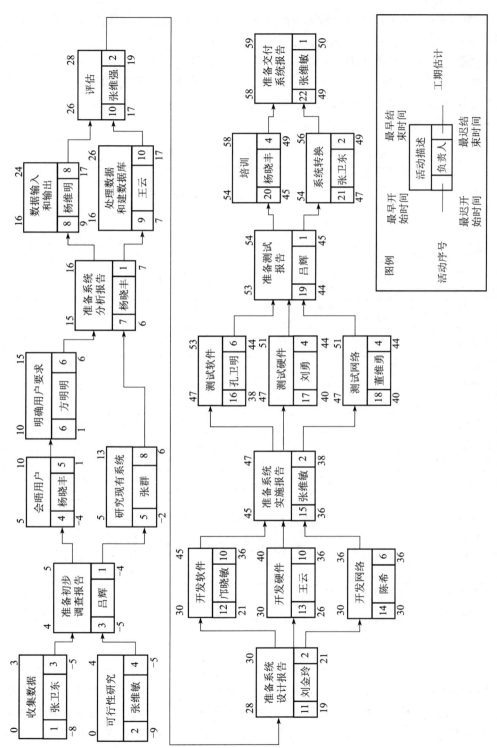

图 2.9 带有开始时间、结束时间的网络图

（3）关键路径。

在网络图中，从项目开始沿箭头方向到项目结束有多条路径。每条路径的长度（所有通过节点工期之和）可能不相等，路径最长者叫关键路径（Critical Path）。显然，只有缩短关键路径上的活动工期，才能缩短整个项目的工期。

若定义一项活动的时差为 TS=LF-EF=LS-ES，则时差与总时差相等的活动就是关键路径上的活动。从表2.3可以看出，活动2，3，4，6，7，9，10，11，12，15，16，19，20，22构成该装备信息系统开发的关键路径。

表2.3 某装备管理信息系统开发项目进度

	活动	负责人	工期估计	最早开始时间	最早结束时间	最迟开始时间	最迟最迟时间	时差
1	收集数据	张卫东	3	0	3	-8	-5	-8
2	可行性研究	张维敏	4	0	4	-9	-5	-9
3	准备初步调查报告	吕辉	1	4	5	-5	-4	-9
4	会晤用户	杨晓丰	5	5	10	-4	1	-9
5	研究现有系统	张群	8	5	13	-2	6	-7
6	明确用户要求	方明明	5	41	15	1	6	-9
7	准备系统分析报告	杨晓丰	1	15	16	6	7	-9
8	数据输入和输出	杨维明	8	16	24	9	17	-7
9	处理数据和建数据库	王云	10	16	26	7	17	-9
10	评估	张维强	2	26	28	17	19	-9
11	准备系统设计报告	刘金玲	2	28	30	19	21	-9
12	开发软件	邝晓敏	15	30	45	21	36	-9
13	开发硬件	王云	10	30	40	26	36	-4
14	开发网络	陈希	6	30	36	30	36	0
15	准备系统实施报告	张维敏	2	45	47	36	38	-9
16	测试软件	孔卫明	6	47	53	38	44	-9
17	测试硬件	刘勇	4	47	51	40	44	-7
18	测试网络	董维勇	4	47	51	40	44	-7
19	准备测试报告	吕辉	1	53	54	44	45	-9
20	培训	杨晓丰	4	54	58	45	49	-9
21	系统转换	张卫东	2	54	56	47	49	-7
22	准备交付系统报告	张维敏	1	58	59	49	50	-9

3. 进度控制

在信息系统开发进度过程中，经常出现一些无法预测的情况，比如更改数据字段名、数据间不同的关系，选择不同的显示方式、不同的小计和合计，增加非预先安排的查询能力，改变软件处理的内部逻辑，以及变更数据流等。这些情况往往会使项目开发超出预先的进度安排，因此需要实施进度控制。进度控制的关键是监控实际进度，及时、定期地与计划安排进行比较，并立即采取必要的纠正措施。

1) 项目控制过程

项目控制过程如图2.10所示。项目控制过程始于基准计划制定,基准计划表现项目的范围、进度、预算。

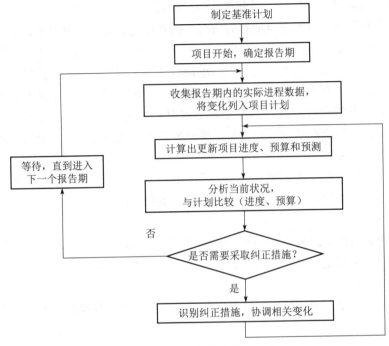

图2.10 项目控制过程示意图

报告期可以根据项目的复杂程度和时间期确定为日、周、双周或月或双月。一般说来,报告期越短,早发现问题并采取纠正措施的机会越多。报告期内需要及时收集两类数据:实际执行中的数据,包括活动开始或结束的实际时间,使用或投入的实际成本;有关项目范围、进度计划和预算变更的数据。

一旦有变更出现,被列入计划并取得了客户的同意,就必须建立一个新的基准计划,其范围、进度、预算都可能与最初的基准计划有所不同。更新的进度计划和预算一经形成,必须与基准进度和预算进行比较,分析各种变量,预测项目将提前还是延期完成,是低于还是超出预算。若进展良好,则不需要采取纠正措施;如果需要采取纠正措施,则必须做出修改进度计划或预算的决定。这种决定经常涉及时间、成本、项目范围的调整,例如,缩短工期往往需要增加成本或缩小任务范围。

2) 进度控制方法

对于项目进度而言,变更可能引起活动的增加或删除、活动的重新排序、活动工期估计的变更,或者更新项目要求完工时间等。实施进度控制一般包括以下四个步骤:

(1) 分析进度,找出哪些地方需要采取纠正措施。

(2) 确定应采取的纠正措施。

(3) 修改计划,将纠正措施列入计划。

（4）重新计算进度，估计纠正措施的效果。

如果拟采取的纠正措施仍无法得到满意的进一步安排，则必须重复以上步骤。

进度分析时，应识别关键路径和任何有负时差的活动路径，以及那些与以前的进度计划相比偏离预定进度的路径（时差变坏的路径）。

为加快项目进度，应把重点放在有负时差的路径上，负时差绝对值最大的路径优先级最高。在分析有负时差的活动路径时，应重点关注以下两种活动：①正在进行或随后即将开始的活动；②工期长的活动，工期越长的活动，减少工期的潜能越大。

缩短工期的办法有多种，最常见的办法是投入更多的资源以加快活动进程，但在软件开发中有时并不能奏效；另一种方法是指派更有经验的人去完成或帮助完成这项活动。缩小活动范围或降低活动要求是又一种缩短活动工期的方法，还可通过改进方法或技术提高生产率来缩短工期。

确定减少负时差的具体措施之后，必须修正网络计划中相应活动的工期估计，计算出调整后的进度，以评价拟采取措施是否能满足预期目标。

4. 经费管理

经费管理是信息系统开发项目管理的一项重要内容。经费管理首先要制定经费计划，在执行过程中要及时进行适当的调整。

1）成本测算

信息系统整个生命周期的成本可以划分为开发成本和运行维护成本两大类，每一类都可以逐级细分，如图 2.11 所示。

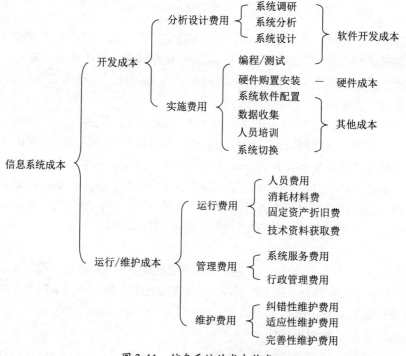

图 2.11 信息系统的成本构成

根据待开发的信息系统的成本特征，运用定量和定性分析方法对信息系统生命周期各阶段的成本水平和变动趋势做出估计，称为信息系统的成本测算。成本测算既是信息系统项目投标或报价的基础，也是信息系统进行项目管理和评价的有效手段。按照成本构成，信息系统开发成本的测算过程如图2.12所示。

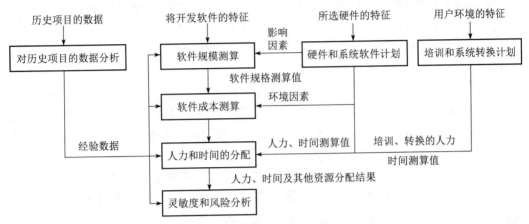

图 2.12 信息系统开发成本测算的一般过程

图2.12中，硬件和系统软件成本包括计算设备、通信设备和机房其他设施的购置、调试成本，也包括操作系统、数据库管理系统及其他应用软件的购置、调试成本。软件成本包括信息系统的分析、设计、编程和系统调试等阶段中涉及的全部费用。其他成本则包括用户培训、数据收集与整理、新旧系统转换等不能计入前两类的成本费用。

从图2.12可以看出，历史项目数据对于当前项目成本测算具有参考价值，因此成本测算首先要对历史项目的成本情况进行数据分析。其次进行硬件成本及用户方面（培训、数据收集、系统转换等）成本的测算。该两项成本的测算相对容易一些。再次是软件开发成本测算，通常分两步：①测算软件规模；②利用参数模型测算出该种规模的软件成本。最后，综合硬件、软件和其他成本，并进行灵敏度和风险分析。

信息系统开发项目的成本测算方法按照测算思路和判断特征等可以分为以下几类。

（1）算法模型。这种方法把成本估计值看作若干影响因素为自变量的函数，基于历史数据进行测试。模型的一般形式为

$$R = F(X, C)$$

式中，R为成本（系统开发所需人月数、工期、费用等），X为一组经过选择的影响成本的因素，C为一组参数。

（2）任务分解法。该方法按照分解的先后时序分为自底向上和自顶向下两种策略。

①自底向上的策略。把一个系统分成许多基本的模块和相应的任务，分别测算它们的成本，累计得出整个系统的成本。这种测算可由相应的开发人员直接参加，模块的测算结果的误差较小，但测算本身的成本比较高，而且容易忽视系统级（如系统联调）

的成本。

②自顶向下的策略。先根据系统的总体特征估计开发总成本，然后把总成本分摊到各子系统或模块。这一策略的优缺点与自底向上策略相反。

（3）专家判定法。这一方法中，专家根据自己的经验、直觉以及对所测算项目的理解给出成本的测算值。按照实施方式又可进一步分为类比法和德尔菲（Delphi）法。

类比法把新的项目与已完成的相似项目进行类比，根据已完成项目的实际成本来测算新项目的成本。测算值可以由个别专家单独给出，也可以集体讨论给出。这种办法能充分利用以往的经验，测算快速而廉价，但误差大，结果也缺乏信服力。

德尔菲法是美国兰德公司推出的一种专家定性预测方法。它通过给专家发判定表、专家进行无记名填表、统计综合、向专家反馈结果、进行下一轮填表等步骤的多次反复，逐步使专家的结论趋于一致。作为一种成本测算方法，这种方法能充分利用专家的经验，但无法消除专家可能存在的偏见，而且比较费时。

上述几种测算方法各有优缺点，应根据所处阶段、所掌握影响成本因素的信息量等，选用适宜的方法。比如，在系统开发准备阶段，对系统的功能需求的认识比较模糊，宜用类比法、德尔菲法、自顶向下法，从总体上测算成本值。随着开发工作的推进，影响成本的因素逐渐明朗，可以采用算法模型或自底向上方法。

2）成本计划的变更控制

软件开发过程中会出现多种因素引起成本的变动，有必要对成本进行变更控制。一般选取并考察若干指标以监控成本计划的执行情况，常见的指标有预算累计、实际成本累计和盈余累计。

表2.4列出了某装备管理信息系统开发项目预算按活动分摊的部分结果（列出了前6项），该项目总预算是102万元，预计为50周。为了监控成本，需要把每项活动的费用按周分摊。

表2.4 某装备管理信息系统开发项目预算分摊

活动	紧前活动	工期估计（周）	预算分摊	预算累计
1. 收集数据	—	3	1.5	1.5
2. 可行性研究	—	4	2.0	3.5
3. 准备初步调查报告	1，2	1	0.5	4.0
4. 会晤用户	3	5	3.0	7.0
5. 研究现有系统	3	8	4.0	11.0
6. 明确用户要求	4	5	2.0	13.0
……	……	……	……	……

（1）预算累计。预算累计就是从项目启动到报告期之间各期预算成本的总和。从表2.5可以看出，该项目到第5周为止预算累计是5.1万元。

表 2.5 某装备管理信息系统开发每周分摊预算与预算累计表

(单位：万元)

时间（周）活动	1	2	3	4	5	6	7	8	9	10	...	50	活动小计
1. 收集数据	0.5	0.5	0.5										1.5
2. 可行性研究	0.3	0.3	0.7	0.7									2.0
3. 准备初步调查报告					0.5								0.5
4. 会晤用户						0.6	0.6	0.6	0.6	0.6			3.0
5. 研究现有系统					0.5	0.5	0.5	0.5	0.5	0.5			4.0
……													
每周预算小计	0.8	0.8	1.2	0.7	1.6	1.1	1.1	1.1	1.1	0.5			
从项目开始预算累计	0.8	1.6	2.8	3.5	5.1	6.2	7.3	8.4	9.5	10			

（2）实际成本累计。实际成本累计就是从项目启动到报告期之间所有实际发生成本的累加。假设现在项目进行到第5周，将前5周的成本填入表中即可。从表2.6可以看出，到第5周为止实际成本累计为4.8万元。

表 2.6 某装备管理信息系统开发每周实际成本累计表

(单位：万元)

活动	周									活动小计
	1	2	3	4	5	6	7	……	50	
1. 收集数据	0.5	0.4	0.6							1.5
2. 可行性研究	0.3	0.3	0.6	0.6						1.8
3. 准备初步调查报告					0.5					0.5
4. 会晤用户					0.5					0.5
5. 研究现有系统					0.5					0.5
……										
每周实际成本小计	0.8	0.7	1.2	0.6	1.5					
从项目开始累计成本	0.8	1.5	2.7	3.3	4.8					

将报告期的实际成本累计与预算累计相比较，就可以知道经费开支是否超出预算。若实际成本累计小于预算累计，则说明没有超支。但这仅仅是就时间进程而言的，若没有完成相应的工作量，也不能说明成本计划执行得好。

（3）盈余累计。一项活动从开工到报告期实际完成的百分比称为完工率。一项活动总的分摊预算与该项活动的完工率的乘积称为盈余量。例如，活动"收集数据"分摊预算是1.5万元，在第1周完成任务的20%，前2周完成任务的50%，前3周完成任务的100%，则活动在第1、2、3周的盈余量分别是0.3万元、0.75万元、1.5万元。盈余累计就是从项目启动到报告期之间各项活动盈余量之和。表2.7是该项目前5周的盈余累计。

表2.7　某装备管理信息系统开发项目盈余累计表　　（单位：万元）

活动	周								活动小计
	1	2	3	4	5	6	……	50	
1. 收集数据	0.3	0.75	1.5	1.5	1.5				1.5
2. 可行性研究	0.4	0.8	1.2	1.5	2.0				2.0
3. 准备初步调查报告					0.5				0.5
4. 会晤用户					0.5				0.5
5. 研究现有系统					0.5				0.5
……									
累计盈余	0.7	1.55	2.7	3.0	5.0				

将分摊预算累计、实际成本累计和盈余累计三个指标一一计算后，可以绘制比较表，如表2.8所示。

表2.8　经费指标比较表　　（单位：万元）

项目	周							
	1	2	3	4	5	6	……	50
分摊预算累计	0.8	1.6	2.8	3.5	5.1	6.2		
实际成本累计	0.8	1.5	2.7	3.3	4.8			
盈余累计	0.7	1.55	2.7	3.0	5.0			

通过该表可以得到项目的一些总体情况：

若某报告期实际成本累计大于分摊预算累计，即实际发生的成本超出预算，说明成本计划没有得到很好执行。在这种情况下，若盈余累计也大于分摊预算累计，说明虽然开支超出了预算，但实际完成的工作量也超过了计划工作量，问题不大。

若实际成本累计小于分摊预算累计，且盈余累计大于实际成本累计，说明成本计划和进度都得到较好的控制；如果盈余累计小于实际成本累计，说明未完成进度计划。

2.4.5　CMM与CMMI

1. CMM

软件是一种特殊的产品，软件过程的质量对软件产品的质量具有重要的影响。不同的软件项目所遵循的软件过程有很大差别，能力成熟度模型（Capability Maturity Model，CMM）就是用来评估软件过程能力与成熟度的一套标准。它是美国卡内基—梅隆大学软件工程研究所推出的，建立在众多软件专家的实践经验的基础上，侧重于软件开发过程的管理及工程能力的提高与评估。

1）CMM的结构

CMM由五个成熟度等级组成。除了等级1外，每个成熟度等级都包含若干个关键过程区域，每个关键过程区域又划分为五个称作共同特点的部分。共同特点规定了一些关键实践。关键实践是对关键过程区域起重要作用的基础设施或活动，只要认真地执行关键实践，就能实现关键过程区域的目标，进而改善组织的软件过程能力。CMM 整体结构如图 2.13 所示。

（1）成熟度等级（Maturity Levels）。成熟度等级是软件过程中妥善定义的平台。成熟度等级提供了 CMM 的顶层结构。每个成熟度等级对应组织软件过程能力的一个等级。

（2）关键过程区域（Key Process Areas）。每一成熟度等级由若干个关键过程区域构成，要达到一个成熟度等级，必须实现该等级上全部的关键过程区域。关键过程区域指明了改善软件过程能力应关注的区域，并指出了为达到某个成熟度等级所要解决的问题。每个关键过程区域包含了一系列的相关活动，当这些活动全部完成时，就能够达到一组评价过程能力的成熟度目标。要实现一个关键过程区域，就必须达到该关键过程区域的所有目标。

（3）目标（Goals）。目标概括了一个关键过程区域的关键实践，用来确定一个组织或项目是否已有效地实现该关键过程区域。目标用于检验关键实践实施情况，比如可以使用目标来确定实现关键实践的替代方法是否满足关键过程区域的意图等。如果一个级别的所有目标都已实现，则表明这个组织已经达到了这个级别，可以进行下一个级别的软件过程改善。

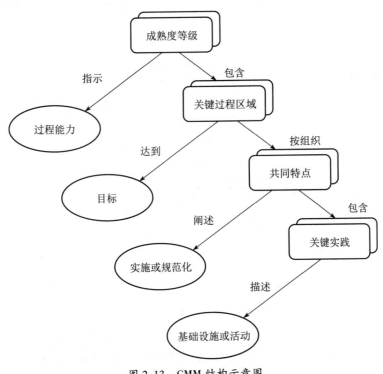

图 2.13 CMM 结构示意图

（4）关键实践（Key Practices）。关键实践是指在基础设施或活动中对关键过程区域的实施和规范化起重大作用的部分。每个关键过程区域都有若干个关键实践,当实施这些关键实践时,能帮助实现关键过程区域的目标。例如,软件项目策划这个关键过程区域的一个关键实践是"按照已文档化的规程制定项目的软件开发计划"。

(5) 共同特点(Common Features)。关键实践以五个共同特点加以组织:执行约定、执行能力、执行活动、度量和分析、验证实施。共同特点是一种属性,它能指示一个关键过程区域的实施和规范化是否是有效的、可重复的和持久的。

(6) 过程能力(Process Capability)。过程是指为了实现某一目标而采取的一系列步骤。软件过程是指开发和维护软件及其相关产品所采取的一系列活动。其中,软件相关产品包括项目计划、设计文档、源代码、测试用例和用户手册等。一个有效的、可视的软件过程能够将人力资源、物理设备和实施方法结合成一个有机的整体,并为软件工程师和高级管理者提供实际项目的状态和性能,从而可以监督和控制软件过程。软件过程能力描述了通过遵循软件过程能实现预期结果的程度,它是软件过程本身具有的、按预定计划生产产品的固有能力。组织的软件过程能力为组织提供了预测软件项目开发的数据基础。

2) CMM 的等级

CMM 共有五个成熟度等级,图 2.14 显示了这五个成熟度等级。

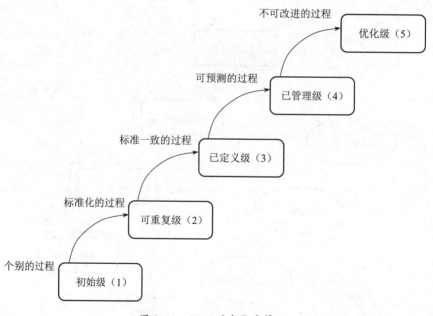

图 2.14 CMM 的成熟度等级

(1) 等级 1——初始级(Initial)。在初始级,组织一般不具备稳定的软件开发与维护环境。项目的成功主要依赖于一个杰出的项目管理者及一支有经验的、战斗力强的开发队伍。

处于该等级的组织的过程能力是不可预测的,进度、预算、功能性和产品质量一般是不可预测的，其性能完全依赖于个人的能力，且随个人技能、知识和动机的不同而变化。

（2）等级 2——可重复级（Repeatable）。在可重复级，组织建立了管理软件项目的方针和实施这些方针的措施，基于类似项目上的经验对新项目进行策划和管理，使得组织能重复以前项目所积累的成功实践。

处于该等级的组织的软件过程能力可概括为有纪律的、规范化的，因为软件项目的规划和跟踪是稳定的，能重复以前的成功。由于遵循实际可行的、基于以前项目性能的计划，项目过程处于项目管理系统的有效控制之下。

（3）等级 3——已定义级（Defined）。在已定义级，整个组织的开发和维护软件的标准过程（包括软件工程过程和软件管理过程）已文档化，而且这些过程被集成为一个有机的整体。项目组通过剪裁组织标准软件过程来建立单个项目的软件过程。

处于该等级的组织的软件过程能力可概括为标准的和一致的，因为无论是软件工程活动还是管理活动，过程都是稳定的和可重复的。在所建立的各种产品线内，成本、进度和功能性均受控，对软件质量也进行跟踪。

（4）等级 4——已管理级（Managed）。在已管理级，组织对软件产品和过程都设置定量的质量目标。所有项目都要测量其重要软件过程活动的生产率和质量，得到的数据收集到一个全组织的软件过程数据库，并进行分析。等级 4 上的软件过程已经配备良好定义的、一致的度量标准，为定量地评价项目的软件过程和产品打下了基础。

处于该等级的组织的软件过程能力可概括为可预测的，因为过程是已测量的并在可测的限制范围内运行，当超过限制范围时，组织能够采取措施予以纠正，因此软件产品具有可预测的高质量。

（5）等级 5——优化级（Optimizing）。在优化级，整个组织集中精力进行不断的过程改进。为了预防缺陷出现，组织有办法识别出弱点并进行预先有针对性的过程改进。利用软件过程的有效数据，对新技术和所建议的组织软件过程的更改进行绩效分析，从而识别出最好的技术创新并推广到整个组织。

处于该等级的组织的软件过程能力可概括为持续改善，因为组织为扩大其过程能力的范围进行着不懈的努力，从而不断改善其过程性能。

2. CMMI

CMM 的成功促使其他学科也相继开发类似的过程改进模型，例如系统工程能力成熟度模型（System Engineering CMM）、软件采购能力成熟度模型（Software Acquisition CMM）、人力资源能力成熟度模型（People CMM）等。这些模型在许多组织都得到了良好的应用，但对于一些组织来说，就会出现需要采用多种模型来改进自己多方面过程能力的情况。这时就会存在一些问题，比如，不能集中其不同过程改进的能力以取得更大成绩，要进行重复的培训、评估和改进活动，不同模型中存在着对相同事物不一致的说法，或活动不协调，甚至相抵触。

1) CMMI 概述

1994 年，美国国防部与卡内基—梅隆大学的软件工程研究所以及美国国防工业协会共同研制了软件能力成熟度模型集成（Capability Maturity Model Integration，CMMI），把现存实施的与即将被发展出来的各种能力成熟度模型集成到一个框架中。

CMMI的目标是对软件工程过程进行管理和改进，增强开发与改进能力。它为改进组织的各种过程提供了一个单一的集成化框架，消除了多个模型之间的不一致性，减少了模型之间的重复，增加了透明度和理解，建立了一个自动的、可扩展的框架，因而能够从总体上改进组织的质量和效率。

2）CMMI管理思想

CMMI主体是整体框架（CMMI Frame-Work），CMMI内容在外购协作、系统工程、并行工程、软件工程四个知识领域有所涉及。组织根据实际情况选择侧重软件工程、系统工程中的一种或者两种。用并行工程、外购协作来配合软件工程、系统工程内容。因此，CMMI模型不仅可应用在软件项目领域，也可应用在其他领域。

CMMI中的项目管理类过程域，包括了所有与项目策划、监控有关的活动，这些过程域包括项目策划（PP）、项目监控（PMC）、供应商协议管理（SAM）、集成项目管理（IPM）、风险管理（RSKM）、量化项目管理（QPM）。

在软件开发方面，实施CMMI，可帮助组织对软件过程进行管理和改进，增强开发与过程改进能力，提高组织的管理水平，开发高质量的软件项目。具体好处有：

（1）保证软件开发质量与进度，规范组织杂乱的项目的开发过程。

（2）有利于项目的成本控制，过程管理的实施保证了软件的开发质量，减少了项目的后期修改，降低了项目的开发成本。

（3）通过标准化、规范化的管理方法实施，提高了项目参与者的能力。

（4）过程改进以及知识库的建立，使得项目的成功不是依靠某些人员，解决了人员流动带来的问题。

（5）有利于提高组织的绩效管理水平，以持续改进效益，通过度量分析开发过程和产品，建立组织的效率指标。

3）CMMI的等级

CMMI等级有连续表达和阶段表达两种表达方式。连续表达有6个模型等级，采用能力等级模型对组织的过程成熟度进行评估，组织达到某等级的标准就是实施了此等级所有的过程域，也就满足了这个级别下的所有过程域要求。阶段表达采用与CMM类似成熟度等级模型，共分为5个等级，CMMI所有的过程域从高到低分成优化级、定量管理级、定义级、管理级、初始级，如图2.15所示。

（1）等级1——初始级（Initial）。初始级的表现是，组织的成功不是依靠一套验证的软件过程而是依靠组织成员的努力程度和个人能力，软件过程混乱、变更随意，不能提供稳定开发和维护以及运行环境。

（2）等级2——管理级（Managed）。组织可以跟踪功能成本、进度和特性，组织已经建立基本项目管理过程。成功的项目经验被积累下来并且重复应用在类似项目。管理级的重要特征是，软件开发维护过程相对稳定并且在工程管理控制范围内，以前项目的实践可以被利用，软件组织有能力识别和纠正开发过程中出现的问题。

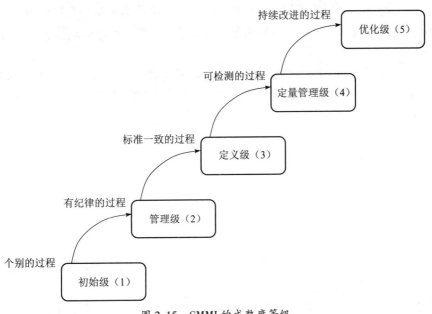

图 2.15 CMMI 的成熟度等级

（3）等级 3——定义级（Defined）。软件组织达到初始级、管理级在成熟度方面要求的过程特定通用目标。"已定义过程"通过裁减组织标准过程产生，适应该过程平台环境已经存在，已定义过程可以采用标准的工具或者方法来反映项目特性。

（4）等级 4——定量管理级（Quantitatively Managed）。定量管理级就是组织达到初始级、管理级和本级别要求成熟度所有过程域特定目标，以及初始级、管理级的通用目标。定量管理级特点是，在过程性能、服务质量以及产品质量方面形成了定量目标，对所有过程域采用统计、定量指标进行控制，通过这些定量目标的标准来判断组织过程管理是否成功，对软件的产品质量、服务质量和过程性能做到有效管理和控制。在定量管理级中组织建立了度量数据库，此数据库保留了组织的产品质量、服务质量和过程性能度量。

（5）等级 5——优化级（Optimizing）。软件组织成熟度已经达到 1、2、3 级与本级所有过程域特定目标，以及 2、3 级过程域通用目标。优化级的特征是采用渐进式、变革式两种改进形式对过程性能持续改进，这两种形式持续改进的基础是掌握了过程域的内在变化原因。

3. GJB 5000A

GJB 5000A 是我国军用软件研制能力成熟度模型，它包括军用软件能力成熟度模型框架、集成模型、评估方法和材料、各种培训、术语等。GJB 5000A 与 CMMI 比较接近，目的都是改进软件过程，两种认证都是对组织软件能力的一种肯定，二者主要存在以下差别：

（1）认证主体不同。GJB 5000A 是由军方或军方授权的认证机构进行认证；CMMI 的认证主要取决于评估者个人的评价及所属的机构。

(2) 评分标准、严格度不同。GJB 5000A 评价结果依据对每一个过程域、每一个目标的评价，只有所有相关目标均得到满足，才能通过；CMMI 评价结果依据对体系的总体判断。

(3) 适用范围不同。GJB 5000A 作为国家军用标准之一，主要用于军品研制方面，想要进入军品市场，承担军用软件研制、生产、销售的单位需要通过 GJB 5000A 认证；CMMI 则相对国际化。

本章小结

　　成功开发管理信息系统必须具有正确的指导思想、必要的开发条件、科学的组织管理模式，合理选择开发方式和方法。

　　系统开发的任务就是根据管理的战略目标、规模、性质等具体情况，运用系统工程的方法，按照系统发展的规律，建立计算机化的信息系统。其中最核心的工作，就是设计一套适合现代管理要求的应用软件系统。系统开发必须遵循一定的指导原则。系统开发的指导性原则，实际上是给出系统开发者应该具备的思维方式。首先应该将系统开发和系统开发的过程看作一个系统工程。在这个前提下，注意从目的性、整体性、相关性、环境适应性和科学的管理开发过程出发，思考问题和解决问题。

　　系统开发也要遵循一定的方法，常见的开发方法有结构化开发方法、原型法、面向对象法、信息工程方法、CASE 方法等。结构化开发方法，是指用系统工程和工程化的方法，按照用户至上的原则，由顶向下整体性地分析与设计和自底向上逐步实施的系统开发过程。原型法是指借助于功能强大的辅助系统开发工具，按照不断寻优的设计思想，通过反复的完善性实验而最终开发出符合用户要求的管理信息系统的过程和方法。面向对象方法的基本思想是基于所研究的问题，对问题空间（软件域）进行自然分割，识别其中的对象及其相互关系，建立问题空间的信息模型；在此基础上进行系统设计，用对应对象和关系的软件模块构造系统。信息工程方法的开发过程和结构化开发方法类似，也是分阶段进行的，该方法引入了知识库的概念，从业务分析到系统制作的每个过程都离不开知识库的支撑。计算机辅助软件工程（CASE）开发方法是一种自动化和半自动化的方法。

　　系统开发的组织和管理必须是科学的，要从组织上成立开发领导小组和开发工作执行小组，采用科学的管理方法和工具进行项目管理。软件开发工程项目管理的内容包括计划管理、技术管理、质量管理与资源管理四个方面。对于特定的软件开发机构，其软件开发过程管理可通过能力成熟度模型来评估。

思考题

1. 说明信息系统开发的基本条件。
2. 什么是信息系统的生命周期？
3. 如何评价结构化系统开发方法？
4. 原型法的基本思想是什么，它的优缺点是什么？
5. 面向对象开发方法的基本思想是什么，如何应用面向对象方法开发系统？
6. 信息工程方法包括哪些开发阶段？
7. 什么是计算机辅助软件工程方法？
8. 什么是 XP 方法？
9. 简述软件能力成熟度模型。

第 3 章 装备管理信息系统规划

装备管理信息系统规划是对装备管理领域建设和应用信息系统的总目标、战略、资源和开发工作等进行综合性计划，其目的是实现装备管理信息系统建设统一、有序，使装备信息资源利用充分、有效，更好地支持装备部门实现长期目标。本章介绍装备管理信息系统规划的概念、方法，以及业务流程重组与可行性研究等内容。

3.1 系统规划概述

装备管理信息系统规划是通过对组织目标、现状的分析，制定指导信息系统建设的总体安排。装备管理信息系统的建设，涉及组织的管理体制，以及人力、财力、物力等多种资源的配置。规划是装备管理信息系统建设中的重要内容。

如果缺少全面、系统性的规划，将导致多方面的问题：开发过程将缺乏明确、合理的目标；各项活动因为缺少一个总体规划，难以统筹协调；开发过程所需的各种资源缺少保障；因为缺乏对组织业务模式和业务流程的深入分析以及必要的调整，信息系统很可能在组织业务流程之间脱节，不利于提高管理工作的效率；实现的信息系统，可能用多种表示方式来描述相同的信息，或者同样的信息需要在多个系统中重复录入，产生信息不一致和信息冗余等诸多问题。

3.1.1 规划的内容

在制定装备管理信息系统规划之前，需要对装备管理系统的历史、特点、装备管理中存在的现实问题进行深入分析，从组织、业务流程、信息技术的现状和发展前景等方面研究解决这些问题的思路和方法，制定指导装备管理信息化建设的总体规划。信息系统规划的内容主要包括：

（1）信息系统的总目标、发展战略与总体结构。根据装备发展的战略目标和内外约束条件，确定信息系统的总目标和总体结构，使管理信息系统的战略与整个装备发展战略和目标协调一致。信息系统的总目标规定信息系统的发展方向，发展战略规划提出衡量具体工作完成的标准，总体结构则提供系统开发的框架。

（2）系统现状分析。包括对计算机软件、硬件、开发人员、开发费用及当前信息系统的功能、应用环境和应用现状等情况，进行充分了解和评价。

（3）可行性研究。在现状分析的基础上，从技术、经济和社会因素等方面研究并论证系统开发的可行性。可行性研究的目的是用最小的代价，在最短的时间内确定问题是否能够得到解决，即目标系统是否存在可行的解决方案，或目标系统的建立能否很好地提高装备的管理与使用效率。这些问题需要通过客观准确的分析才能回答。

(4) 业务流程重组。对装备业务流程现状、存在问题和不足进行分析,使流程在新的技术条件下重组。流程重组是根据信息技术的特点,对原有方式下的业务流程进行根本性的再思考和重新设计。

(5) 相关信息技术发展预测。信息系统规划必然受到信息技术发展的影响。因此,对规划中涉及的软硬件技术、网络技术、数据处理技术等的发展变化及其对信息系统的影响做出预测。

(6) 资源分配计划。制定为实现系统开发计划而需要的软硬件资源、人力、技术和资金等计划,给出整个系统建设的概算。

3.1.2 规划的特点

装备管理信息系统规划具有以下特点。

(1) 全局性。系统规划是面向全局的、未来的、长远的关键问题,因此具有较强的全局性和不确定性。

(2) 高层次。系统规划是高层次的系统分析,高层管理人员(包括高层信息管理人员等)是工作的主体。

(3) 指导性。系统规划的目的是为整个系统的建设确定目标、发展战略、总体结构方案和资源分配计划,而不是解决系统开发中的具体业务问题。因此,系统规划是一个管理决策过程,它为后续工作提供指导,而不是替代后续工作。

(4) 管理与技术相结合。系统规划是管理与技术相结合的过程,它要应用现代信息技术有效地支持管理决策的总体方案。规划人员对管理和技术发展的见识、开创精神、务实态度,是影响系统规划成效的重要因素。

(5) 环境适应性。系统规划是装备系统总体发展规划的一部分,要服从装备系统总体发展规划,并且随着环境的发展而变化。

3.1.3 规划的一般过程

1983 年,Browman 等在总结大量信息系统规划实践的基础上,提出了信息系统规划的三阶段过程框架,如图 3.1 所示。

第一阶段是战略信息系统规划阶段。该阶段的目的是使信息系统战略和组织战略一致。主要考虑组织发展方向,识别责任和目标群体,结合组织的战略和目标设定信息系统规划的纲领。同时,评价当前的环境、新技术、新机遇,结合内部的信息系统/信息技术(Information Technology/

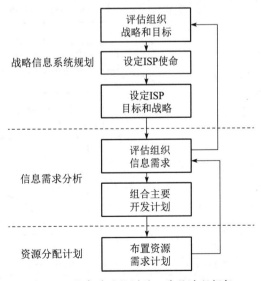

图 3.1 信息系统规划的三阶段过程框架

Information System，IT/IS）能力、信息技术成熟度、信息技术人员技能，以及组织信息技术、信息系统优点、弱势、机遇和威胁，设定信息技术/信息系统的政策、目标和战略。

第二阶段是信息需求分析阶段，主要是分析信息需求，开发完整的信息系统构架（Information Systems Architecture，ISA），并对ISA中的项目进行组合，安排项目开发计划。

第三阶段是资源分配计划阶段，主要包括技术获取、人事计划、资金预算等，用来确定实施ISA中项目所需的软硬件设备、人员安排和资金等内容。

对于装备管理信息系统而言，这三个阶段可以分为9个步骤，如图3.2所示。

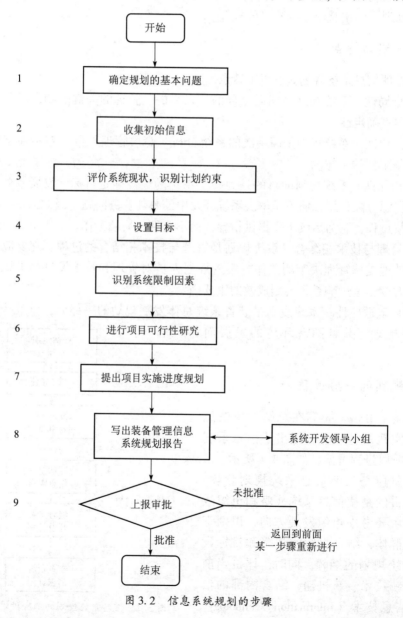

图3.2 信息系统规划的步骤

1）确定规划的基本问题

明确规划的时间范围、方法、方式以及规划的策略等内容。

2）收集初始信息

收集各级装备主管部门、各职能部门、外军装备系统信息化现状,以及相关文件、书籍和杂志中涉及的装备系统的信息。

3）评价系统状态和识别计划约束

分析 MIS 目标、开发方法、功能结构、信息部门的情况、风险度和政策等;评价系统现有的软硬件设备、软件及其质量;根据资金、人力和物力等方面的限制,确定 MIS 的约束条件和政策。

4）设置目标

由装备系统领导和信息系统开发责任人依据装备整体目标,确定信息系统的目标,明确信息系统应当具有的功能、服务的范围和质量等。

5）识别系统限制因素

识别未来新系统实施过程中的限制因素,主要包括环境因素和管理因素。

6）进行项目可行性研究

对拟开发的系统从经济、技术和社会因素等方面进行可行性研究。分析系统开发的必要性与开发方案的可行性,得出是否开发的明确结论,并且对新系统实现的整体性能与价值做出全面的评估。

7）提出项目实施进度计划

根据项目的优先权、成本费用和人员情况,编制项目的实施进度计划,列出开发进度表。

8）写出装备管理信息系统规划报告

通过不断与用户、系统开发领导小组成员交换意见,将装备管理信息系统规划书写成文。

9）上报审批

将系统规划上报装备部门或单位领导审批。系统规划经过批准之后才能生效,否则需要返回前面某一步骤重新进行。

3.2 规划方法及其选择

3.2.1 关键成功因素法

关键成功因素法(Critical Success Factors,CSF)是一种重点问题突破法,即首先抓住影响系统成功的关键因素进行分析,确定组织的信息需求。1970 年,哈佛大学教授 William Zani 在 MIS 模型中使用了关键成功变量,用来指代决定 MIS 成败的因素。十年之后,MIT 教授 Jone Rockart 把 CSF 提高为管理信息系统的战略,把 CSF 定义为"确保为组织提供成功竞争优势的因素"。

1. CSF 的基本概念

关键成功因素是指若干能够决定组织在竞争中获胜的区域。如果这些区域的运行结果令人满意,组织就能在竞争中获胜;否则,组织在这一时期的努力将达不到预期的效果。不同行业或同一行业中的不同组织可能拥有不同的关键成功因素,同一组织在不同时期其关键成功因素也可能是不同的。

关键成功因素可以分成两大类:一类是"监督"型的,另一类是"建设"型的。高层管理在当前运行状态下感受到的压力越大,就越需要高水平的关键成功因素,这是为了监督当前的工作。组织的压力越小或权力越分散,"建设"型的关键成功因素就越多,这主要是想通过改革方案来使组织适应未来的环境。

在装备管理信息系统规划中,可以从装备质量、装备使用的效益、装备保障的效益以及装备发展可持续性等方面识别关键成功因素,并进行认真和不断的选择和度量,并且根据形势任务的变化或装备发展中的重大变化而适当地调整。

2. CSF 应用步骤

关键成功因素法主要包括以下四个步骤:

(1) 识别目标。了解装备系统或 MIS 的目标。

(2) 识别所有的成功因素。使用逐层分解的方法,分析影响装备系统或 MIS 目标的各种因素和影响这些因素的子因素。这个步骤可以使用的工具是树枝因果图。例如,装备系统的目标之一是提高装备的使用效能,可以用树枝因果图(又称树枝图、因果图、鱼刺图)画出影响它的各种因素,以及影响这些因素的子因素,如图 3.3 所示。

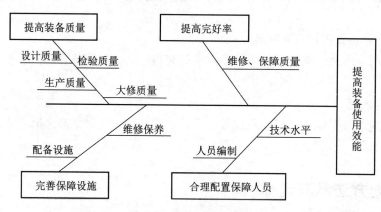

图 3.3 树枝因果图实例

(3) 识别关键成功因素。对识别出来的所有成功因素进行评价,并且根据装备部门或者 MIS 的现状以及目标确定其关键成功因素。这一步骤中,可以应用专家调查法或模糊综合评价方法等方法来辅助识别。

(4) 明确各关键成功因素的性能指标和评估标准。

CSF 方法的应用过程如图 3.4 所示。

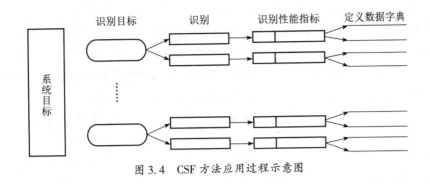

图 3.4　CSF 方法应用过程示意图

3. 关键成功因素的来源

一般来说，装备管理信息系统的关键成功因素有以下四种来源。

（1）装备管理的特殊结构。装备管理与使用的性质可能决定某些关键成功因素。例如，在装备设计、生产和使用中，装备性能和全寿命费用控制就是非常重要的关键成功因素。

（2）部门的性质和地理位置。部门的性质也会决定关键成功因素。例如，对于航空装备大修厂，会将航空装备的大修质量控制作为关键成功因素；而对于航空兵团机务大队，则以保持航空装备的可用度作为关键成功因素。此外，装备管理与使用部门也会因地理位置的不同，而有不同的关键成功因素。

（3）环境因素。这里的环境是广义的概念，如周边国家军备情况、装备发展战略、军费总额与使用计划、装备现状等。这些因素的变化将会导致许多关键成功因素发生变化。

（4）暂时性因素。装备部门内部的变化常会引起装备系统暂时性地改变其关键成功因素。例如，各装备部门首长关注重点并不完全相同，部门首长变动就属于暂时性因素。

在识别关键成功因素的过程中，还可以借鉴国外装备管理与使用中的成功做法与经验，从中寻找成功因素。

3.2.2　战略目标集转换法

1. 战略目标集转换法的基本思想

战略目标集转换法（Strategy Set Transformation，SST）是由 William King 在 1978 年提出的一种确定信息系统战略目标的方法。这种方法把组织的整体战略目标看成一个"信息集合"，并认为它由组织使命、目标、战略和其他影响战略的相关因素组成，其中，其他相关因素又包括组织发展趋势、面临的机遇和挑战、管理的复杂性、改革所面临的阻力、环境对组织目标的制约因素等。SST 方法的基本思想是识别组织的战略目标，并把组织的战略目标转化为信息系统的战略目标。

2. 战略目标集转换法的步骤

（1）识别组织战略目标。装备系统的战略目标是装备系统发展的宏观构架，它分为使命、目标、战略、支撑因素四个层次。其中，使命是装备系统的存在价值和长远发展设想，它是装备部门最本质、最总体、最宏观的"内核"。目标是装备部门在确定时限内应达到的境地和标准。目标呈现为树形层次结构，由总目标、分目标和子目标构成。战略则是为了实现既定目标所确定的对策和举措。支撑因素包括发展趋势、机遇和挑战、管理复杂性、环境对组织的制约等。装备部门的战略目标经过认真分析后，需要用书面的形式有条理地描述出来，并由装备部门首长认定。

（2）组织战略目标转化为信息系统战略目标。装备管理信息系统是为装备系统战略目标服务的，所以制定信息系统战略目标必须以装备系统战略目标为依据，同时，信息系统也有其约束条件。在确定信息系统目标、战略和约束条件的过程中，要逐一检查它是否对实现装备部门战略目标有利，并且要找出对装备部门战略目标有重大影响的因素，并重点予以考虑。战略目标集转换过程如图 3.5 所示。

图 3.5　战略目标集转换过程示意图

3.2.3　企业系统规划法

企业系统规划法（Business System Planning，BSP）是美国 IBM 公司在 20 世纪 70 年代初用于组织内部系统开发的一种方法。这种方法基于信息支持组织运行的思想，首先是自上而下地识别系统目标、识别组织的过程与数据，再自下而上地设计系统目标，最后把组织的目标转化为管理信息系统规划的全过程。下面结合装备管理信息系统对 BSP 方法进行详细介绍。

1. BSP 法的概念和原则

使用 BSP 方法的前提是装备部门内部有改善目前信息系统以及为建设新系统而建立总战略的需求。BSP 是装备部门在长时间内构造、综合和实施信息系统所使用的规划方法，其基本概念与装备部门内部的信息系统的长期目标密切相关。

（1）信息系统必须支持装备系统的目标。系统规划最重要的任务是确定管理信息系统的战略和目标，并确保它们与装备系统的战略和目标保持一致。装备管理信息系统是装备系统的有机组成部分，对装备部门的总体效能起着非常重要的作用。而且，装备管理信息系统的开发和维护需要大量的资金和人力，所以它必须支持装备部门的真正需要和目标。

（2）系统的规划应当满足各级装备管理部门的需求。管理过程有战略规划、管理控制和操作控制三个层次。确定装备部门的管理目标，以及为达到目标所使用的资源等属于战略规划的内容；管理控制是在实现目标的过程中，为有效获得和使用资源而进行的管理活动；操作控制则是为保证有效完成具体的任务而进行的管理活动。系统规划应能表达装备部门的各个层次的需求，特别是对管理有直接影响的决策支持。

（3）信息系统能向整个装备系统提供一致的信息。信息的一致性是对信息系统的最基本的要求。传统的数据处理系统采用"自下而上"的开发方法，没有统一的规划，造成信息冗余、数据不一致以及数据难以共享。因此，在总体规划时采用"自上而下"的方法，统一制定数据的域定义、结构定义和记录格式、更新时间及更新规则等，从而保证系统结构的完整性和信息的一致性，为信息在装备管理各级各部门之间有效共享提供保证。

（4）信息系统对装备管理和使用部门组织机构与管理体制的变化具有适应性。信息系统应当采用适当的设计技术，在组织机构和管理体制改变时保持工作能力。BSP方法采用了业务流程的概念，同任何的组织体系和具体的管理职责无关。对任一部门，可以从逻辑上定义一组流程，只要业务基本保持不变，则过程的改变就会很小。

（5）信息系统的战略由信息系统总体结构中的子系统实现。一般来说，支持整个装备系统的总信息系统的规模太大，不可能一次完成；"自下而上"地建设信息系统存在严重问题，例如，数据不一致、难以共享、数据冗余，等等。BSP方法采用"自上而下"的系统规划，"自下而上"的系统实现，确定并逐步实现建立信息系统的长期目标，如图3.6所示。

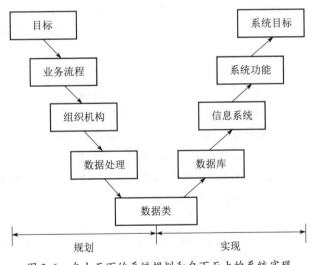

图3.6 自上而下的系统规划和自下而上的系统实现

2. BSP法的工作步骤

使用BSP法进行系统规划是一项系统工程，其工作步骤如下：

（1）立项。需要装备部门最高领导者支持并批准，明确研究的范围、目标以及期望成果；成立研究小组，选择装备部门主要领导人之一担任组长，并确保组长有足够多的时间参加研究工作，指导研究小组的活动。

（2）准备工作。对参加研究小组的成员和管理部门的管理者进行一定深度的培训；制定 BSP 的研究计划，以及总体规划工作的 PERT 图或甘特图；准备各种调查表和调查提纲。

（3）调研。研究小组成员收集有关的资料；通过查阅资料，深入了解和分析有关决策过程、职能部门的主要活动以及存在的主要问题，形成对现有信息系统的全面了解，掌握对未来信息系统的期望。

（4）定义业务过程。业务过程指管理中必要且逻辑上相关的，为了完成某种管理功能的一组活动，也称为组织过程。定义业务过程是 BSP 方法的核心，其目的是了解信息系统的工作环境，建立装备系统的过程——组织实体间的关系矩阵。

（5）业务流程重组。业务流程重组是在业务过程定义的基础上，找出哪些过程是合理的；哪些过程是低效的，需要在信息技术支持下进行优化；哪些过程不适合计算机信息处理的特点，应当取消。

（6）定义数据类。在总体规划中，把系统中密切相关的信息归入一类，称为数据类。数据的分类主要按照业务过程进行。

（7）定义信息系统总体结构。识别出数据类和业务过程后，就可定义信息系统的总体结构，以刻画未来信息系统的框架和相应的数据类。其主要工作是划分子系统，具体实现可以使用 U/C 矩阵。

（8）确定总体结构中的优先顺序。由于资源的限制，装备管理信息系统的开发总有先后次序。划分子系统之后，根据组织目标和技术约束确定子系统实现的优先顺序。一般来讲，对装备发展和装备效能发挥贡献大的、需求迫切的、容易开发的优先开发。

（9）形成最终研究报告。整理研究成果，完成 BSP 研究的最终报告，并且提出建议书，制定开发计划。

3. BSP 法的意义

BSP 法的优势在于其强大的数据结构规划能力，包括确定业务处理过程，列出支持每个处理过程的信息需求以及建立系统所需的数据项。使用 BSP 法，可以确定未来信息系统的总体结构，明确系统的子系统组成以及子系统开发的先后顺序，且对数据进行统一规划、管理和控制，明确各子系统之间的数据交换关系，从而保证信息的一致性。利用 BSP 法进行系统规划，能够保证所开发的信息系统独立于组织机构。也就是说，如果将来组织机构或管理体制发生变化，那么信息系统的结构体系不会受到太大的影响。

BSP 法也有它的缺点，如实施起来需要大量的时间和财力支持，该方法不便于把新技术与传统的数据处理系统进行有效的集成，等等。

3.2.4 基于价值链的规划方法

迈克尔·波特于 1985 年提出价值链理论。该理论把组织的活动分为基本活动和辅助活动：基本活动包括内部后勤、生产作业、外部后勤、市场销售、服务等；辅助活动由采购、技术开发、人力资源管理和企业基础设施等构

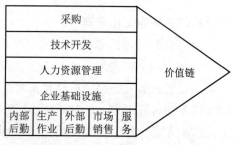

图 3.7 组织的价值链组成

成（图3.7）。

价值链理论认为：价值增加的过程，可以分为既相互独立又相互联系的多个价值活动（每项活动要给组织带来有形或无形的价值），这些价值活动形成了一个独特的价值链（Value-Chain，VC）。通过在价值链过程中灵活应用信息技术，发挥信息技术的使能作用、杠杆作用和乘数效应，可以增强组织的竞争能力。

基于价值链的概念，以Browman模型为基础，进行信息系统规划的过程如图3.8所示。

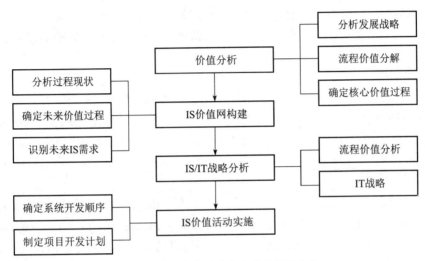

图3.8 基于价值链的信息系统规划方法

1. 价值分析阶段

本阶段主要包括3个步骤：

（1）确定组织发展战略。使组织自身条件与所处环境相适应，将企业的目标、方针政策、经营活动和不确定的环境联系起来，结合长期目标以及外部环境，确定组织战略。

（2）流程价值分解。业务流程取决于组织价值链，该环节主要是分解各价值活动的输入和输出，进而分析每个活动的价值及成本动因。

（3）确定核心价值过程。识别目前在技术、资金等方面有条件重组或优化且能为组织创造重大价值的流程，为产生价值的过程提供必要的支持。

2. 信息系统价值网构建阶段

价值网是一种为顾客提供个性化产品和服务的新模式。价值网应创新业务模式，以最少的投入，提供尽可能多、尽可能令顾客满意的价值。这个阶段主要包括3个步骤：

（1）分析信息价值过程现状。通过详细的调查，了解业务过程及其子过程中信息流动情况、信息系统支持业务过程情况，描述组织活动和信息之间的相互关联，明确信息类之间的关系，利用信息建模技术，建立起企业信息模型。

（2）确定未来价值过程。建立信息价值模型之后，根据组织当前的资金、人力、外部环境等条件，将流程分解为既可独立开发又相互关联的价值模块，把职能部门的活动转化为价值活动,形成多条价值链,进而构成优化的价值网,确定未来的价值活动。

(3)识别未来 IS 需求。根据组织的价值链和价值网中的流程,识别未来的 IS 需求,并把 IS 需求综合起来,明确这些需求所要达到的功能。

3. 信息技术/信息系统战略分析阶段

本阶段主要是制定合理的 IT/IS 战略,满足上一阶段所提出的信息系统需求。首先合理划分信息系统,并把它们集成起来。同时,结合信息技术发展现状和未来趋势,确定实施信息系统的技术框架,建立组织的 IT/IS 战略,保证过程运营和优化中的信息系统需求得到满足。明确各个信息系统所支持的过程、完成的功能和处理的信息,确定各信息系统之间的信息价值流,把各信息系统有机连接起来形成一个完整的信息技术基础构架。

4. 价值活动实施阶段

本阶段主要是确定信息技术实施方案,确定信息系统所使用的软件、硬件及网络环境等。在有限的资源下,通过价值分析,确定各个信息系统开发的优先次序,保证最关键的信息系统能优先开发。同时,制定各信息系统的开发计划,使 IT/IS 战略有序实施。

3.2.5 规划方法的选择

除了上述规划方法之外,还有企业信息特征法(Business Information Characterization Study,BICS)、信息分析与集成技术法(Business Information Analysis and Integration Technique,BIAIT)等多种方法。这些方法按照特点的不同可以划分为四种类型。

(1)以数据为中心的方法。主要有企业系统规划法(Business System Planning,BSP)、战略系统规划法(Strategic Systems Planning,SSP)、信息工程法(Information Engineering,IE)。其特点是首先建立业务模型,然后映射成系统功能模型;规划分析的内容包括企业战略、部门职能、业务过程、信息技术基础;规划提交的成果分别是信息系统结构图、应用系统功能模型以及数据分布、数据库设计报告。

(2)以决策信息为中心的方法。主要有 CSF 法和 SST 法。其特点分别是关键成功因素的识别和企业战略直接向信息系统战略转化;规划分析的内容基于企业战略;规划提交的成果分别是关键成功因素数据字典、信息系统总体结构。

(3)以增值过程为中心的方法。主要有价值链分析法(Value-Chain Analysis,VCA)法。其特点是分析价值增值过程;规划分析的内容是业务过程和信息技术基础;规划提交的成果是价值链分析报告。

(4)以项目为中心的方法。主要有战略网格模型法(Strategic Grid,SG)和应用系统组合法(Application Portfolio Approach,APA)。其特点是进行系统的风险分析,确定风险对企业的影响;规划分析的内容包括企业战略、企业现状和应用计划;规划提交的成果是信息系统分析报告和风险分析报告。

各种信息系统规划方法的侧重点和适用范围不同,并不是每一种方法都涵盖了 Browman 三阶段模型。常见的方法中,SST 法把装备系统的总战略、信息系统战略分别看成"信息集合",系统规划的过程是由组织战略集转换成信息系统战略集的过程。

CSF 是一种帮助装备部门领导确定其信息需求的有效的方法，通过分析找出提高装备管理与使用效率的关键因素，再根据这些关键因素来确定信息系统的需求。BSP 法通过全面调查，分析装备管理与使用的信息需求，制定信息系统的总体方案，划分子系统和确定各子系统实施的先后顺序。

综合应用时，若以创建竞争优势为目的，通常会用以实现业务目标为目的的方法作为补充，例如组合 {CSF，SST，BSP} 形成操作性强的方案。以创建竞争优势为目的的方法，又分为以决策为中心、以运营流程为中心两种，由于它们并不存在互补性，因此通常单独使用，如 {CSF，BSP} 或 {VCA，SSP}。CSF 和 SST 经常配对使用，以用 SST 来弥补 CSF 易出现识别不全面的缺陷。

无论采用哪种方法，都需遵照系统工程的观点，采取层次化、结构化和自上而下的管理控制方法。

3.3 业务流程重组与业务流程优化

3.3.1 业务流程重组概念

业务流程重组（Business Process Reengineering，BPR）最早由美国学者哈默（Hammer）和杰姆培（Champy）提出，他们给出的 BPR 定义是：对业务流程进行根本性再思考和彻底性再设计，以求在关键性能指标，如成本、质量、服务和速度等方面，获得激动人心的改善。

BPR 概念包括四个方面的核心内容，即根本性（Fundamental）、彻底性（Radical）、激动人心的（Dramatic）和业务流程（Process）。

1）根本性

根本性的意思是指不是枝节的、表面的，而是本质的。业务流程重组关注的是核心问题，比如，为什么要做这项工作、为什么要用这种方式来完成这项工作、为什么必须由我们而不是别人来做这项工作等。通过对最根本性问题的思考，组织可以检查自己赖以生存或运营的假设是否过时，甚至是否错误。

2）彻底性

彻底性的意思是要动大手术，而不是一般性的修补。业务流程重组不是对现有事物进行表层的改变或调整性的修补完善，而是抛弃所有的陈规陋习，对事物进行追根溯源并且创新完成工作的方法，重新构建业务流程。

3）激动人心的

"激动人心的"意思是巨大的，成十倍、百倍的改善。它表明业务流程重组追求的不是一般意义上的业绩提升或略有改善，而是要使业绩有显著的增长、极大的飞跃，这也是流程重组工作的特点和取得成功的标志。抓住跃变点对 BPR 十分关键。

4）业务流程

业务流程是指一组为顾客带来满意度、为一切创造效益及相互关联的活动。BPR 的工作都是围绕业务流程而展开的。

综上所述，BPR 强调以业务流程为改造对象和中心、以关心顾客需求和满意度为目标，对现有的业务流程进行根本的再思考和彻底的再设计，利用先进的制造技术、信息技术以及现代的管理手段，最大限度地实现技术上的功能集成和管理上的职能集成，以打破传统的职能型组织结构，建立全新的过程型组织结构，从而实现组织在成本、质量、服务和速度等方面巨大的改善。

业务流程重组有两个使能器：一个是信息技术，另一个是组织变革。首先，业务流程重组需要充分发挥信息技术的潜能，利用信息技术改造业务流程，简化业务流程。通过变革组织结构，达到精简组织、提高效率的目的。此外，组织领导的抱负、知识、意识和艺术，对 BPR 也非常重要，没有领导的决心和能力，BPR 是绝不可能成功的。

3.3.2 业务流程重组过程

1. 分析准备阶段

（1）成立组织。成立一个由主要决策者、业务骨干组成的改革小组，主要负责成立专门委员会、获得高层人员对项目的支持、挑选小组成员以及选择咨询顾问或外部专家。

（2）定位分析。分析现有业务流程，确定可能开展的项目，确定哪些流程可划入可能重组的范围，提出再造的要求和目标。

（3）初步分析、制定计划。识别重组的关键流程，拟制项目计划书，确定量化的目标和具体实施方法以及详细的进度计划。

2. 重新设计阶段

（1）调查研究。进行基础性的研究，通过调查问卷、访谈等方式，识别当前需求及未来需求；了解行业发展趋势并寻找最佳实践方法；记录并分析流程以及相关数据；咨询外部专家和顾问，获取有用的信息。

（2）启动流程重组。该过程特别要查清现存的问题。

（3）设计新流程。设计新的业务流程，具体来说包括：定义新的流程模型，并用流程图进行描述；设计与新流程适应的组织结构模型；定义技术需求，选择能够支持新流程的平台等。

3. 实施阶段

实施阶段需要注意实施策略，教育与行政手段相结合，具体包括：

（1）业务流程及组织规模的详细设计，详细定义新的任务角色。

（2）开发支持系统。

（3）实施业务小范围的实验。

（4）就新方案进行沟通。

（5）制定并实施变更管理计划。

（6）制定阶段性实施计划。

（7）制定新业务流程和系统的培训计划，并对员工进行培训。

(8) 制定并执行阶段性实施计划。

4. 评估阶段

该阶段是把业务流程重组的实施效果与计划目标进行对比、总结，分析出现的问题，为巩固本阶段成果制定管理依据与方法，并为下一阶段流程重组的实施提供依据。

其中，设计与实施阶段又可以概括为三个步骤，即观念重组、流程重组、组织重组。观念重组在于变革基本信念、重建组织文化，建立以业务流程为中心的理念。流程重组，对现有流程进行调研分析、诊断与再设计，构建出新的业务流程。组织重组，在于建立流程管理机构，明确其权责范围；制定各流程内部运转规则、流程之间的关系规则，以流程管理图取代传统的组织机构图。观念重组是前提，组织重组是保证，流程重组是主体。

3.3.3 业务流程重组方法与原则

业务流程重组的基本方法是"ECRS"方法，即取消（Eliminate）、合并（Combine）、重排（Rearrange）、简化（Simplify）。

1. 取消

发现并消除业务处理中不必要的处理环节和内容，如为获得最终结果而增设的中间环节、不增值的重复任务、信息格式重排或转移、调停、检验等。

2. 合并

在取消了不必要的业务环节后，可以研究哪些业务流程可以合并，经过整合，使之流畅、连贯并能够满足顾客需要，提高工作效率。比如，为实现面向订单的单点接触的全程服务，由一位员工独立承担一系列任务的工作任务整合；为了高效、优质地满足顾客需要，组建团队完成单个成员无法承担的系列任务。

3. 重排

经过取消和合并环节，需要将信息系统支持下的业务流程按其处理逻辑或信息流向重新进行排序，或在改变了业务处理的其他要素以后，重新排序业务处理过程，使业务流程处理更加顺畅、高效。

4. 简化

完成业务流程的取消、合并和重排后，对剩余的业务流程进一步研究，主要针对业务的处理内容和处理环节进行简化。

BPR实施中，利用信息技术简化和改造业务流程时遵循的原则主要有：

(1) 横向集成。以过程管理代替职能管理。

(2) 纵向集成。权力下放，压缩层次。

(3) 减少检查、校对和控制。以事前管理代替事后监督，减少不必要的审核、检查和控制活动。

(4) 并行工程。以计算机协同处理为基础的并行过程取代串行和反馈控制管理过程。

(5) 单点对待顾客。用入口信息代替中间信息。

(6) 单库提供信息。建好统一的共享信息库，避免信息的重复输入。

（7）灵活选择过程连接。对于某些输入，可能不需要全过程，少几个过程也可连接起来，也能达到输出。

3.3.4 业务流程重组实例

下面以某装备器材管理部门装备器材订货付款流程为例解释业务流程重组。该装备器材管理部门每年要与上百个生产工厂签订订货合同。工厂依据合同规定的时限，分批将器材送往仓库。仓库对器材进行清点验收，并把器材收入情况交给财务部门。生产工厂按照实际交货情况开具发票并交给财务部门。财务部门对合同、发票以及仓库收货情况进行核对，核对结果一致时，给生产工厂付款。图3.9描述了上述流程。

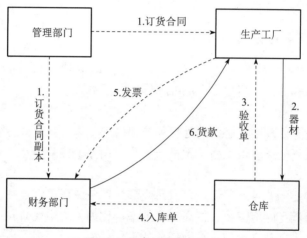

图3.9 原有订货付款流程

上述流程中，由于生产工厂交货往往是分批完成的，装备器材管理部门还会根据需求情况临时与生产工厂签订合同，生产工厂送货时会将这些器材一起送到仓库。因此，需要财务部门的人员花费大量的人力进行数据的核对，导致工作效率低下，付款延迟。

经过BPR优化后的订货付款流程如图3.10所示。

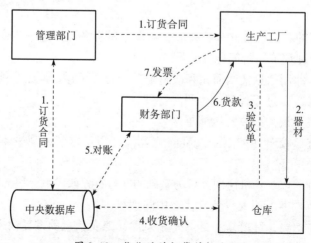

图3.10 优化后的订货付款流程

优化后的流程中，增加了中央数据库。订单的核对工作改为仓库接收器材时进行，核对结果记录到中央数据库。财务部门每隔一段时间对仓库收货情况进行对账，由程序进行电子数据匹配，自动打印付款单并按付款单进行付款。优化后的流程不仅能及时给生产工厂付款，还大大提高了工作效率。

需要注意的是，军队业务流程的改变，尤其是涉及编制体制变化的流程改变，对于军队是大事，往往不是轻而易举改变得了的，需要仔细论证和慎重执行。

3.3.5 业务流程优化

由于业务流程重组是对业务流程的根本性再思考和彻底性再设计，其改革阻力、实施难度较大，风险也较大。为此，进行递进式的业务流程优化（Business Process Improvement，BPI）更加普遍。可以认为BPI是温和版的BPR。

实施BPI也要分析当前问题，找出症结所在，进行思考与设计，改进现有业务流程。实际上，还有一些概念与之相关，按照涉及范围大小、变革程度高低的不同，有"业务流程局部设计""业务流程内部整合""业务过程再设计""业务网络再设计"等。

3.4 装备管理信息系统可行性研究

3.4.1 可行性研究概述

可行性研究，也称为可行性分析，是指在项目正式开发之前，先投入一定的精力，通过一套准则，从经济、技术、社会等方面对项目的必要性、可能性、合理性，以及项目所面临的重大风险进行分析和评价，得出项目是否可行的结论。可行性研究的结果无非是三种情况：可行，按计划进行；基本可行，对项目要求或方案做必要修改；不可行，不立项或终止项目。

可行性研究一般需要从经济、技术、社会等方面进行综合分析，这三个方面的分析工作称为经济可行性、技术可行性和社会可行性分析。对于信息系统来讲，还需要考虑人员的信息知识素养、管理水平、人们的社会生活习惯等方面的因素。

装备管理信息系统规划的可行性研究主要分析所制定的信息系统规划是否符合装备发展的实际。除从经济、技术和社会等方面进行分析外，需要考虑所制定的信息系统规划是否符合装备系统战略目标的需要，是否存在近期无法排除的重大风险，规划的安排是否符合装备发展现状等方面的问题。

装备管理信息系统建设是一个漫长的过程，需要分阶段、分步骤完成。每一个时期计划开发的信息系统项目，也需要进行可行性分析。这是因为，装备管理信息系统规划的可行性研究是立足于长远和宏观的总体建设，每一时期要开发的信息系统项目则比较具体，需要对该项目的可行性进行深入细致的分析。不可行的项目就要提前调整目标、需求或方案；否则，中途终止项目开发，就会造成无谓的损失。

3.4.2 可行性研究内容

1. 经济可行性

经济可行性（Economic Feasibility）分析也称为投资/效益分析或成本效益分析，它是分析信息系统项目所需的花费和项目开发成功之后所能带来的经济效益。通俗地讲，分析信息系统的经济可行性，就是分析该信息系统是否值得开发。在可行性分析中，经济可行性应该是最重要的。对于装备管理信息系统来说，需要考虑系统对提高装备管理和使用效能、对提高战斗力的贡献。当总成本在所能承受范围之内，装备管理信息系统对提高装备管理与使用效能、对提高部队战斗力有显著或较显著的作用时，这个项目才值得开发。

信息系统总成本包括信息系统开发成本和运行成本。开发成本是指从立项到投入运行所花费的所有费用，而运行成本则是指信息系统投入使用之后，系统运行、管理和维护所花费的费用。例如，一个航材股要建立航材管理信息系统，需要规划、设计，还需要购买所有的硬件设备，整个系统开发和实施完成要 40 万元人民币，这就是开发成本。这个系统一旦建成投入使用，要保证日常运行，还需要管理、操作和维护费用，像硬件设备更新费、系统管理费和维护费，以及航材信息系统相关人员培训费用等，这些是运行成本。在信息系统使用期中，每年都需要运行成本，所以累计的费用不一定比开发成本少，甚至大大高于开发成本。

装备管理信息系统的效益包括直接效益和间接效益。直接效益是信息系统能够直接导致装备管理与使用效能的提高，直接使战斗力得到提高的效益。比如，降低装备资源调度的成本，提高装备的可用度和可持续的战斗力，提高装备的再生能力，提高人力资源的使用效率，以及减少消耗等都是装备管理信息系统的直接效益。间接效益是能够对整体地提高军队的作战素质、提高作战水平产生潜在影响的部分效益，也包括为以后开发功能更加全面的信息系统所积累的宝贵经验。在进行经济可行性分析时不能忽略信息系统所带来的间接效益。

2. 技术可行性

技术可行性（Technical Feasibility）是分析在特定条件下，技术资源的可用性和这些技术资源用于解决信息系统问题的可能性和现实性。在进行装备管理信息系统技术可行性分析时，一定要注意下述几方面问题。

1）全面考虑开发涉及的所有技术问题

装备管理信息系统开发过程涉及多方面的技术、开发方法、软硬件平台、网络结构、系统布局和结构、输入/输出技术、系统相关技术等，应该全面、客观地分析信息系统开发所涉及的技术以及这些技术的成熟度和现实性。

2）尽可能采用成熟技术

成熟技术是被多人采用并被反复证明行之有效的技术，因此采用成熟技术一般具有较高的成功率。另外，成熟技术经过长时间、大范围的使用、补充和优化，其精细程度、可操作性、经济性一般要比新技术好。在开发装备管理信息系统过程中，在满足系统开发需要、能够适应系统发展的条件下，应尽量采用成熟技术。

3）慎重引入新技术

在装备管理信息系统开发过程中，有时为了解决一些特定问题，为了使所开发的系统具有更好的适应性，也需要采用某些新技术。在选用新技术时，需要全面分析所选技术的成熟程度，在项目开发中要谨慎选用。

4）注重具体的开发环境和开发人员

许多技术总的来看是成熟和可行的，但是在开发队伍中如果没有人熟练掌握这种技术，项目组又没有引进掌握这种技术的人员，那么这种技术对本系统的开发仍然是不可行的。

3. 社会可行性

社会可行性（Social Feasibility）具有比较广泛的内容，需要从政策、法律、道德、制度、管理、人员等社会因素论证信息系统开发的可能性和现实性。对于装备管理信息系统来说，需要从政策、军人职业道德、制度、管理、军事文化等社会因素来论证信息系统开发的可能性和现实性。

例如，航空维修管理信息系统的开发，国家和军队已经颁布的相应的标准和规章制度，这些标准与规章制度是否与所开发的系统相一致？维修管理部门的业务运行与管理制度与信息系统开发是否存在矛盾的地方？人员是否为信息系统开发和运行做了心理准备？诸如此类的问题都属于社会可行性需要研究的范围。

社会可行性还需要考虑操作可行性（Operational Feasibility）。操作可行性是指分析和测定某一信息系统在确定环境中能够有效地工作并被用户方便地使用的程度和能力。操作可行性需要考虑以下方面：问题域的手工业务流程与新系统的流程的相近程度；系统业务的专业化程度；系统对用户的使用要求；系统界面的友好程度和操作的方便程度；用户的实际操作能力。

分析操作可行性必须立足于实际操作和使用信息系统的用户环境。仍以航空维修管理信息系统为例，A单位所有人员能够熟练运用该系统开展业务工作，并不意味着B单位的人员必然能做同样的事情。操作可行性研究的内容之一就是要判断B单位人员所具备的能力，以便下一步为系统调整做出适当决策。

3.4.3 可行性研究报告

可行性研究形成的结果是可行性研究报告。其内容包括信息系统概要介绍、可行性研究过程和可行性研究结论等内容。

本章小结

本章介绍了装备管理信息系统规划的概念、内容、特点与一般过程,规划的常用方法及其选择的原则,业务流程重组的概念、方法、原则与过程,给出了业务流程重组实例,介绍了可行性研究的内容。

装备管理信息系统规划是针对装备管理信息系统建立和发展所做的一种战略性计划,应与装备部门的战略计划相协调,保证信息系统支持装备部门的整体目标。战略目标集转换法(SST)、关键成功因素法(CSF)、企业系统规划法(BSP)是信息系统规划的常用方法。在进行信息规划时,需要考虑对业务流程进行调整或重组,以实现用信息系统更好地支持组织的战略目标实现。业务流程重组是对组织业务流程进行根本性再思考和彻底性再设计,以取得巨大改进。业务流程重组的基本原则是取消、合并、重排和简化,实施过程分为分析准备阶段、重新设计阶段、实施阶段和评估阶段。为使装备管理信息系统取得良好效果,需要进行可行性分析。可行性分析主要从经济可行性、技术可行性和社会可行性等方面进行,最终结果通过可行性研究报告体现。

思考题

1. 说明装备管理信息系统规划的重要性。
2. 说明信息系统规划与信息系统开发计划的区别。
3. 试从装备建设发展的角度说明装备管理信息系统规划的动态性。
4. 说明装备管理信息系统规划常用方法的要点与特点。
5. 围绕装备管理业务或你所熟悉的某一领域业务,探讨如何进行业务流程重组或改进。
6. 装备管理信息系统可行性研究都包括哪几方面的内容?

第4章 装备管理信息系统分析

装备管理信息系统的质量在很大程度上取决于系统分析的质量。现代装备结构复杂，保障资源多样，全寿命周期中产生的数据关系复杂，数据量大，管理要求高。要做好装备管理信息系统的分析，必须按照工程化思路进行，选择合适的分析方法进行。常用的系统分析方法有结构化分析法、功能分解法、信息建模方法和面向对象分析方法，本章以结构化分析方法为基础介绍装备管理信息系统分析的过程与内容。

4.1 系统分析概述

系统分析的主要目的是深入研究并描述现行系统的工作流程及用户的各种需求，构思和设计用户满意的新系统的逻辑设计方案，即逻辑模型，确定新系统"做什么"。系统分析是系统设计与系统实施的基础，系统分析结果的完整性、准确性直接影响着未来系统的质量。

要做好系统分析工作，需要对组织各部门及其业务进行全面、详细的调查，深入研究各部分、各岗位的需求，对用户的需求进行充分的研讨、交流与分析，确定合理的需求、挖掘潜在的需求，并用文字、图表等把"未来系统是什么样子的"全面、完整、准确地表达出来。这一过程中，要在掌握现有管理现状、现行管理信息系统状况等的基础上，以现代管理理论和方法为指导，与用户密切配合，对管理目标、功能和流程进行系统的分析和研究，分析现行系统局限和不足，找出制约现行系统、影响管理与决策的"瓶颈"，最终确定新系统的逻辑模型，使得拟构建的管理信息系统，要比现行系统功能更强大、使用更方便，支撑管理更有力、更高效。

4.1.1 系统分析的方法

应用比较广泛的系统分析有功能分解法、结构化分析方法、信息建模方法和面向对象分析方法。

功能分解（Functuin Decomposition）法把一个系统看作由若干功能组成的集合，每个功能又划分成若干子功能，每个子功能又进一步分解成若干步骤，各步骤之间通过接口相互通信。功能分解法的本质是对新系统预先设定功能和实现功能的步骤，重点是分析新系统需要什么样的功能，比较符合传统程序设计人员的思维特点。该方法解决了早期软件系统维护困难的问题，能够直接反映用户的需求，但对需求变化的适应能力差，容易出现局部错误导致全局性影响的情况。

结构化分析（Structured Analysis，SA）方法是以过程为中心、面向数据流的需求分析方法,又称为过程建模方法。结构化分析法的实质是关注数据加工的过程,自顶向下,逐层分解,建立系统的处理流程,以数据流程图和数据字典为主要工具,建立系统的逻辑模型。该方法有严格的分析法则,文档齐全,但对需求变化的适应能力较弱,分析与设计之间的转换不够直接。

信息建模(Information Modeling)方法以系统中的数据而不是过程为中心,其核心概念是实体和关系。实体联系图(Entity Relationship Diagram)是该方法的关键工具,其基本要素由实体、属性和关系构成。系统开发者经常利用该方法建立信息系统的信息模型,因此,该方法又被称为数据建模方法。该方法强调对信息实体建模,不足之处是没有消息通信机制,忽略了系统功能。

面向对象分析(Object-Orientied Analysis)方法以对象为中心,对象封装了数据和过程。该方法把数据和处理数据的过程作为一个整体,其封装性、继承性等特点有助于软件的维护与复用,有助于提高信息系统的开发质量和效率。

4.1.2 系统分析的过程

结构化分析方法是 20 世纪 70 年代由 ED Yourdon、Larry Constantine 及 Tom DeMarco 等提出和发展起来的一种系统分析方法,是较早出现的工程化分析方法之一。该方法简单清晰,易于学习和使用,目前仍然使用广泛,故本章主要采用结构化分析方法进行系统分析。应用结构化分析方法进行系统分析的主要步骤如下:

1. 现行系统详细调查

现行系统的详细调查是对被开发对象(系统)集中一段时间和人力,做全面、充分和详细的调查研究,弄清现行系统的边界,组织机构,人员分工,业务流程,各种计划、单据和报表的格式、种类及处理过程,单位资源及约束情况等,为系统开发做好原始资料的准备工作。系统详细调查还需要了解用户对未来系统的综合要求,包括系统的功能要求、系统的性能要求,以及系统的运行要求。

2. 组织结构分析与业务流程分析

在详细调查的基础上,用一定的图表和文字对现行系统的组织结构、业务处理过程进行描述与分析。需要详细了解各级组织的职能,有关人员的工作职责、决策内容,以及对新系统的要求。业务流程的分析应当顺着原系统的信息流动的过程逐步地进行,可以通过业务流程图来详细描述各环节的处理业务及信息的来龙去脉。

3. 数据流程分析

数据流程分析就是把数据在组织或原系统内部的流动情况抽象地独立出来,舍去具体的组织机构、信息载体、处理工作、物资、材料等,仅从数据流动过程考察实际业务的数据处理模式。数据流程分析一般在数据汇总分析的基础上进行,包括对数据的流动、传递、处理与存储的分析。

4. 建立新系统逻辑模型

在上述工作的基础上,用一组图表工具表达和描述未来系统应该"做什么"以及总体要求,即新系统的逻辑模型,方便用户和分析人员对系统提出改进意见。

5. 提出系统分析报告

系统分析阶段的成果就是系统分析报告。它是系统分析阶段的总结，反映这个阶段调查分析的全部情况，是下一步系统设计的工作依据。

4.1.3 系统分析需注意的问题

在系统分析工作中需要注意以下问题：

（1）系统分析是明确装备管理信息系统在支持装备管理方面要解决什么问题，因而必须切实掌握现行管理实际状况，从中发现信息系统对消除问题、改进管理所提供的支撑，即系统分析工作必须要面向组织管理问题。

（2）在系统分析中，要明确系统开发任务的边界，既要明确本次开发项目解决哪些问题，即"做什么"，又要清醒认识开发项目暂不去解决哪些问题，即"不做什么"。

（3）系统分析是围绕管理问题展开的，同时也涉及现代信息技术的应用，因此要求系统分析人员需要有较高的综合知识水平，既要具有目标系统所涉及的主要业务知识，又要了解信息技术的应用和发展。同时，还需要与用户等经常打交道，因此要与组织中的各类人良好地沟通。

（4）由于现实系统的复杂性，通常需要把调查研究和分析贯穿于系统分析过程，交替进行调查与分析，加强系统分析的深入度，为后续工作奠定坚实的基础。

（5）系统分析的主要成果是文档资料，这些文档资料是与用户、设计人员及管理人员交流的主要载体，因此要保证文档的完备性、准确性和一致性。

4.2 现行系统调查

新系统是在现有系统的基础之上发展起来的，为使新系统比现有系统更加高效，必须做好现行系统的详细调查。对现行系统进行详细调查，就是完整掌握现行系统的现状，发现问题和薄弱环节，获取用户对于未来装备管理信息系统的需求，为进一步的系统分析和新系统逻辑设计做好准备。

4.2.1 系统调查的原则

进行调查工作需要遵循以下原则。

1. 真实性

真实性是指系统调查资料真实、准确地反映现行系统状况，而不能凭空构造或歪曲事实。只有切实了解目标装备管理系统的全部工作过程和工作原理后，才有可能从全局出发，提出一个完整、合理的方案，为装备管理工作提供支持。

2. 全面性

系统调查工作如果不仔细全面，就可能漏掉某些处理过程。这些遗漏的部分在系统分析、设计时没有发现，等到系统实现后再想添加进去，有时根本无法加入系统中，即使有可能，其费用也会成倍增长。

3. 规范性

装备管理信息系统一般比较复杂、庞大。要想全面、真实地建立信息系统的逻辑模型，需要循序渐进、逐层深入的调查步骤和层次分明、通俗易懂的规范化描述方法。例如，利用一系列直观的图表，把调查内容全面、详细地列出来，这样既可提高调查质量，又可建立一套调查文档。

4. 启发性

调查是系统调查人员通过与业务人员的交流获得信息的过程。能否真实地描述一个系统，不仅需要业务人员的密切配合，更需要调查人员的逐步引导，不断启发，尤其在考虑计算机处理的特殊性而进行的专门调查中，更应善于根据业务人员的思维方式提出问题，进行沟通。

4.2.2 系统调查的内容

系统调查可以按照初步调查、详细调查进行。初步调查是对系统的概要性的调查，重在了解组织的定位、组织机构、大的流程、对装备管理信息系统的需求；详细调查是全面、深入、详细的调查。这两种调查的内容都包括对系统现状的调查、对未来系统需求的调查两个方面。只是由于调查定位的不同，侧重点有所区别而已。

对系统现状的调查主要包括对以下方面的调查：

（1）组织机构的调查。调查现行系统的组织机构、领导关系、人员分工和配备情况等，了解现行系统的构成、业务分工、人力资源等情况。

（2）业务处理状况调查。分析人员需尽快熟悉业务，全面细致地了解整个系统各方面的业务流程，主要是为发现和消除业务流程中不合理的环节。

（3）数据流程调查。在业务流程的基础上舍去物质要素，对收集的数据及处理数据的业务逻辑进行分析和整理，绘制原系统的数据流程图，为下一步分析做好准备。

（4）系统运行环境分析。系统环境不直接包括在计算机信息系统之中，但对系统有较大影响。运行环境调查的内容包括处理对象的数据来源、处理结果的输出时间与方式。

对未来系统需求的调查主要包括以下方面的调查：

（1）总体需求。用户对所建立的信息系统的总体要求，包括信息系统的总目标、范围、总体结构、核心功能等。

（2）功能需求。功能需求是对总体需求的分解和细化。调查时需要考虑到，装备管理信息系统的功能具有较强的层次性，有总体功能、子系统功能和明细功能。

（3）性能需求。性能需求包括信息系统的效率、处理方式、可靠性、安全性、适应性等技术要求。不同装备管理信息系统的适用领域不同，系统具有不同的性能要求。

（4）其他需求。除了以上需求之外，还应该调查用户在开发时间、开发队伍、社会法律等方面的非技术性需求。

4.2.3 系统调查的方法

进行调查原则上应该采用自上而下、由粗到细的调查策略，应用以组织目标为基准、以组织机构为脉络、以业务流程为主线的调查路线。常用的调查方法有资料研究法、实地观察法、问卷调查法、面谈法、座谈法和原型法等。在实际工作中，通常会综合应用多种方法。

1. 资料研究法

当研究一个现有系统时，一般首先从现有文档中获取事实，通过研究现有文档、表单和文件建立对该系统的感性认识。收集的资料一般有：

（1）组织结构图。

（2）描述问题的文档，例如，工作记录、工作报告、问题报告等。

（3）描述业务的文档，例如，目标任务和战略计划、政策条款、规章制度、操作规程、任务指令、统计表格、手册、报表、现行系统数据库以及操作界面等。

（4）以前系统的研究和设计文档，包括各种类型的流程图、图表、项目字典、设计文档、程序文档、计算机操作手册和培训手册等。

收集的资料应该及时进行分析，从中找出需要研究的问题，包括问题的症状和可能的原因，确定需要由系统收集和报告的数据类型，确定需要在访谈中进一步明确的内容。

2. 实地观察法

为了获得对系统的全面理解，掌握与业务过程有关的问题，获取第一手资料，实地观察是一种有效的调查方法。当通过其他方法收集的数据有效性值得怀疑时，或者当系统某方面的复杂度妨碍了用户做出清晰的解释时，也经常使用该方法。

在实地观察前，分析员应该做好充分准备，决定观察的目的，明确如何观察、如何收集数据等问题，观察时及时沟通并做好记录。

3. 问卷调查法

当面对大量的不同用户群时，可以采用调查表的方法进行调查，通过下发调查表收集事实数据，得到统一格式的答复，可以进行快速的表格化分析。该方法具有调查效率高、成本低的特点，但要设计好的调查表需要较高的水平，并且该方法不够灵活，在回收调查表时通常需要组织的力量。

4. 面谈法

与用户进行面对面的交谈，是最重要和最常用的调查方法。通过面谈可以实现下述目标：发现事实、验证事实、澄清事实、激发热情、让最终用户确定需求以及征求想法和观点。面谈前需要做好充分的准备，为了确保主题所有有关的内容都涉及，最好准备一份提纲，同时需要分析人员具有较强的谈话技巧，确保面谈过程始终围绕中心进行。

5. 座谈法

通过开座谈会可以获得关于系统的问题、目标和需求的一致意见。首先，准备材料是座谈会成功的关键，材料包括了会议期间要讨论的问题以及每个问题分配的时间，材料应该在每次会议之前就已分发下去。其次，会议参与者应该包括与会议主题相关的业务人员、信息保障与管理部门的人员、信息技术专家以及用户和管理人员。有效组织的调查相较于一对一的面谈，具有很高的效率，但难以达到面谈时所获得的深度。

6. 原型法

原型法中利用原型来更好地捕获用户的想法。首先根据用户的初步需求，构造出信息系统的初步原型，并针对所生成的原型进行讨论，分析原型是否准确地反映了用户的初衷，哪些方面还应该改进和加强。原型给用户和开发人员的交流和讨论提供了一个具体的参照物，提高了需求调查的针对性，可以帮助澄清和纠正许多模糊和矛盾的用户需求，降低了发布一个没有满足用户需求或者不能实现技术需求的系统风险。

4.3 组织结构与管理功能分析

4.3.1 组织结构分析

组织结构是一个组织内部部门的划分及其相互之间的关系。装备管理信息系统中信息的流动离不开组织结构的背景，因此需要进行组织结构调查与分析。组织结构调查的内容主要有：组织内部的部门划分；各部门之间的隶属关系与指导关系；信息资料的传递关系；物资流动关系与资金流动关系；各级组织中存在的问题以及对新系统在组织机构方面的要求。

组织结构中的各种关系可以借助于组织结构图表现，部门间的层次关系即表示上下级的领导关系，其他关系也可用一定的符号表示。图 4.1 给出了某军种航空兵部队机务大队的组织结构（机构名称仅作示意，与实际有出入）。

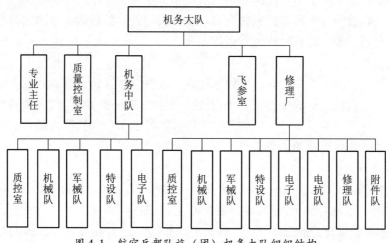

图 4.1 航空兵部队旅（团）机务大队组织结构

4.3.2 组织职能分析

组织职能，有时也称为组织功能，是为实现目标，组织应该具有的功能和作用，具有相对稳定性。组织职能总是通过一定的组织机构来实现。对于组织内部各部门之间的联系程度，各部门的主要业务职能及承担的工作可利用组织/功能关系表反映出来。

在组织/功能关系表中，横向为组织机构的名称，纵向为组织的职能，中间栏则表示组织在执行业务过程中的作用,如表4.1所列的航空兵部队机务大队的部分组织/功能关系表。

表4.1 组织/功能关系表

功能	组织				
	机务大队长	专业主任	质控室	机务中队	……
专业工作计划	○	*		√	
故障信息管理	√	○	√	*	
技术通报控制	√	√	*	○	
人员在位情况	○			*	
……					

注:*表示功能的主持单位;○表示功能的参加协调单位;√表示功能的参加单位。

4.3.3 管理功能分析

组织机构的划分总是随着功能的扩展或缩小、人员的变动等而变化。以管理功能为基点分析问题,系统将会对组织的变化具有一定的独立性,可获得较强的生命力。所以在分析组织情况时还应进行管理功能分析。以组织结构为背景,识别和分析每个组织的功能与业务,分层次归纳整理,形成以系统目标为核心的管理功能结构图。图4.2为机务大队专业主任的管理功能结构图。

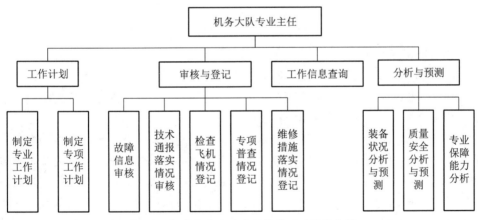

图4.2 机务大队专业主任的管理功能结构图

4.4 业务流程分析

4.4.1 业务流程分析概述

业务流程分析是在管理功能分析的基础上,调查系统中各环节的业务活动,掌握业务的内容、作用及信息的输入、输出,数据存储和信息的处理方法及过程等,把业务处理过程中每个步骤用一个完整的图形将其连接起来,形成现行系统的业务流程图,并在此基础上,对业务流程的合理性进行分析,提出改进后的业务处理流程的意见与建议。

调查业务流程时,应顺着原系统信息流动的过程逐步地进行;调查的内容包括各环节的处理业务、信息来源、处理方法、计算方法、信息流经去向、提供信息的时间和形态(报告、单据、屏幕显示等)。

业务流程分析是掌握现行系统状况、确立系统逻辑模型不可缺少的环节。

4.4.2 业务流程图

1. 概念与符号

业务流程图(Transaction Flow Diagram,TFD)是运用规定的符号及连线来表示某个具体业务处理过程的图形。

业务流程图包括6种符号(图例见图4.3):业务处理单位或部门符号表达了某项业务参与的人或单位;信息传递过程符号表达了业务数据的流动方向,这个方向用单箭头表示;各类单据、报表符号表明了数据的载体;数据存储或存档符号也表明了一种数据载体,但该数据是作为档案来保存的;业务功能描述符号表明了业务处理功能;收集数据符号表明了登记表、统计表等信息采集功能。画图时符号的解释可直接用文字标于图例上。

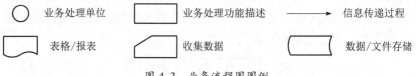

图 4.3 业务流程图图例

2. 业务流程图绘制

业务流程图基本上按照业务的实际处理步骤和过程绘制。换句话说,业务流程图就是一本用图形方式反映实际业务处理过程的"流水账"。例如,机务大队故障信息处理业务流程可用图 4.4 表示。其基本业务处理逻辑如下:

根据故障发生的时机可分为地面故障和空中发生的故障。登记地面发生问题的业务过程为:如果机务问题导致停飞,则进行停飞登记;如果机务问题影响了故障率,则由质控室或机务中队人员进行故障信息登记;如果发现故障人员立功,则进行立功信息登记。登记空中发生的问题的业务过程为:质控室人员根据空勤人员反映的问题,进行空勤反映问题登记。如果反映的问题导致停飞,则进行停飞登记;如果反映的问题影响故障率,则进行故障信息登记;如果问题后果为飞行一、二等事故,则进行事故登记,删除事故飞机、发动机的记录,增加飞机、发动机注销记录;如果问题后果为三等飞行事故,则将事故飞机状态改为待报废或待修复。

在绘制业务流程图的过程中,要加强两方面的意识:一是要善于抛弃细节,不要过早陷入业务活动的具体步骤中,这样容易导致流程图规模扩大;二是要抛弃一次成型的思路,不要在个别流程图上精雕细琢,而是尽早出草图,以此谈问题,之后修正草稿,再讨论修正,最终得到合理的业务流程图。

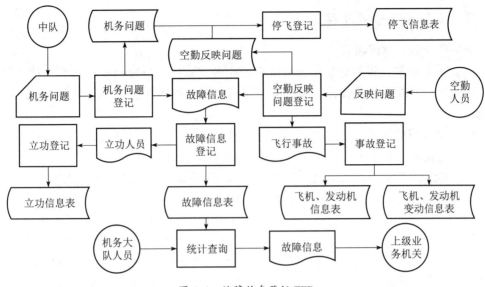

图 4.4 故障信息登记 TFD

3. 业务流程图的其他表示方法

业务流程图除了上述的表示法以外，还有矩阵式流程图、泳道式流程图（也称为跨职责流程图）等表示方法。

泳道式流程图中每条泳道分别代表一个岗位或者一个部门，它们都归属于具体任务的执行者。登记机务问题的业务流程用泳道式流程图表示则如图 4.5 所示。从图中可以看出，该表示法所表示的职责和任务与部门职责和岗位职责完全一致，比前述业务流程图更清晰。

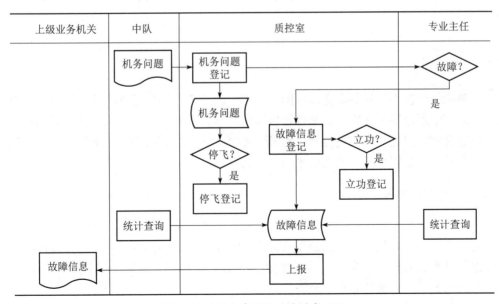

图 4.5 登记机务问题的泳道式 TFD

4.4.3 业务流程分析过程

业务流程分析过程如下：

（1）原有业务流程的分析。分析原有的业务流程的各处理过程存在的价值，确定其中哪些过程可以删除或合并，原有业务流程中哪些过程不尽合理，可以进行改进或优化。

（2）业务流程的优化。按计算机信息处理的要求对业务处理过程进行优化，并分析流程的优化可以带来什么好处，以及可能存在的问题。

（3）绘制新的业务流程。画出经过优化后的业务处理过程的业务流程图。

在进行业务流程分析时，需要注意以下几方面：

（1）流程是有层次的。根据管理层次，装备管理中的业务流程通常可分为部门级、组织级和岗位级三个层次。部门级流程，重点是厘清每个业务流程中涉及哪些具体岗位、各岗位负责的活动，各活动之间的关系；组织级流程，一般不容易直接绘制，通常基于部门级流程来抽象、提炼，获得概括性的描述；岗位级流程，就是将每个具体业务活动的业务步骤表述出来。

如果不能很好地把握流程的层次性，就容易造成在流程分析中把宏观、脉络、细节信息混为一谈，就不能很好地建立流程之间的关系，导致分析结果零乱。

在进行装备管理信息系统分析中，不应过早陷入岗位级流程的细节，而是在部门级流程确定后再绘制。

（2）流程是有类型的。根据业务流程的目标可以把业务流程分成不同的类型。最主要的类型包括生产性流程、管理性流程和支持性流程。生产性流程是组织核心价值的体现，管理性流程是对生产流程的质量、效率等进行管控的流程，支持性流程是对生产性流程的一种补充。

4.5 数据分析

业务流程分析中绘制的业务流程图，虽然形象地表达管理过程中信息的流动和存储过程，但其中还包括如货物、产品等物质要素，这些不是管理信息系统所处理的对象即信息所需要的。因此，需要进行数据分析。数据分析包括数据汇总分析、数据流程分析，它们是进行数据库设计和功能模块设计的基础。

4.5.1 数据汇总分析

系统详细调查阶段、业务流程分析阶段所收集的大量数据载体，反映了某项业务对数据的需求、加工处理等情况，但在数据特性的描述准确性、数据之间的一致性等方面没有进行过系统的整理。为使后续工作更好开展，需要对前期收集的数据资料加以整理、汇总和分析，确保其完整、准确、一致。

系统调查得到的数据分为三类：输入数据类，即原始数据或基础数据，它是新系统运行后各子系统需要用到的或网络传递的内容；过程数据类，主要指系统在处理过程中所产生的一些数据；最终输出数据类，主要指决策者想要得到的一些数据，如系统运行产生的各类报表、统计分析结果与决策方案等。

对数据进行汇总分析，主要是对上述数据进行检查，确保没有遗漏，相互之间匹配，确定数据的特征，为建立统一的数据字典做好准备。

通常按如下 4 个步骤进行数据汇总分析。

(1) 数据分类编码。将收集到的数据资料按业务过程进行分类编码，按处理过程的顺序排列。

(2) 数据完整性分析。按业务过程自顶向下地对数据项进行整理，从本到末，直到记录数据的原始单据或凭证，确保数据的完整性和正确性。

(3) 整理原始数据和最终数据。原始数据是新系统确定关系数据库基本表的主要内容，而最终输出数据则反映管理业务所需要的主要目标。检查是否能够由所有原始数据得到最终数据。对于缺乏来源的最终数据，需要进一步补充遗漏的原始数据；对于没有在最终数据中发挥作用的原始数据，需要考虑其保留的必要性。

(4) 确定数据的特征。数据特征主要包括数据的类型、精度和长度，数据的合理取值范围，数据产生和使用的频度，存储的要求，保留的期限等。

4.5.2 数据流程分析

数据流程分析可以按照自顶向下、逐层分解、逐步细化的方式进行，分析的关键在于分解，分解是分析过程的核心。数据流程图（Data Flow Diagram，DFD）是描述分解的基本手段，它用一组符号来描述整个系统中信息的流动、存储及变化的全貌。

1. 数据流程图的组成

数据流程图有 4 个基本元素，它们的符号及名称如图 4.6 所示。外部项指本系统之外的人、组织或其他系统，它们和本系统有信息交换关系，是本系统的数据来源或去处；数据流表示流动着的数据，它可以是一项数据，也可以是一组数据，它们反映系统各部分之间的信息传递关系，通常在数据流符号的上方标明数据流的编号和名称，编号通常以字母"F"开头；"处理逻辑"，也称为"加工"或"处理过程"，是对数据流的一种处理，或产生新的数据，或使数据结构发生变化。一个数据流程图中至少有一个"处理逻辑"，任何一个"处理逻辑"至少有一个输入数据流和一个输出数据流。加工编号以"P"开头；当一个"处理逻辑"产生的输出数据流不需要立刻被其他"处理逻辑"所引用，而是被"处理逻辑"在不同的时间引用时，就将其组织成一个数据存储（通常是文件）存放在计算机上。

图 4.6 数据流程图基本元素的代表符号及名称

2. 数据流程图绘制

绘制数据流程图的过程也就是系统分析的过程。首先绘制顶层数据流程图，然后逐步分解"处理逻辑"，得到下一层数据流程图。这种分解工作不断进行，直到分解出来的数据流程图已经基本表达系统所有的逻辑功能以及必要的输入和输出。

顶层数据流程图应该相当概括地反映出信息系统最主要的逻辑功能、最主要的外部项、输入/输出数据流和数据存储。当人们看到这张数据流程图时，一目了然地知道这个系统的主要功能是什么，由哪几部分组成。

数据流程图的分解，是指对上一层数据流程图中的处理逻辑进行分解。分解的过程以计算机处理环境为背景，重点考虑新建立的系统能否产生使用者需要的输出信息。

随着处理逻辑的分解，功能也就越来越具体，数据存储、数据流也就越来越多。同时，在分解过程中，输入/输出数据流至少要和上一层的输入/输出数据流相对应。

3. 数据流程图举例

以航空维修管理信息系统的故障信息管理为例，该业务的处理过程如图4.4所示。在绘制数据流程图时，应先考虑数据的源点与终点。从业务过程的描述可知，机务中队、空勤人员是源点，装备部、机务大队人员是终点，如图4.7所示。

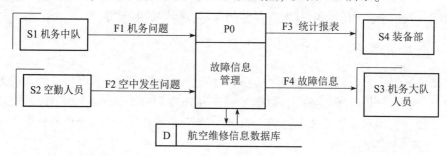

图 4.7 故障信息管理顶层 DFD

在图4.7这个顶层数据流程图上可以很清楚地看到故障信息的来源和去向，但对故障信息处理过程的描述信息非常有限。下一步应该对其进行分解，通过对"故障信息处理"的处理逻辑细化，产生第一层数据流程图，如图4.8所示。

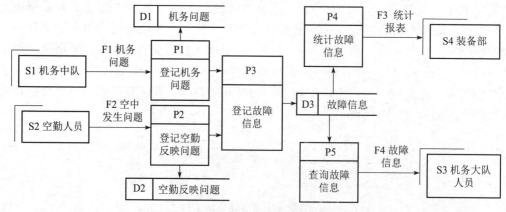

图 4.8 故障信息管理第一层 DFD

这一步分解仅是将一个整体分成几个大的部分，而不需要太细。好比一部机器，这一次分解到部件而不是零件。接下来再进行分解，对图中 P2、P3 加工进一步细化的结果如图 4.9 所示。

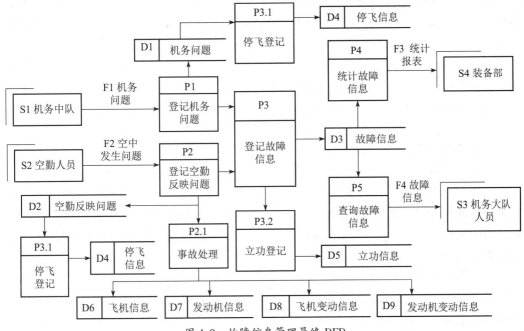

图 4.9　故障信息管理最终 DFD

4. 绘制数据流程图的注意事项

1）关于层次的划分

逐层分解的目的，是把一个复杂的处理逻辑逐步分解为若干较为简单的处理逻辑。逐层分解不是肢解和蚕食，不应使系统失去原来的面貌，而应保持系统的完整性和一致性。

在分解时，一个重要的问题是层次的划分问题，即怎样划分层次，划分到什么程度。层次划分没有绝对的标准，但一般认为：展开的层次一般与管理层次一致，但可以划分得更细；每个流程图中的处理逻辑的个数不宜过多，一般以 4~10 个为宜；分解到最底层的处理过程能用几句话或简单工具描述清楚为止。

2）数据流程图的正确性检查

绘制数据流程图之后，可以从以下几个方面检查它的正确性。

（1）数据守恒，或称为输入数据与输出数据匹配。出现数据不守恒时，一般有两种情况：一种是缺少某个处理逻辑用以产生输出的数据，这肯定是遗漏了某些数据流；另一种是某些输入在处理过程中未被使用，这未必是错误，但需要研究一下为什么会产生这种情况，是否可以简化。

（2）任何一个数据存储，必定有流入的数据流和流出的数据流，缺少任何一种都意味着遗漏某些处理。绘制数据流程图时，应注意处理逻辑与数据存储之间数据流的方向。一个处理逻辑要读文件，数据流的箭头应指向处理逻辑，若是写文件则箭头指向数据存储。修改文件要先读后写，但本质上是写，箭头也指向数据存储。若除修改之外，为了其他目的还要读文件，此时箭头画成双向的。

（3）某一处理逻辑的输入、输出数据流必须出现在分解后的子图中，否则就会出现父图与子图的不平衡。因此，特别应注意检查父图与子图的平衡，尤其是在对子图进行某些修改之后。

（4）任何一个数据流至少有一端是处理逻辑。换言之，数据流不能从外部实体直接到数据存储，不能从数据存储直接到外部实体，也不能在外部实体之间或数据存储之间流动。初学者往往容易违反这一规定，在数据存储与外部实体之间画数据流。

3）数据流程图的易理解性

数据流程图是系统分析员调查业务过程时与用户交换思想的工具，因此，数据流程图应该简明易懂。一般而言，可以从以下几个方面提高数据流程图的易理解性。

（1）简化处理逻辑之间的联系。分解的目的是控制复杂性，合理的分解是将一个复杂的问题分成相对独立的几个部分，每个部分可单独理解。在数据流程图中，处理逻辑之间的数据流越少，各个处理逻辑就越独立，所以应尽量减少处理逻辑之间输入/输出数据流的数目。

（2）均匀分解。如果在一张数据流程中，某些处理已是基本处理（不用再分解的处理），而另一些却还要进一步分解三、四层，这样的分解就不均匀。由于图中某些部分描述的是细节，而其他部分描述的是较高层的抽象，因此理解起来比较困难。遇到这种情况，应重新考虑分解。

（3）适当的命名。数据流程图中各种符号的命名与易理解性有直接关系。处理逻辑的命名应能准确地表达其功能，理想的命名由一个具体的动词加一个具体的名词组成。例如，"登记机务问题""下发工卡"就比较准确；"处理输入"则比较空洞，没有说明究竟做什么。难于为某个成分命名，往往是分解不当的迹象，应考虑重新分解。

4.5.3 数据字典

数据字典（Data Dictionary，DD）是系统分析阶段的重要文档，它详细地定义和解释了数据流程图上未能表达的内容。数据流程图是系统的大框架，反映数据在系统中的流向以及数据的转换过程，数据字典是对数据流程图中每个成分的精确描述。数据流程图加上数据字典，形成了系统的逻辑模型的主体，也是"系统规格说明书"（System Specification）的主体。

数据字典包括的项目有数据流、数据项、数据存储、外部项和处理逻辑。下面结合上述故障信息管理的数据流程图，介绍数据字典的条目。

1. 数据流条目

数据流条目主要说明数据流是由哪些数据项组成，其格式如表4.2所示。

表 4.2 数据流"机务问题"

系统名：航空维修管理信息系统	编号：F1	条目名：机务问题
来源："机务中队"外部实体（S1）	去向："登记机务问题"加工（P1）	
数据流结构：单位+日期+飞机出厂号码+责任人+专业+问题性质+后果+处理结果+故障件名称+影响次数+误飞次数+发现时机+发生时机+影响故障率+是否停飞		
流量：40份/月		
简要说明：如果机务问题影响故障率、导致停飞，还要登记故障信息、停飞信息		
修改记录：是	编写：×××	日期：2014.10.10

2. 数据项条目

数据项条目是对数据流、数据存储和加工中所列数据项的详细描述，主要说明数据项类型、长度与取值范围等。只有数据项被定义了，数据流才能被最后定义下来。数据项的格式如表 4.3 所示。

表 4.3 数据项"是否停飞"

系统名：航空维修管理信息系统	编号：I001	条目名：是否停飞
属于数据流：F1	存储处：D1	
属性：布尔型		
简要说明：描述故障是否导致停飞，取值为（0,1）		

3. 数据存储

数据存储的组成与数据流类似，即由若干数据项组成，如表 4.4 所示。由于数据项的公用性，组成数据存储的数据项凡在数据流部分已经定义的可不再定义，直接调用（指明其编号）即可。对未定义的数据项应做出定义。同时，在数据存储部分定义的数据项应与在数据流定义部分定义的数据项统一编号，以便检索。

表 4.4 数据存储"机务问题"

系统名：航空维修管理信息系统	编号：D1	条目名：机务问题表
别名：djjwwt	存储组织：SQL Server 数据库	
记录数：40/月	主键：ID	
数据量：1K 左右	辅键：	
记录组成：ID+中队+分队+日期+飞机出厂号码+责任人+专业+问题性质+后果+处理结果+故障件名称+影响次数+误飞次数+发现时机+发生时机+影响故障率+是否停飞（1001）		
字段长度：10+10+10+8+10+10+8+8+8+8+40+1+1+20+8+2+1		
修改记录：是	编写：×××	日期：2014.10.10

4. 外部项条目

系统的外部项（源点和终点）是系统环境中的实体。它们与系统有信息联系，在数据字典中应逐一定义，其格式如表 4.5 所示。

表 4.5　外部项"机务中队"

系统名：航空维修管理信息系统	编号：S1	条目名：机务中队
输入数据流：	输出数据流：机务问题（F1）	
记录组成：ID+军区+师+团+中队+分队+驻地+地理环境		
主要特征：系统数据的来源		
说明：		

5. 处理逻辑条目

通常，最低层数据流程图中的每个处理恰好是系统所要完成的一个具体功能。比较复杂处理逻辑，一般采用判断树、判断表、结构化语言等来描述。处理逻辑条目主要描述该加工的输入、处理逻辑和输出等内容，参见表 4.6。在系统设计阶段，当系统的模块结构确定后，再根据模块和加工的关系，参照此条目加以详细描述。

表 4.6　加工"登记机务问题"

系统名：航空维修管理信息系统	编号：P1	条目名：登记机务问题	别名：dj_jwwt
输入：机务问题信息（F1）	输出：机务问题表（D1）		
简述：登记机务问题，并判断是否为故障			
处理逻辑：（参考图 4.10） 1. 机务中队进行机务问题登记； SQL 语法： Insert into djjwwt values（中队，分队，日期，出厂号码，责任人，专业，问题性质，后果，处理结果，故障件名称，影响次数，误飞次数，发现时机，发生时机，影响故障率，是否停飞） 2. 如果影响故障率，进行故障登记； 3. 如果导致停飞，进行停飞登记			
修改记录：是	编写：×××	日期：2014.10.10	

数据字典的编写是系统开发中很重要的一项基础工作，从系统分析一直到系统设计和系统实施都要使用它。在数据字典的建立、修改和补充过程中，要始终注意保证数据的完整性和一致性。

4.5.4　处理逻辑描述工具

对于复杂的处理逻辑，有时需要运用一些工具来加以说明，如结构化语言、决策树、决策表等。

1. 结构化语言

结构化程序由三种基本结构构成，即顺序结构、判断结构和循环结构。借助并利用其中少数几个关键词可以完成对处理逻辑的描述。常见的关键词是：if，then，else，while，for，and，or，not 等。例如，机务问题的处理逻辑可以用结构化语言描述如下：

登记机务问题；
if 机务问题导致停飞 then
  登记停飞信息；
end if
if 机务问题影响故障率 then
  登记故障信息；
  if 发现故障信息人员立功 then
    登记立功信息；
  end if
end if

又如某设备检测的逻辑如下：若首次检测通过，则认为设备良好；否则，间隔 30 分钟后，再次检测，若通过，则认为设备良好，否则，再间隔 30 分钟后，再次检测，若通过，则认为设备良好，否则认为该设备故障。

对应于该处理逻辑的结构化语言如下所示：

EquipmentState ：=良好；
State ：= GetTestResult（第一次）；
If not(State ='合格') then
  State ：= GetTestResult（第二次）；
  If not(State ='合格') then
    State ：= GetTestResult(第三次)；
    If not(State ='合格') then
      EquipmentState ：= '故障'；
    End if
  End if
End if

2. 决策树

若某一动作的执行不只依赖一个条件，而是与多个条件有关，用结构化语言表达就会出现多重嵌套，可读性很低。此时，用决策树来表示会直观一些。

决策树是用树形分叉图表示处理逻辑的一种工具。它由两部分组成，左侧用分叉表示条件，右侧表示采取的行动（决策）。图 4.10 是表示机务问题引起故障信息及导致停飞的决策树。

图 4.10　机务问题登记决策树

3. 决策表

决策表可以在很复杂的情况下很直观地表达具体条件、决策规则和应当采取的行动之间的逻辑关系。表的左上角为各种条件，左下角为各种决策方案，右上角为条件的组合，右下角为相应条件组合与决策方案对应的规则。决策表的优点是能把各种组合情况一个不漏地表示出来，有时还能帮助发现遗漏和矛盾的情况。

编制决策表时，首先要明确加工的功能与目标，然后识别影响决策的各项因素（条件），列出这些因素可能出现的状态，并制定出决策的规则。具体而言，包括以下几个步骤：

（1）分析决策问题涉及的条件。
（2）分析每个条件取值的集合。
（3）列出条件的各种可能组合。
（4）分析决策问题涉及的可能的行动。
（5）做出有条件组合的判定表。
（6）决定各种条件组合的行动。
（7）按合并规则化简判定表。

表4.7是图4.10对应的决策表。这张表清晰地表达了在各种具体条件下应当采取的行动。例如，第6列条件为"NYY"，表示机务问题未导致停飞，但是影响了故障率，而且故障发现人员立功，对应的行动是"登记故障信息，登记立功信息"。

表4.7 机务问题导致停飞及影响故障率的决策表

	决策规则	1	2	3	4	5	6
条件	导致停飞	N	Y	Y	Y	N	N
	影响故障率	N	N	N	Y	Y	Y
	人员立功	N	N	N	Y	N	Y
行动	登记停飞信息		√	√	√		
	登记故障信息			√	√	√	√
	登记立功信息				√		√

4. 状态转换图

在某一对象具有多种状态值，且状态值与对应的操作具有较为复杂的关联时，可以用状态转换图来描述。

4.6 新系统逻辑模型

经过系统的调查和分析工作后，就应提出系统建议方案，即建立新系统的逻辑模型。借助系统逻辑模型可以有效地确定系统设计所需的参数和各种约束条件，还可以对系统方案的性能、费用和效益等进行估计，以利于各种方案的比较分析。

新系统逻辑模型主要包括新系统目标，新系统的业务流程、数据流程，新系统的总体功能结构。

新系统来自原系统，但要比原系统更合理，效率更高。对原系统的变动要切实可行，循序渐进，不要一次做过多的变更，以至于形成不必要的阻力。此外，系统分析员应准备多个方案，客观地指出各种方案的利弊得失，以利于用户选出最合适的方案。

4.6.1 系统目标

系统目标是指达到系统目的所要完成的具体事项。新系统可从功能、技术及经济三个方面考虑。

系统功能目标是指系统能解决什么问题，以什么水平实现；系统技术目标是指系统应当具有的技术性能和应达到的技术水平，通过一些技术指标，如系统运行效率、响应速度、存储能力、可靠性等给出；系统的经济目标是指系统开发的预期投资费用和预期经济效益。

4.6.2 新系统信息处理方案

新系统的信息处理方案是在组织结构分析、业务流程分析、数据流程分析的基础上，进行优化的结果，包括优化后的组织结构、业务处理过程、数据梳理流程、未来系统的功能结构和子系统划分，以及新系统中的管理模型。

新系统信息处理方案要注重对现行系统逻辑模型的改进，分析其存在的问题并加以改进。比如，对于数据流程，经常出现的问题有数据流向不合理、数据存储有冗余、处理原则不合理等。这些问题的产生有各种各样的原因，有的可能是习惯遗留下来的，有的可能是以前的技术落后造成的，还有些可能是某种体制不合理造成的，等等。

例如，图4.11是原有系统的故障信息登记数据流程图。对于机务问题F1数据流，

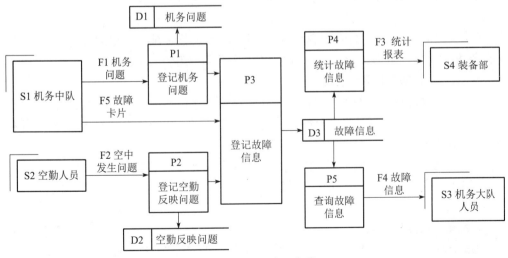

图4.11 原系统的故障信息管理 DFD

通过 P1 存入 D1，如果 F1 经判断是故障，则再经过 P3 存入 D3；对于已知故障信息 F5 数据流，质控室直接通过 P3 存入 D3。该数据处理流程虽符合工作习惯，但容易造成数据不一致。F5 通过 P3 直接存入到 D3，而没有存入到 D1，但故障信息同时也是机务问题，则通过 D1 查询统计机务问题的时候，就容易漏掉 F5 数据流所表示的故障数据信息。因此，为了防止数据有多个入口，需要对该数据流程图改进，把故障卡片信息也作为机务问题进行登记，改进的结果如图 4.8 所示。

4.6.3　系统资源配置

新系统资源配置是从系统分析的需要出发，提出新系统对计算机、网络及相关软件等资源配置的基本要求。它不涉及硬件的具体型号，而是作为系统设计阶段确定新系统计算机资源配置的依据。主要包括硬件设备的选配、系统软件配置、工具软件的配置以及应用软件开发的需求。

4.7　系统分析报告

系统分析报告是系统分析阶段的技术文档，反映这个阶段调查分析的全部情况，全面总结了系统分析工作，是下一步系统设计与实现的纲领性文件。系统分析报告应进行审议，一旦被审议通过，则成为有约束力的指导性文件，成为下阶段系统设计的依据。因此，系统分析报告的编写很重要。它应简明扼要，抓住本质，反映系统的全貌和系统分析员的设想。它的优劣是系统分析员水平和经验的体现，也是对任务和情况了解深度的体现。

4.7.1　系统分析报告内容

系统分析报告通常包括以下内容。

1. 引言

说明项目名称、编写系统分析报告的目的、主要功能、项目提出的背景、引用资料（如经批准的计划任务书或合同）、文中所用的专业术语等。

2. 现行系统情况概述

主要是对分析对象的基本情况做概括性的描述。它包括现行系统的主要业务、组织结构、存在的问题和薄弱环节，现行系统与外部实体之间物资及信息的交换关系，用户提出开发新系统请求的主要原因等。

现行系统状况主要用两个流程图描述，即现行系统业务流程图和现行系统数据流程图。各类图表往往篇幅较大，可作为系统分析报告的附件。但是由它们得到的主要结论应列在正文中。

3. 新系统的逻辑模型

通过对现行系统的分析，找出现行系统的主要问题所在，进行必要的改动，即得到新系统的逻辑模型。新系统的逻辑模型也要通过相应的数据流程图加以说明。数据字典等有变动的地方也要做相应说明。

4. 实施计划

实施计划一般包括工作任务的分解、进度安排和预算情况。工作分解，指对开发中应完成的各项工作按子系统（或系统功能）划分，指定专人分工负责；进度安排，给出各项工作的预定日期和完成日期，规定任务完成的先后顺序及完成的界面，可用甘特图或箭条图表示进度；预算，指逐项列出本项目所需要的设备、器材、物资、咨询评审、劳务、差旅、资料等方面的费用。

4.7.2 系统分析报告评价

系统分析报告质量如何，主要看其对装备管理信息系统需要做什么是否描述清楚。而要描述清楚这一问题，一般还要交代系统为什么提出这样的需求，这就涉及需求的必要性、需求的准确性等方面的内容。另外作为系统分析报告，还要介绍组织的定位、组织业务面临的问题、期望达到的目标等，装备管理信息系统的作用、功能结构（或能力清单）以及基本的技术路线及其实现约束等。

因此，系统分析报告中的关键是需求分析的描述，需求分析的质量可以从以下方面进行评价。

（1）完整性。完整的需求不仅包括功能性需求，还应包括外部接口描述、性能需求等非功能性需求。

（2）必要性。每项需求应载明其是哪些用户所需要的。每项需求要有认可的说明需求的原始资料，可以追溯到具体的出处。

（3）明确性。每项需求的每项内容，在不同读者阅读时，应该具有唯一的解释、一致的理解。由于自然语言很容易导致含义的模糊性、二义性。因此，要避免使用对撰写者很清楚但对于其他人不清楚或者可能导致其他理解的词汇，或者是用术语、脚注等加以专门说明；或者使用更加直观的数据处理逻辑等。

（4）一致性。需要保证每项需求与其他需求不发生冲突。若存在需求之间的不一致，就要进一步调研，确定哪项需求是正确的，并修改分析报告。

（5）可行性。在现有技术、预期资金投入及系统运行环境中，每项需求是可以实现的。为避免需求不可行，要么系统分析人员具有相应的技术能力，要么在需求分析评审时，邀请开发人员参加并重点对技术可行性及其成本进行评价。

4.7.3 系统分析报告实例

目前，某军种航空兵部队采用"航空维修管理信息系统"实施航空装备维修管理。系统面向各级航空机务保障部门的用户。师级以上单位利用机务维修信息进行组织管理、决策分析，旅（团）级单位利用该系统进行航空维修信息收集、日常管理以及使用控制。旅（团）级航空机务维修管理信息系统的功能包括维修计划管理、装备管理、维修控制、维修保障、维修作业管理、机务人员管理、机务战勤管理、日常登记等，其功能结构如图4.12所示。

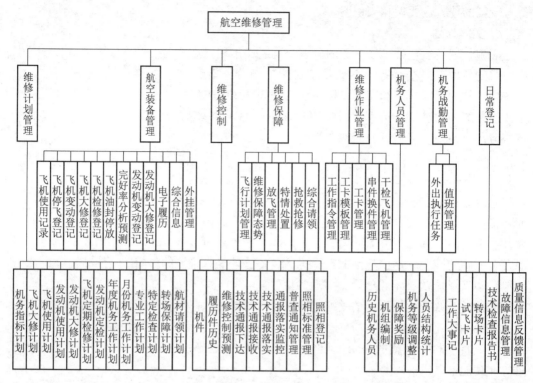

图 4.12 航空机务维修管理信息系统功能结构图

从图中可以看出，系统功能多，涵盖航空装备维修保障的主体业务。现以航空维修作业管理子系统为例，说明系统分析报告的主要内容。

1. 引言

1）项目名称

航空维修作业管理信息系统。

2）目的

该文档用于明确所需开发系统应具有的功能、性能和资源约束，指导系统研制，作为编写系统设计、系统测试文档的依据。该文档的预期读者为用户、系统设计人员、测试人员和项目管理者。

3）功能

系统主要功能包括维修作业工作指令管理、工卡管理、串换件管理和干部检查飞机管理等。

4）背景

现行航空维修作业信息管理集中在质控室，但航空维修信息网络已延伸到维修一线作业现场，通过维修现场的信息化手段，可以为维修作业人员提供维修辅助、电子工卡管理、现场维修数据采集等，也可为维修管理人员提供维修实时信息，协调维修控制。因此，充分利用信息技术提高维修作业管理的信息化水平成为迫切的需求。

5）引用资料

（1）《×××装备管理综合信息系统任务书》。

（2）《×××装备管理综合信息系统设计说明》。

6）术语

（1）工作指令。由质控室下发的工作任务。

（2）工卡。也称检查卡片，卡片模板由专业主任编制，质控室下发与回收，卡片中包含工作内容、工作步骤、检查项目、检查参数等信息，工卡与工作指令关联，一项工作指令可包含多张工卡。

2. 现行系统概述

1）目的与功能

现行维修作业管理信息系统的用户是质控室人员，提供维修日工作登记、串换件管理、干部检查飞机等功能，主要用来记录维修作业结果信息。

2）组织结构与功能分析

组织结构局部如图4.1所示。

现行系统组织结构与功能关系如表4.8所示。在现行系统中，大队质控室根据机务中队维修作业情况进行维修日工作登记；机务中队维修人员实施串换件，串换件由机务大队长审批，实施结果信息由大队质控人员登记；干部检查飞机时，由中队长以上干部选定检查飞机和项目，机务中队维修人员配合检查，大队质控室登记检查结果信息；工卡由专业主任编制，大队长审批，大队质控室下发与回收，机务中队人员根据工卡作业。现行系统采用纸质检查卡片，未对工卡进行电子化管理。

表4.8 组织/功能关系表

功能	组织				
	机务大队长	专业主任	质控室	机务中队	……
维修日工作登记			＊	○	
串换件管理	√	√	○	＊	
干部检查飞机	＊	＊	○	√	
工卡管理	√	＊	○	√	

"＊"表示该项功能是对应组织的主要功能（主持工作的单位）；

"○"表示该单位是参加协调该功能的单位；

"√"表示该单位是参加该项功能的相关单位。

3）现行系统的业务流程

维修作业活动主要围绕工卡展开，工卡管理的业务流程如图4.13所示。大队质控室根据装备状况和反馈的维修信息，起草工卡内容，专业主任对工卡的工作项目和工作步骤进行审核把关；经大队长审查批准后，大队质控室下发工卡到中队质控室（质控分队），中队质控室接收下发的工卡后，下发到相应的机组、专业组，维修作业人员根据卡片内容进行维修工作，登记卡片要求的内容，检查人员对卡片项目的完成情况进行检查登记；中队质控室回收工卡，交大队质控室进行归档整理。

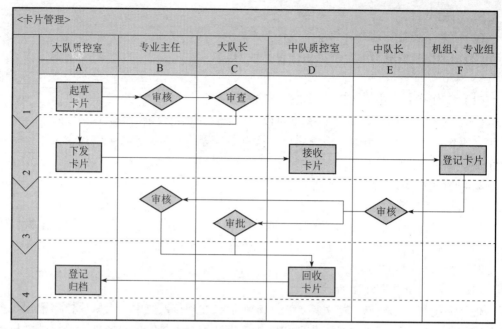

图 4.13　工卡管理业务流程图

4）现行系统的数据流程

现行系统的顶层数据流程图和第一层数据流程图分别如图 4.14 和图 4.15 所示。

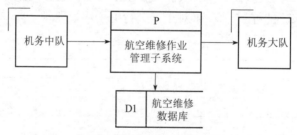

图 4.14　航空维修作业管理子系统的顶层 DFD

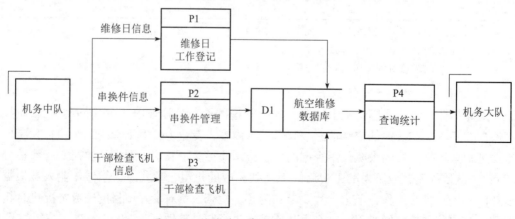

图 4.15　维修作业管理子系统第一层 DFD

5) 数据字典

现行系统数据字典示例如表 4.9 所示。其他数据流、数据项、数据存储、加工条目等的相关格式参见 4.5.3 节。

表 4.9 数据流"维修日信息"

系统名：航空维修作业管理信息系统		编号：F1	条目名：维修日信息
来源："机务中队"外部实体（S1）		去向："维修日工作登记"加工（P1）	
数据流结构：单位+日期+类别+进场时间+退场时间+参加飞机数+天气状况+检查情况+出动飞机			
流量：30 份/月			
简要说明：登记各单位维修日基本情况			
修改记录：是		编写：×××	日期：2014.10.10

6) 现行系统存在的问题

经过分析现行系统主要存在以下不足：

（1）收集的信息登记工作集中在质控室，导致质控室工作量过大。

（2）只是记录维修作业结果，没有反映维修作业过程，不利于维修管理人员动态掌握维修进度、维修工作态势。

（3）采用纸质工卡，没有充分利用网络，发挥信息优势，提供维修作业辅助。

3. 新系统的逻辑方案

1) 目标

利用机务大队信息网络，推行电子化工作指令与工卡，将维修信息管理延伸到维修一线，实现航空维修信息收集的及时、准确、完整、规范；提供维修作业支持，方便查阅技术资料；为维修管理人员提供网络化管理手段，及时掌握维修动态。

2) 组织结构与岗位职责

组织结构保持不变。岗位职责参考表 4.10~表 4.14。

表 4.10 工作指令管理需求描述表

序号	功能名称	功能需求描述	涉及部门	涉及岗位
1	指令拟制	手工拟制或依据周期性工作、专项普查等生成工作指令	大队质控室	质控助理
2	指令下达	下达指令	大队质控室	质控助理
3	指令执行	接收指令，并按照指令完成工作，登记工作结果	中队	机组、专业组
4	指令归档	完成指令后，将工作过程数据归档	大队质控室	质控助理
5	查看指令历史	查看指令卡片历史记录	大队质控室	质控助理

表 4.11 工卡模板管理需求描述表

序号	功能名称	功能需求描述	涉及部门	涉及岗位
1	工卡模板管理	维护工卡模板的内容	机务大队	质控助理
2	工卡模板组管理	维护工卡模板组的内容	机务大队	质控助理

表 4.12　工卡管理需求描述表

序号	功能名称	功能需求描述	涉及部门	涉及岗位
1	工卡接收	接收下发的工卡	中队、机务指挥中心	各类师、员
2	工卡填写	接收、填写工卡	中队	各类师、员
3	工卡提交	提交工卡	中队、机务指挥中心	各类师、员
4	工卡归档	归档工卡	大队质控室	质控助理
5	查看工卡历史	查看工卡历史记录	机务大队	各类人员

表 4.13　串换件管理需求描述表

序号	功能名称	功能需求描述	涉及部门	涉及岗位
1	串换件登记	登记串换件基本信息	中队	机组
2	串换件审核	审核串换件基本信息	机务大队	质控助理

表 4.14　干部检查飞机管理需求描述表

序号	功能名称	功能需求描述	涉及部门	涉及岗位
1	干部检查飞机计划	制定干部检查飞机计划	大队质控室	质控助理
2	干部检查飞机登记	登记干部检查飞机计划执行情况及检查飞机中发现的问题的处理情况	大队质控室	质控助理

3）功能需求描述

航空维修作业管理信息系统划分为两级部署、两个版本，分别为大队质控室版和机组版，总体功能结构如图 4.16 所示。

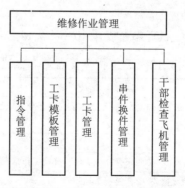

图 4.16　航空维修作业管理信息系统功能结构图

大队质控室版本完成指令拟制、下发、关闭，工卡模板管理，工卡归档，干部检查飞机管理等功能；机组版本完成指令接收，工卡填写与签字、串换件管理等功能。

（1）指令管理。

实现维修工作从计划制定、指令下达、工作执行到完成归档的全过程闭环管理

（表4.10）。

（2）工卡模板管理。

建立和维护电子工卡模板，供下发工卡时作为模板使用（表4.11）。

（3）工卡管理。

管理电子工卡下达、工作、填写、提交、归档全过程，为维修一线提供工作指引，并实时反馈工作执行情况（表4.12）。

（4）串、换件管理。

用于机件的换件、串件、拆件、装件管理，并在审核后依据用户确认根据需要更新飞机构型、状态（表4.13）。

（5）干部检查飞机管理。

对干部检查飞机工作进行管理，包括计划、干部检查飞机登记、发现问题处理、讲评功能（表4.14）。

4）非功能需求

对适应性需求、安全与保密性需求、系统环境需求、计算机资源需求、质量需求、培训需求等进行说明，在此省略。

5）业务流程

纸质工卡管理流程参考流程图4.13。电子化的指令、工卡管理业务流程如图4.17所示。

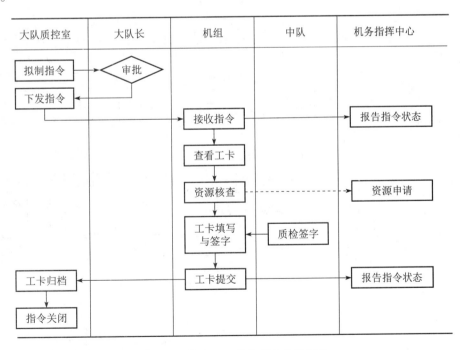

图4.17 指令、工卡管理业务流程图

大队质控室拟制的工作指令经大队长审批后，通过网络直接下发给机组人员，机组人员接收指令后,向机务指挥中心报告,表示已经开始维修作业,同时查看指令包中的工卡及相关维修资源要求,如果发现维修资源不足,可以直接向机务指挥发出申请;接着机组人员按照工卡要求开始维修作业,及时填写完成的工作项目并签字,维修作业完成后,经质检签字并提交工卡,同时向机务指挥中心报告维修作业完成,大队质控室收到完成的工卡后,进行归档,并关闭该工作指令。

说明:为了简化流程,描述主要活动过程,该流程图省略了在维修作业过程中发现故障、报告故障的步骤。图中资源请求在维修现场一般通过对讲机直接联系,因此,在此图中用虚线表示。

6) 数据流程图

航空维修作业管理信息系统(机组版)顶层数据流程图如图 4.18 所示,第一层数据流程图如图 4.19 所示。

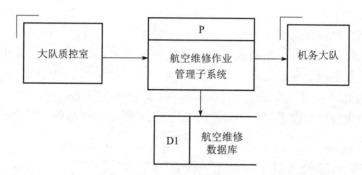

图 4.18　航空维修作业管理信息系统(机组版)顶层数据流程图

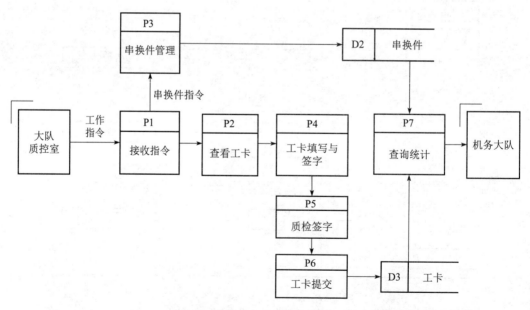

图 4.19　航空维修作业管理信息系统(机组版)第 1 层数据流程图

7) 数据字典

（1）数据流条目（表 4.15）。

表 4.15 数据流"工作指令"

系统名：航空维修作业管理信息系统	编号：F1	条目名：工作指令
来源："大队质控室"外部实体（S1）	去向："接收指令"加工（P1）	
数据流结构：指令号+飞机号+指令类型+指令类别+标题+指令内容+专业+要求完成时间+指令执行状态+完成时间+执行单位+下达时间+审核人+接收时间+接收人		
流量：300 份/月		
简要说明：指令类别如果是串换件，则进行串换件管理。		
修改记录：是	编写：×××	日期：2014.10.10

（2）数据存储（表 4.16）。

表 4.16 数据存储"工卡"

系统名：航空维修作业管理信息系统	编号：D3	条目名：工卡表
别名：gk	存储组织：SQL Server 数据库	
记录数：450/月	主键：工卡编号	
数据量：1K 左右	辅键：	
记录组成：指令号+工卡编号+标题+专业+依据+章节+描述+执行人员类别+下达时间+接收人+接收时间+完成时间+完成说明+分队长签字+质检员签字+人数+时数+工卡项+工卡项参数。 工卡项：工卡编号+工卡项编号+步骤号+描述+标准+项目类型+重要度+状态+工作区域+工作类型+技能等级+完成结果+完成详情+完成人+检查人+开始时间+结束时间+人数+工时。 工卡项参数：工卡编号+工卡项编号+参数名称+说明+度量单位+参数类型+最大值+最小值+使用最大值限制+使用最小值限制+值列表+必须进行。		
字段长度：略		
修改记录：是	编写：×××	日期：2014.10.10

其他条目说明略。

8) 开发费用与进度估算

略。

本章小结

系统分析是装备管理信息系统开发的重要环节，包括现行系统的调查、组织结构分析、业务流程分析、数据流程分析等步骤，最后提出新系统的逻辑方案，形成系统分析报告。

系统调查的目的是全面掌握现行系统的现状，为系统分析和提出新系统逻辑方案做好准备。因此要本着系统调查的原则，选择合适的调查方法，详细了解系统的管理业务和数据流程。在调查的基础上对现行系统的组织结构、业务流程、数据流程进行分析，采用结构化的系统分析方法，用数据流程图和数据字典描述对象系统的信息流动、数据存储及处理过程。

通过系统分析，提出新系统的逻辑方案。新系统方案主要包括新系统的目标、新系统的信息处理方案及系统计算机资源配置。最后形成系统分析报告，为下一步系统设计提供依据。

思考题

1. 说明系统分析的工作内容。
2. 试分析本单位组织机构及各部门主要业务功能，画出组织机构图和业务功能一览表。
3. 试用结构化语言、判定树、判定表分别表示有寿机件的预警规则。
4. 对保障装设备管理系统或你所熟悉的某一领域进行系统分析，画出管理业务流程图、数据流程图，编写数据字典。

第 5 章 装备管理信息系统设计

装备管理信息系统设计阶段的工作，是在系统分析的基础上进行的，根据新系统的设想，进行总体设计和详细设计，确定具体的实施方案，即根据系统分析阶段所建立的新系统的逻辑模型来建立新系统的物理模型。

5.1 系统设计概述

系统设计阶段的主要目的是把分析阶段的系统逻辑方案转换成可以实施的基于计算机与通信系统的物理技术方案，解决"系统怎样做"的问题。系统设计阶段也称为系统物理设计阶段。

这一阶段的主要任务是从管理信息系统的总体目标出发，根据新系统逻辑功能的要求，并考虑到经济、技术和运行环境等方面的条件，确定系统的总体结构和系统各组成部分的技术方案，合理选择计算机和通信的软、硬件设备，提出系统的实施计划，确保总体目标的实现。

5.1.1 系统设计依据与原则

开展系统设计工作，通常需要依据系统分析的成果，现行的信息管理和信息技术的标准、规范和有关法律制度，现有可用的技术，系统未来的运行环境等进行。

进行系统设计时，应遵循以下原则：

(1) 系统性。系统设计时，要从系统整体角度考虑，系统的代码要统一，设计标准要统一，所采集处理的数据要做到出处一致，全局共享。

(2) 灵活性。系统要具有一定的开放性，尽可能采用模块化结构，提高模块的独立性，减少相互之间的依赖，提高适应环境变化的能力。在未来需求发生变化时，能够保持结构的稳定性。

(3) 安全可靠性。成功的信息系统需要具备比较高的可靠性，具备良好的安全保密性。

(4) 经济性。在满足系统功能、性能及安全可靠性等要求的前提下，应尽可能地减少系统的开销。一方面，硬件不应盲目追求技术上的先进性，而应以满足应用需求并保留适当余量为原则；另一方面，系统设计应避免不必要的复杂性，各模块尽量简洁，减少设计和开发费用。

5.1.2 系统设计阶段划分

通常把系统设计划分为概要设计和详细设计两个子阶段。

1. 概要设计

概要设计，也称为总体设计，工作内容主要包括：确定系统总体布局方案，设计软件系统总体结构，设计通信网络方案，选择计算机硬件方案，操作系统、数据库管理系统等基础性软件选型，确定数据存储的总体方案。

2. 详细设计

详细设计是在系统概要设计的基础上，对系统设计内容进行进一步细化，形成最终的设计方案。主要工作内容包括代码设计、数据库存储设计、输入/输出设计、模块内部处理过程设计等。

系统设计的成果以系统设计报告的形式描述，该报告应为程序开发人员提供完整、清晰的依据。

5.1.3 系统设计方法

系统设计通常采用的方法有：

（1）结构化设计方法。它是以数据流程图为基础构成系统的模块结构。

（2）Jackson 方法。它是以数据结构为基础建立系统的模块结构。

（3）面向对象设计方法。它是以对象封装、继承性、多态性为基础，利用类图、交互图、顺序图等建立系统的模块结构。

本书主要介绍结构化设计方法。1974 年，美国人 W. Stevens、G. Myers 和 L. Constantine 三人联名在《IBM 系统》(IBM System Jounal) 上发表了题为《结构化设计》的论文，第一次提出了结构化设计的思想。结构化设计在设计过程中重视系统的结构构造，强调组成系统的模块、数据、功能结构以及它们之间的接口。结构化设计方法提出了一种编制模块结构图的方法、评价模块结构图设计优劣的标准及设计具有良好系统结构的方法。

该方法的基本原则有：

（1）系统的结构设计要充分利用数据流图，尽量和实际系统相对应，这样当实际系统变化时，只需对系统中的对应部分做出相应的修改即可。

（2）采取"自顶向下、逐步求精"的方法进行设计。

（3）系统逐步分解直到划分为功能单一、简单、易理解的模块。

（4）遵循高内聚、低耦合的模块设计原则。

（5）使用模块设计技巧来进行模块的分解与合并。

5.2 系统概要设计

5.2.1 系统总体布局

系统的总体布局是指系统的硬、软件资源以及数据资源在空间上的分布特征，通常有以下几种方案可供选择。

从信息资源管理的集中程度来看主要有集中式系统（Centralized Systems）和分布式系统（Distributed Systems）。

1. 集中式系统

这是一种集设备、软件资源、数据于一体的集中管理系统，主要有单机批处理系统、单机多终端分时系统（终端无处理功能）、主机-智能终端系统（终端有辅助处理功能）等类型。

这种系统的优点有：管理与维护控制方便；安全保密性能好；人员集中使用，资源利用率高。缺点有：应用范围与功能受限制；可变性、灵活性、扩展性差；对于终端用户来说，由于集中式系统对用户需求的响应并不很及时，因此不利于调动他们的积极性。

2. 分布式系统

整个系统分成若干个在地理上分散设置、在逻辑上具有独立处理能力，但在统一的工作规范、技术要求和协议指导下进行工作、通信和控制的一些相互联系且资源共享的子系统，目前，分布式系统都是以网络方式进行相互通信，根据网络组成的规模和方式，又分为局域网（LAN）、广域网（WAN）和局域网+广域网（混合形式）三种方式。

分布式系统的优点有：资源分散管理，并可共享使用，与应用环境匹配较好；节点机具有一定的独立性和自治性，利于调动各节点机所在部门的积极性；并行工作的特性使负荷分散，因而对主机要求降低；可靠性高，某个节点机的故障不会导致整个系统的瘫痪；可变性、灵活性高，易于调整。

其缺点主要有：资源分散管理，安全性降低，并给数据的一致性维护带来一定困难；由于地理上的分散设置，使系统的维护工作复杂；管理分散导致管理工作负担加重。

选择系统总体布局时，一般需要考虑：系统类型，是采用集中式还是分布式；数据存储，是分布存储还是集中存储；硬件配置，选用哪种类型的硬件；软件配置，选用哪种基础软件，应用软件是购买还是或自行开发。

5.2.2 软件总体结构设计

1. 概述

软件系统总体结构设计的主要任务是应用结构化设计方法，把整个系统合理地划分成功能模块，功能模块还可进一步划分为更小的模块，并正确地处理模块之间的调用关系和数据联系，定义各模块的内部结构等，经过逐层分解，把一个复杂的系统分解为多个功能较为单一的功能模块。

软件系统总体结构设计总体原则是，按照由粗到细、互相结合的原则，采取定性分析和定量分析相结合、分解和协调的方法及模型化方法进行。设计时要系统地考虑系统的整体性、层次性、通用性和关联性。

结构化系统设计方法中,软件总体结构设计的结果最终反映到一张分层的模块结构图中。

2. 模块

模块(Module)是指具有输入、输出、逻辑功能、运行程序和内部数据等属性的程序段。输入、输出和逻辑功能是模块的外部属性,运行程序和内部数据是模块的内部属性。一个模块的输入来源和输出去向是该模块的调用者,也就是说,模块从调用者那里获得输入,工作后再把输出退还给调用者;模块的逻辑功能是指模块能做什么事情,表达了它把输入转变成输出的转换功能;模块的运行程序是指它的程序实体,模块的逻辑功能是由程序实现的。

模块定义了一组对象,这组对象是一组数据和施加于这组数据上的一组操作,通过这组对象把模块的内部结构和操作细节隐藏起来,提供给外部的只是模块名称和操作说明等。也就是说,模块是一个具有功能的封闭体,外部无法进入模块内部,只能通过模块名调用模块。调用时向模块提供参数,被调用模块自行工作,工作完成后返回一定的结果给调用者。只有在一定条件下模块内部定义的某些数据和操作才是可见的。

模块通常用程序设计语言来实现,一个模块可以是一个程序或一个子程序。模块可以调用另一个模块,也可以被另一个模块所调用。调用模块一般称为父模块,被调用模块称为子模块。由于父还可以有父,子还可以有子,所以父模块与子模块的概念是相对的。

结构化设计方法中主要关心的是模块的外部属性,即模块的功能,而不是它的内部属性;模块内部属性主要在系统实施阶段建立。

3. 模块结构图

模块经过"自顶向下"的逐层分解,把一个复杂系统分解成几个大模块(或子系统),每个大模块又分解为多个小模块。这样就得到具有层次结构的模块结构,称为模块结构图(Modular Structured Chart,MSC)。模块结构图反映了系统(或者模块)的组成及其组成模块之间的相互关系。

1)模块结构图的符号

模块结构图使用的基本符号有 5 种,如图 5.1 所示。

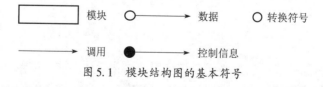

图 5.1 模块结构图的基本符号

2)模块调用

模块结构图表达了模块的组成结构及模块之间的调用关系,为使系统结构设计比较合理,在进行模块分解设计、绘制模块结构图的过程中,一般遵循以下要求。

(1)每个模块有自己独立的功能;模块之间的通信只限于其上、下级之间,任何模块不能越级或与平级模块直接发生通信关系。

（2）模块间的通信主要有两种：一是数据传递，二是控制信息传递。

①数据传递。上级模块在调用下级模块时可以把数据传递给下级模块，下级模块运行结束时也可以把信息传回上级模块。如图5.2（a）所示。

②控制信息传递。有时，上级模块把一些控制信息传给下级模块，这些信息不是下级模块使用的数据，而是为了指导或控制下级模块的运行。例如，决定下级模块执行哪个分支，上级模块要给出控制信息，数据传输完成时要给出结束信息等。控制信息用实心箭头表示。

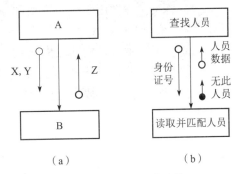

图 5.2　模块之间的通信

如图5.2（b）中子模块有一个控制信息传给上级模块，告诉它查找是否成功。

（3）某一模块与其邻近的同级模块通信，必须通过它们各自的上级模块传递。

（4）模块之间的调用次序一般是从上到下，自左向右。在模块结构图中，一般把输入部分模块画在左边，输出部分模块画在右边。

（5）当一个模块调用它的下级模块时，要根据其内部的判断条件来决定，这种调用称为判断调用，如图5.3（b）所示。

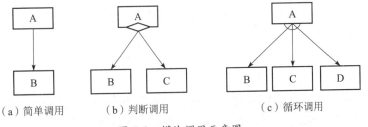

图 5.3　模块调用示意图

（6）一个模块循环调用它的下级模块时称循环调用，如图5.3（c）所示。

（7）模块结构图的转接。当模块结构图无法在一张纸上画出时，可以用转接符号将模块结构图分开，转接符号能表示出分开的模块结构图的连接关系。如图5.4所示。

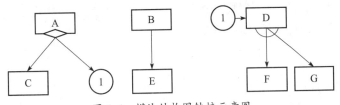

图 5.4　模块结构图转接示意图

3）模块结构图的若干概念

（1）主宰与从属。如果一个模块控制另一个模块，则称前一个模块"主宰"后一个模块，后一个模块"从属"于前一个模块。如图5.5所示，模块 M 主宰模块 A，B，

C；A，B，C 三模块从属于模块 M。

（2）深度。深度用于测量模块间"主宰"或"从属"的层次数。图 5.5 中，最大深度为 4，模块 F 的深度为 3。

（3）宽度。宽度是指同层模块数。图 5.5 中，第 1，2，3，4 层的宽度分别 3，5，7，3。模块 M 的宽度是指从属于 M 的各层宽度中的最大者，因此，模块 M 的宽度为 7。

（4）扇入数。扇入数指直接控制一个给定模块的模块数。图 5.5 中，模块 I 和 T 的扇入数分别为 3 和 4。

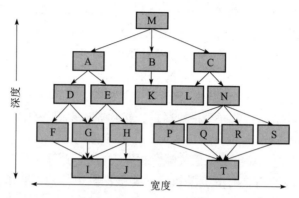

图 5.5 模块结构图示例

（5）扇出数。扇出数是指一个模块直接控制的从属模块数。图 5.5 中，模块 M 和 A 的扇出数分别为 3 和 2。

4）模块的类型

模块一般可以分为四种类型。

（1）传入模块。从下级模块取得数据，经过某些处理，再将其结果传送给上级模块。如图 5.6（a）所示。它传送的数据流称为逻辑输入数据流。

（2）传出模块。从上级模块取得数据，经过某些处理，再将其结果传送给下级模块。如图 5.6（b）所示。它传送的数据流称为逻辑输出数据流。

（3）变换模块。也叫加工模块。它从上级模块取得数据，进行特定的处理，转换成其他形式，再传回上级模块。如图 5.6（c）所示。它加工的数据流称为变换数据流。

（4）协调模块。对所有下级模块进行协调和管理的模块，如图 5.6（d）所示。在一个好的模块结构图中，协调模块应在较高层出现。

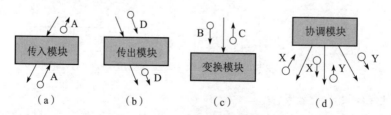

图 5.6 模块结构图的四种类型

在实际系统中，有些模块属于上述某一类型，有些模块是各种类型的组合。

4. 模块结构图的导出

结构化设计方法以 DFD、DD 为基础，从 DFD 以及 DD 中给出的加工逻辑描述导出初始模块结构图，然后根据模块设计原则，对初始模块结构图进行优化，得到最后的模块结构图。

1）DFD 与 MSC 间关系分析

DFD 与 MSC 都是对系统的功能描述，前者是逻辑描述，后者是物理描述。它们都描述了系统把输入数据转换为输出数据的转换功能。这说明两者间有必然的联系。

DFD 与 MSC 所用基本模型相同。DFD 是从系统的高度抽象模型出发，经对处理逻辑（加工）的层层分解而得到的一个多层次的描述。其中的每一个层都是系统全部数据处理功能的描述，每一个加工描述一个数据变换过程。MSC 也以系统的高度抽象模型为出发点，经对系统或子系统或模块的层层分解而形成的一个平面树。MSC 是系统全部功能的描述，其中的每一个模块都是一个数据处理过程。

DFD 的主体是加工，每个加工完成各自的对输入数据流到输出数据流的转换，全部加工的功能集合就是系统的数据处理功能。MSC 的主体是模块，每个模块都完成各自的对输入数据的处理，并输出处理结果（模块间的控制信息只是为了协调模块间的关系）。全部模块的数据处理功能的集合就是系统的功能。

可见，DFD 与 MSC、加工与模块都是执行对输入数据的转换，得到输出数据功能的。DFD 与 MSC 有必然的内在联系，加工与模块间也应有对应关系。

（1）DFD 中每一个较高层次上的加工与 MSC 中相应的协调模块相对应。DFD 中，每一个父加工的功能总是由它的若干子加工完成的；MSC 中，每一个协调模块的功能由其下属模块完成。

（2）DFD 中的基本加工与 MSC 中相应的基本模块相对应。

（3）各层 DFD 与相应层次的 MSC 相对应。

（4）DFD 的输入部分对应于 MSC 的传入模块，输出部分对应于传出模块，中心部分对应于变换模块。

2）把 DFD 转换为 MSC

要把 DFD 转换为 MSC，首先要确定 DFD 的类型，不同类型 DFD 的转换方法有所不同。DFD 形态各异，但其基本类型只有两种，大多数 DFD 是由这两种基本 DFD 复合而成的。

（1）变换型 DFD。变换型 DFD 具有明显的输入、变换中心和输出三大部分，每部分都由一个或若干个加工组成。

把变换型 DFD 转换为 MSC 的关键是确定变换中心。具体步骤是：

①找出逻辑输入、逻辑输出，确定输入、变换中心和输出三大部分。变换中心与输入部分间的数据流称为逻辑输入，变换中心与输出部分间的数据流称为逻辑输出。确认逻辑输入的做法是：从系统的物理输入端（最前输入端）开始，沿着数据流的方向逐步向系统内寻找，判断每一个数据流的性质，最后一个具有输入性质的该数据流便是逻辑输入。换言之，逻辑输入是离开物理输入端最远的输入数据流。类似地，离物理输出

端最远的输出数据流是逻辑输出。在逻辑输入与逻辑输出之间的全部加工是变换中心。在一个 DFD 中，若有多股数据流汇合入一个加工，该加工一定是变换中心。

②设计顶层模块，把输入、变换中心和输出连到顶层模块下作为第二级模块。

③其他加工以数据流连线为界自然下垂，作为下级模块。

④标注模块名、数据流名、控制流名、调用关系等。

下面以航空装备技术通报落实为例，从其 DFD 导出 MSC。机务大队质控室登记装备部下发的技术通报，制定落实计划，各中队进行技术通报落实，质控室人员将落实情况汇报给相关单位。其数据流程图如图 5.7 所示。

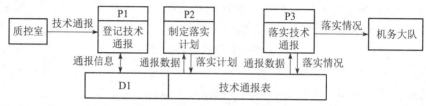

图 5.7　航空机务技术通报数据流程图

对图 5.7 进行分析，可知这是一个变换型 DFD，逻辑输入是"登记技术通报"，变换中心是"制定落实计划"，逻辑输出是"落实技术通报"。按上述步骤可得到如图 5.8 所示的 MSC。

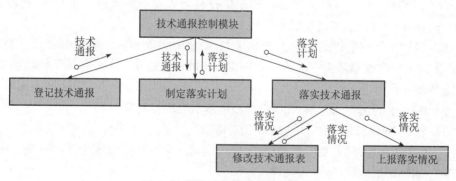

图 5.8　技术通报落实模块结构图

（2）事务型 DFD。事务型 DFD 的特征是，如果某加工具有发散的数据流，则称该加工为前事务中心；如果某加工汇合多股数据流，则称该加工为后事务中心。

前事务中心一般起判断作用，然后选择某一支路进行数据处理，这种作用正是 MSC 中管理模块的作用。从事务型 DFD 导出 MSC 的具体转换步骤为：

①找出前事务中心，如果有后事务中心也一并找出。

②设计顶层模块。建立一个"事务类型获取"模块。把"事务类型获取"模块和"事务中心调度"模块连接到顶层模块作为第二级模块。

③其他加工以数据流连线为界自然下垂，作为下级模块。如果有后事务中心，将其作为二级模块。

④标注模块名、数据流名、控制流名、调用关系等。

（3）复合型 DFD。复合型 DFD 是指由变换型 DFD 和事务型 DFD 嵌套、复合而成的。一个复合型 DFD，其总体上仍是可以确认类型的（或变换型或事务型），但其局部可能是另外一种类型。

一般说来，一个实际系统的 DFD 大多是复合型的，通常利用以变换分析为主，事务分析为辅的方式进行模块结构设计。首先利用变换分析方法把软件系统分为输入、中心变换和输出三个部分，设计上层模块，即主模块和第一层模块。然后根据数据流图各部分的结构特点，适当地利用变换分析或事务分析，得到初始模块结构图。

5. IPO（Input/Process/Output）图

模块结构图表示了一个系统功能模块的层次分解关系，但还没有充分说明各模块间的调用关系和模块间的数据流及信息流的传递关系。因此，对某些较低层次上的重要模块，还需要根据 DFD、DD 和 MSC，绘制其 IPO 图，用来描述模块的输入、处理和输出细节，以及与其他模块间的调用和被调用关系。

例如，图 5.8 "登记技术通报"模块可以用表 5.1 的形式表示其 IPO 图，作为程序模块结构设计的依据。

表 5.1 登记技术通报的 IPO 图

系统名称：航空维修保障支持系统		设计者：×××
模块名称：登记技术通报（P1_DJJSTB）		日期：2014.10.10
上层调用模块：技术通报控制模块		可调用下层模块：无
输入部分	处理描述	输出部分
发文号 通报名称 发文机关 发文日期 收文日期 主题词 内容摘要 通报来源 机型 发动机型别 专业 系统 部件名称 部件型别 类别 落实限期	用于进行技术通报相关信息的录入、修改、删除、查询。 1. 范围选择使用弹出对话框，上面放置两个列表，左面显示可选的飞机，右面显示已经选中的飞机（类似于选择字段的对话框）。可选飞机根据通报的机型进行过滤。完成选择后，将"出厂号码"追加入"技术通报范围"表中。 2. SQL 语言描述 ①主表：select * from jstb where id like（:dwid）+'%' ②从表：select * from jstbfw where id=:id and 发文号=:发文号 ③可选飞机列表：select 飞机号,出厂号码,机型 from fj where id like（:id）+'%' and 机型=:jx and 出厂号码 not in（select 出厂号码 from jstbfw where id like（:id）+'%' and 发文号=:fwh）	技术通报表 技术通报报表

5.2.3 系统环境配置

信息系统是以计算机系统为核心建立起来的，系统概要设计阶段需要说明通信网络方案、硬件设备的选择和软件配置方案。

1. 通信网络方案

通信网络是系统中分布在不同位置的各组成部分能够相互通信的基础。装备管理信息系统一般采用计算机网络技术。

计算机网络虽然是一个庞大的系统（包括一系列的软件、硬件和标准），但基本组成还是比较简单的，不外乎服务器、客户机、网络连接设备、网络操作系统等几个部分。计算机网络可分为局域网和广域网、城域网。局域网一般把地理范围小的计算机连接在一起，例如一栋建筑物内或一个营区内的网络，通常规模较小。而广域网则将地理范围大的计算机连接起来，例如大的组织机构网络将位于不同城市驻地的网络和计算机连成一个广域网。广域网可将多个局域网或城域网连接起来。

局域网中通常采取基于以太网的技术，采用总线型或星状拓扑结构；广域网连接时通常采取布置专用光缆，或者租用专门信道的方式。

2. 硬件配置

确定硬件配置的原则最重要的有两点：一是应根据系统调查和系统分析的结果来考虑硬件配置和系统结构，即管理业务的需要决定系统的设备配置；二是一定要考虑到实现上的可能性和技术上的可靠性，这是设计方案是否可靠的基础，也就是说，根据实际管理业务和办公场所地理位置来考虑配置设备，这是新系统考虑硬件结构的基本出发点。

在装备管理信息系统中，外设的速度对计算机在管理领域中的应用比较重要。这是因为，管理类项目运算相对不是太复杂，但数据量大，读写外存频繁。

3. 软件配置

软件环境配置主要考虑系统软件和工具软件。根据系统总体方案和系统需求，考虑如下各类软件的选用。

1）操作系统

操作系统是最基础的软件，会对其他软件的选择、应用系统的开发产生很大影响。一般在 Unix、Linux、Windows 中选择。

2）数据库管理系统

常用的有 DBZ、SQL Server、Oracle、MySQL，小型数据库管理系统有 Access、Paradox、Foxbase 等，国产的数据库管理系统有达梦、神通、金仓等。常用数据库管理系统如表 5.2 所示。

表 5.2　常用数据库管理系统

名称	主要特点
DB2	DB2 是 IBM 公司提供的一种基于 SQL 的关系型数据库产品，采用多进程多线索体系结构，适用易于移植的软件平台
Sybase	Sybase 公司第一个推出 C/S 体系结构和多线程技术的高性能数据库服务器。其特点是：支持 Java 和标准的关系数据库查询语言 SQL，支持广泛的软、硬件平台，具有优秀的联机事务处理功能

续表

名称	主要特点
Microsoft SQL Server	基于多线程的客户/服务器体系结构，是运行在 Windows 平台上的高性能数据库管理系统
Oracle	Oracle 是对象-关系型数据库管理系统，具有适于事务处理的高可用性、可伸缩性、安全性，还提供超强的处理功能、开放的连接能力、丰富的开发工具。具有 Windows、Unix 等操作系统上的版本
DM	DM 是武汉达梦公司提供的一种基于 C/S 方式的数据库管理系统，支持 32 位和 64 位操作系统，是国产主流数据库系统之一

3）程序设计语言

如 C++、C#、Java、ASP.NET、JSP、Object Pascal、Python 等。

4）应用系统开发环境与工具

常见的有 Eclipse、MyEclipse、Visual Studio、RAD Studio 等。目前，各开发环境与其所支持的程序设计语言有很强的关联性，往往一并选择。常用集成开发工具如表 5.3 所示。

表 5.3 常用集成编程工具

工具名称	主要特点
Visual Studio.Net	统一的 Visual Studio 整合式开发环境（IDE）及多种程序设计语言选择，是开发工具发展趋势
Eclipse	Eclipse 是一个开放源代码的、基于 Java 的可扩展开发平台，通过大量插件组件构建开发环境，是 Web 应用系统开发最流行的工具之一
Embarcadero RAD Studio	RAD Studio 包含 Delphi、C++Builder 的可视化开发环境，最新 10 版本软件支持跨平台开发。其主要工具 Delphi 从其诞生开始就可作为数据库编程语言，数据访问功能内置于系统内部。Delphi 提供对许多基于文件结构的数据库的支持，通过 ODBC 也可访问许多传统的基于客户服务器模型的数据库

5.3 系统详细设计

5.3.1 代码设计

代码是代表各种客观实体或其属性、性质的符号或符号的组合。

1. 代码的作用

代码为事物提供了一个清晰的界定。同时，代码一般都缩短了事物的名称，节省了时间、空间，提高了处理的效率和精度，尤其是在排序、检索中，代码还提高了数据的一致性，通过统一的代码，减少了因数据不一致造成的混乱。在管理信息系统中，代码是人和机器的共同语言，是两者交换信息的工具。

2. 代码设计的原则

（1）代码设计要遵循唯一性、标准化和通用性、可扩充性和精简化的原则。

（2）唯一性是代码的基本要求，要保证每个被表示的对象有且只有一个确定的代码。

（3）标准化和通用性是指代码设计要尽量采用国家或有关部门颁发的编码标准。

（4）可扩充性指要考虑系统的发展和变化，能在原代码系统上加以扩充，代码的设计要能满足一段时间内的变化。

（5）精简化是指设计的代码结构尽量简单、长度尽可能短。

3. 代码的类型

常见代码有顺序码、区间码两种形式。

1）顺序码

顺序码是用连续数字来代表代码对象的编码。顺序码的优点是简单明了；但没有逻辑含义作为基础，缺乏分类特征。经常与其他形式的分类编码结合在一起使用，作为某种分类下细分的一种手段。

2）区间码

区间码把码分成若干区间，每一区间代表一个组，编码中的数字或字母的值和位置都有一定的意义。区间码易于分类、检索，但码的长度与分类属性的数量有关，有时会造成码比较长、各区间之间的无用空间多的现象。

区间码又可分为以下类型：

（1）层次码。编码结构中，为数据项的各个属性各规定一个位置（一位或几位），并使其排列符合一定层次关系。例如，飞机机件代码按照GJB630A《飞机质量与可靠性信息分类与编码要求》规定的七位六层编码方式赋值，如图5.9所示，飞机操纵系统中某轴承编码为1412B2B。其编码规则为：系统2位，分系统1位，设备1位，组件1位，部件1位，零件1位。

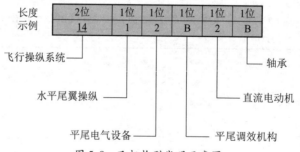

图5.9 飞机构型代码示意图

（2）十进制码。码中每位数字代表一类，一般用于设备零部件、图书等的编码中。例如，图书分类的十进制编码为：

500. 自然科学

510. 数学

520. 天文学

530. 物理学

531. 机械

531.1 杠杆和平衡

（3）特征码。编码结构中，为多个属性各规定一个位置，从而表示某一编码对象的不同方面特征。它与层次码的区别是，各属性之间没有隶属关系。

例如，某系统对人员编号用 6 位代码表示，如图 5.10 所示。其编码规则为：单位 1 位，表示大队部、中队等，用 1~8 表示；职别 1 位，表示军官、士官、士兵，用 1~3 表示；职务 2 位，表示机务副旅长、大队长、副大队长、机械师等，用 01~99 表示；序号表示相同单位、相同职别、相同职务下人员的顺序号。例如，"110201" 表示大队部职别为军官职务是大队长的人员。

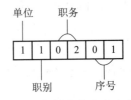

图 5.10 人员编号代码示意图

3）助记码

以代码对象的名称、规格或缩写符号作为代码，以达到联想和记忆的目的。如 "J-7" 代表歼七系列飞机，"TV-B-12" 表示 12 寸黑白显示屏。

4）校验码

代码作为数据的一个组成部分，是系统的重要输入内容之一，它的正确与否直接影响到整个处理工作的质量。在人们重复抄写代码或者通过手工将它输入到计算机中时，发生错误的可能性就比较大。为了保证代码的正确性，设计代码时可以在原有代码的基础上加上校验位，校验位上的代码称为校验码。

校验码通过事先规定好的数学方法对原代码进行计算得到，当带有校验码的代码输入到计算机中时，计算机也用同样的计算方法计算校验码，并将它和输入代码校验位上的值进行比较，从而检验输入是否正确。

利用校验码可以检测出各种在代码使用中产生的错误：

抄写错误，如 1 写成 7；

易位错误，如 12345 写成 12534；

双易位错误，如 36819 写成 31869；

随机错误，由以上两种或三种错误综合形成的错误。

（1）校验码的设计。校验码的设计过程可以分为以下步骤。

①对原代码的每一位乘以一个权数，然后求它们的乘积之和。

设原代码有 n 位：$C_1C_2C_3\cdots C_n$；

对应的权数因子：$P_1P_2P_3\cdots P_n$；

它们的乘积之和：$S=C_1\times P_1+C_2\times P_2+C_3\times P_3+\cdots+C_n\times P_n$，其中，权数因子可以取自然数列（1，2，3，…，N）、几何级数数列（2，4，8，…，2^n）或质数等其他数列。

②对乘积之和取模。

$R=S \bmod M$，其中，R 表示余数，S 为乘积之和，M 为模数，可选用 11 或 12 等数。

③用模减去余数即得校验码。

$C_{n+1}=M-R$，其中，C_{n+1} 表示校验位，M 表示模，R 表示余数。

下面举例说明校验码的设计过程。

设原代码为 12345，对应的权数为 32，16，8，4，2，对乘积之和为 $S = 1×32+2×16+3×8+4×4+5×2 = 114$，取余数（设模为 11）：$R = S \mod (11) = 4$，得校验码：$C_6 = 11-4 = 7$。得到带校验位的代码 123457，其中 7 是校验码。

（2）输入代码的校验。利用校验码对输入的代码进行校验的过程是校验码设计的逆过程。因此，可利用下面的公式对输入的代码进行校验，若（原代码与权数乘积之和+校验码）÷模=整数，则认为输入是正确的，否则输入有错。

5.3.2 数据库设计

装备管理信息系统是处理大量数据以获得对管理所需信息的支持的系统，在技术上一般都基于数据库系统。数据库是装备管理信息系统的核心和基础。

进行数据库设计，需要综合组织各个部门的存档数据和数据需求，分析各个数据之间的关系，基于数据库管理系统提供的功能，设计出规模适当、正确反映数据关系、数据冗余少、存取效率高、能满足多种查询要求的数据模型。

1. 数据库概念模型

由于目前主流的数据库管理系统都基于关系模型，因此对数据库的概念模型一般用实体—关系模型（Entity-Relationship Model，E-R 模型）描述。E-R 模型包含三个基本成分："实体""关系""属性"，如图 5.11 所示。

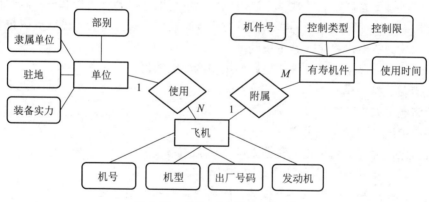

图 5.11　单位-飞机部分 E-R 图

（1）实体。是客观世界中存在的且可相互区分的事物，可以是人或物，也可以是具体事物或抽象事物。例如，飞机、单位、有寿机件等是实体。实体用矩形框表示。

（2）关系。用来描述实体与实体之间的关系。关系用菱形框表示，关系有三种：

1:1（一对一联系），例如：实体"大队长"与"机务大队"之间的关系为"1:1"；

1:N（一对多联系），例如：实体"机务大队"与"飞机"之间的关系为"1:N"；

M:N（多对多联系），例如：实体"飞机"与"维修工具"之间的关系为"M:N"。

（3）属性。是实体或关系所具有的性质。通常一个实体或关系具有若干属性。

2. 数据规范化

1）关系型数据模型

关系型数据模型的逻辑结构是二维表，它由行和列组成。例如表 5.4 为机务人员基本情况表，它是一个关系。关系涉及以下一些基本概念。

（1）元组（记录）。表中的一行为一个元组，也称为一个记录，如表 5.4 所表示的关系中有 3 个元组（记录）。

（2）属性（字段）。表中的一列为一个属性，也称为一个字段，由名称、类型、长度构成其特征。如表 5.4 所表示的关系中有 7 个属性（字段）。

（3）主关键字。表中唯一确定一个元组（记录）的某个属性组（字段组），它可以由一个或多个属性构成。如表 5.4 中，"编号"可以唯一确定一名机务人员，它就是主关键字。

（4）关系模式。对关系的描述，一般表示为关系名（属性名1，属性名2，…，属性名n），表 5.4 的关系可以描述为：机务人员基本情况（编号，单位，姓名，性别，出生日期，学历，职务），"编号"下方的下画线表示它是主关键字。

表 5.4　机务人员基本情况表

编号	单位	姓名	性别	出生日期	学历	职务
19560101	机务 1 中队	吴斌	男	1981-06-01	本科	机械师
19560102	机务 1 中队	高肖生	男	1980-04-05	大专	机械师
19560002	质控室	李艳梅	女	1982-09-11	硕士	质控室助理

2）规范化

规范化理论是由埃德加·考特（Edgar Frank Codd）于 20 世纪 70 年代初提出的，目的是要设计"好的"关系数据库模式。关系模式要求关系必须是规范化的，即要求关系必须满足一定的规范条件，这些规范条件中最基本的一条就是：关系中的每一个分量必须是一个不可分割的数据项，即不允许表中还有子表。

范式是用来衡量关系模式规范的层次，数据库规范化层次由范式来决定。根据规范化的程度，把关系模式分为第一范式、第二范式、第三范式、BC 范式、第四范式、第五范式等。范式前的数字越大，规范化的程度也越高，关系模式则越好。

（1）第一范式（1NF）。任何符合关系定义的关系都在第一范式中，一个表要成为关系必须满足以下规则：

①表的每格必须是单值的，数组和重复的组都不能作为值。

②任意一列（属性）的所有条件都必须是同一类型的，每个列有唯一的名字，且列的顺序是无关紧要的。

③表中任意两行（元组）不能相同，行的顺序也是无关紧要的。

（2）第二范式（2NF）。如果一个关系的所有非关键字属性都依赖于整个关键字，那么该关系就属于第二范式。如果把仅仅满足第一范式的关系分解为满足第二范式的几个关系，就可以消除关系中的部分函数依赖，就不会有数据更新异常问题。

（3）第三范式（3NF）。一个关系如果满足第二范式，且没有传递依赖，则该关系满足第三范式。3NF 消除了传递依赖。

3. 航空维修保障支持系统数据库设计

航空维修保障支持系统的数据库管理系统选用的是 SQL Server 数据库。它具有完善的数据库安全策略，有效的数据库备份与恢复机制，强劲的联机分析处理和数据挖掘、分析服务和全新的智能管理。

从易用性、灵活性、功能性等方面考虑，选用 PowerDesigner 作为数据库建模工具。

1) 系统数据表组成

系统涉及业务广泛，数据表丰富，且大多数表之间存在参照完整性、级联关系、有效性规则等复杂关系。系统使用的部分数据表如表 5.5 所示。其中"单位"表的结构如表 5.6 所示。

表 5.5 航空维修保障支持系统数据表（部分）

本团周期控制标准	定检干部表	机务等级调整	周期工作登记
表名—字段名	定检飞机	机务等级军官调级时限	周期控制标准
代码类别	定检计划	机务等级士官调级时限	航材请领计划
单位	定检零备件制作	机务工作计划	航油分析标准
典型事迹登记	定检零修零校	机务人员	航油时间
调级时限	定检派工	机务人员编制	换发计划
飞机	定检日情况	机务问题登记	技术通报
飞机编制	定检统计	机务指标计划	技术通报范围
飞机变动	定检统计月报	机组	技术通报落实
飞机大修登记	发动机	机组编排	作战保障参数
飞机定检计划	发动机变动	机组组成	作战保障计算
飞机情况统计	发动机大修	人员编制	作战保障技术标准
飞机使用计划	发动机型别	人员变动登记	作战保障气象
飞机停放油封登记	发动机有寿件预测	人员分析库	作战参数
飞机停飞登记	发动机逐日	人员技术级别调整	安全信息表
飞机型别	飞参信息	人员军衔调整	系统变量
飞机逐日登记	飞参状态	提前换发登记库	故障预防措施
飞行等级调整	工作日记	维修日登记	业务训练计划
飞行日情况登记	故障代码	维修日时间登记	值班人员
飞行日时间登记	故障信息登记	维修设施	文件资料

表5.6 单位表（DW）结构

名称	数据类型	长度	关键字
ID	varchar（10）	10	TRUE
PID	varchar（10）	10	
单位名称	varchar（16）	16	
分队	varchar（16）	16	
中队	varchar（16）	16	
军	varchar（50）	50	
军区	varchar（10）	10	
师	varchar（16）	16	
团	varchar（16）	16	
驻地	varchar（8）	8	
地理环境	varchar（16）	16	
说明	text		

2）触发器设计

一般对一个实体的事务有查询、插入、删除和更新四种事务。在事务过程中，可以采用触发器保证数据的完整性。触发器是依存于表的数据库对象，在表的维护操作时自动执行，无需客户调用，能使数据库执行复杂的修改规则而不是依赖于应用程序。

对于主从表的级联更新、删除可以使用建模工具的默认属性。对于涉及业务规则的多表操作，采用手工设计的触发器。例如，在登记当日飞行情况（djdrqk1）数据表中，登记了某架飞机飞行了一个小时，这也代表飞机（fj）、发动机（fdj）、有寿机件（ysjj）、机械师（jxsbzjl）等工作了一个小时，因此应该同时更新这几个数据表，使用触发器保证了这样的数据业务的准确完成。

3）存储过程设计

存储过程是在数据库服务器上创建、运行的程序及过程，具有提高性能、优化编译、简化管理、加强安全性、方便编程等优点。

系统设计中，把分析故障、各类报表统计、上传数据生成、计划管理、状态监控等统计分析方法设计为存储过程，以充分发挥服务器端性能，提高网络效率，方便客户端编程。

5.3.3 模块与处理过程设计

模块与处理过程设计是系统设计中最详细地涉及具体业务处理过程的一步，它要设计模块和它们之间的联结方式，还要具体地设计出每个模块内部的功能和处理过程。这一步工作通常是借助于HIPO图（层次化模块控制图）来实现，是下一步编程实现系的基础。

1. 五种基本控制结构

流程图中有五种基本的控制结构，如图5.12所示。

（1）顺序型：几个连续的加工步骤依次排列构成。

（2）选择型：由某个逻辑判断式的取值决定选择两个加工中的一个。

（3）先判定（while）型循环：在循环控制条件成立时，重复执行特定的加工。

（4）后判定（until）型循环：重复执行某些特定的加工，直至控制条件成立。

（5）多情况（case）型选择：列举多种加工情况，根据控制变量的取值，执行其一。

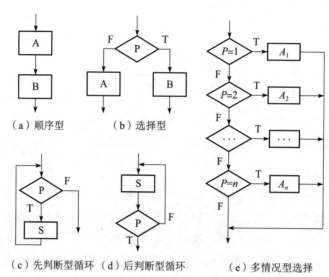

图5.12 流程图的基本控制结构

2. 计算机处理流程设计

为便于后续实现信息系统，详细设计阶段需要给出子系统、模块的内部流程结构。通常采取计算机处理流程图完成本部分的工作，该图主要说明信息在新系统内部的流动、转换、存储及处理的情况。它是设计者在系统详细设计过程中，对信息在计算机内部处理过程的深化、理解和完善。该图采取用一系列类似计算机内部物理部件的图形符号，来表示信息在计算机内部的处理流程，图5.13是常见的图例。

图5.13 计算机处理流程图的符号

用该图描述修理厂定检修理中的送修件入库管理模块如图 5.14 所示。

5.3.4　输入/输出设计

在管理信息系统开发过程中,与输入/输出界面相关的程序占总程序量的 65% 左右。从这一比例足以看出,管理信息系统中输入/输出设计的重要性。

1. 输入设计

输入设计的目的是提高系统收集信息的快速性和准确性,它是系统设计的关键环节之一。输入设计包括数据规范和数据准备的过程。

1) 设计原则

输入设计中,提高速度和减少错误是两个最根本的原则。这两个根本原则又衍生出以下用以指导输入设计的原则:

(1) 设计好原始单据的输入格式。原始单据的格式设计要按照便于填写、便于操作的要求进行。输入单据,可以是专门为输入数据设计的记录单,也可以直接从原始单据上输入数据。前者需要进行一次抄转和编码,后者可以减少填写输入记录单的工作量和抄写错误。两种形式下,输入数据的内容要与屏幕上显示的内容一致,格式也要尽量一致,以提高输入效率。

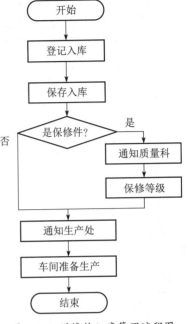

图 5.14　送修件入库管理流程图

(2) 减少输入量。输入设计中,应尽量控制输入数据总量。通过计算、统计、检索得到的信息应由系统自动产生。

(3) 输入过程尽量简化。输入设计在为用户提供纠错和输入检验的同时,要保证输入过程简单易用,不能因为查错、纠错使输入复杂化,增加用户负担。

(4) 减少输入错误。应采用多种输入校验方法和有效性验证技术,减少输入错误。

2) 输入方式

数据必须通过一定的媒介或装置才能被输入系统中去。常用的输入方式有键盘输入、模/数、数/模输入,网络数据传送,磁盘/光盘读入等几种形式。

键盘输入是最常用的输入方式,设备易用廉价,但其速度慢,而且出错率较高。设计新系统的输入方式时,应尽量利用已有的设备和资源,避免大批量的数据多次重复地通过键盘输入。

数模/模数转换方式的输入是比较流行的基础数据输入方式。它直接通过光电设备对实际数据进行采集并将其转换成数字信息,是一种既省事又安全可靠的输入方式。这种方法最常见的有如下几种:

(1) 条码输入。利用标准的商品分类和统一规范化的条码贴(或印)于商品的包装上,然后通过光学符号阅读器(Optical Character Reader,OCR)来采集和统计商品的流通信息。条码技术为信息系统提供了高效、快速、价格低廉的数据输入途径,为各种设备的管理提供了有力的技术支持，被广泛地应用于各个领域的管理信息系统中，如产品质量跟踪管理、证件管理、票务管理等。现在条码主要分为两种：一维码和二维码。一维码被广泛应用于各种商品标识中，大大提高了信息录入的速度，减少差错率，从而提高了工作效率；但其信息密度低，需占用较大面积，损污后可读性差。当需要存储较多信息时，通常使用二维码。二维码能携带更大的信息量，可以直接通过阅读条码得到相应的信息。二维码还有错误修正技术及防伪功能，增加了数据的安全性。

（2）传感器输入。利用各类传感器接收和采集物理信息，然后再通过数模/模数转换电路将其转换为数字信息，主要用来采集和输入生产过程数据。

（3）网络传送数据。网络传送数据既是一种输入信息的方式，也是一种输出信息的方式。使用网络传送数据在网络信道安全可靠的情况下，具有很好的安全性、可靠性、便捷性。

（4）磁盘传送数据。数据输出和接收双方事先约定好待传送数据文件的标准格式，然后再通过磁盘/光盘传送数据文件。这种方式常被用在主系统和子系统之间的数据链接上。

3）输入校验

在输入数据的过程中，由于各种原因可能会出现这样或那样的错误。因此在输入设计时，必须充分考虑到可能会出现的各种错误，并采取有效的防范和补救措施，以提高输入数据的正确性。

输入数据时常见的错误有以下几类：

（1）数据本身的错误。主要是原始单据的填写错误或者在输入数据时产生的错误。

（2）数据不足。主要是指原始单据填写时输入不足。

（3）数据延误。主要是指在数据收集过程中，虽然数据在内容上是正确的，但是由于数据在时间上延误，可能会使信息变得毫无价值。

数据的校验方法有人工直接检查、计算机用程序校验以及人与计算机两者分别处理后再相互查对校验等多种方法。常用的方法是以下几种，可单独地使用，也可组合使用。

（1）人工校验。输入之后，显示出来或打印出来，由人工逐一核对，以检查输入的数据是否正确。

（2）二次输入校验。二次键入是指同一批数据两次键入系统的方法。输入后系统内部再比较这两批数据，如果完全一致则可认为输入正确；反之，则将不同部分显示出来有针对性地由人来进行校对。

（3）数据平衡校对。在原始报表每行每列中增加一位小计字段（在这类报表中一般本来就有），在设计新系统的输入时再另设一个累加值，由计算机将输入的数据累加起来，再计算结果与原始报表中的小计比较。如果一致，则认为输入正确；反之，拒绝接收该数据。这种方法常用在财务报表和统计报表等这类完全字型报表的输入校对。

（4）记录数点计校验。通过计算输入数据的记录个数来检验输入的数据是否有遗漏和重复。

（5）格式校验。校验数据记录中各数据项的位数和位置是否符合预先规定的格式。例如，姓名栏规定为18位，而姓名的最大位数是17位，则该栏的最后一位一定是空白。该位若不是空白，就认为该数据项错误。

（6）逻辑校验。根据数据之间的逻辑性检查有无矛盾。例如，人员的出生日期应早于当前日期。

（7）界限校验。检查某项输入数据的内容是否位于规定范围之内。例如，月份的值应在1到12之间。

（8）对照校验。把输入的数据与基本文件的数据相核对，检查两者是否一致。例如，为了检查机组维护飞机号是否正确，可以将输入维护飞机号与飞机基本信息表中的飞机号相核对。如果不在基本信息表中，就说明出错。

2. 输出设计

用户所需的各种信息、报表，都要由系统输出完成，因此输出设计是管理信息系统应用中的重要环节。输出设计的基本要求是：界面美观、功能齐备、满足用户需求。

输出设计时需要考虑的内容主要有：

（1）输出信息的内容：输出数据项、位数、数据形式（文字、表格、图形等）；

（2）输出信息的格式：报表、凭证、单据、公文等的格式；

（3）输出信息使用：使用者、使用目的、报表量、使用周期、有效期、保管方法、密级和复写份数等。

（4）输出设备：打印机、显示终端、绘图仪等。

（5）输出介质：磁盘还是网络传输。

从系统的角度来说，输入和输出都是相对的，各级子系统的输出就是上级主系统输入。从这个角度来说，网络传递、磁盘传递、通过电话线传递等对于数据传出方来说也就是输出方式设计的内容。为了区别起见，可以将输出粗略划分为中间输出、最终输出两类。中间输出指子系统对主系统或另一个子系统之间的数据传送，最终输出则是指通过终端设备（如显示器屏幕、打印机等）向管理者输出的一类信息。

最终输出方式常用的只有两种：报表输出，图形输出。应根据系统分析和管理业务的要求来确定输出形式。一般来说，对于基层或具体事务的管理者，应用报表方式给出详细的数据；对于高层领导或宏观、综合管理部门，则应使用图形方式给出总体情况或综合发展趋势等方面的信息。

3. 人机交互界面设计

人机交互界面是系统与用户之间的接口，也是控制和选择信息输入/输出的主要途径。人机交互界面设计应坚持友好、简便、实用、易于操作的原则，尽量避免过于繁琐和花哨。

人机交互界面设计包括菜单方式、会话方式、操作提示方式等多方面的内容，每一方面都有一些常见的规则，在设计中应当遵循。

例如，在设计菜单时应尽量避免菜单嵌套层次过多的设计方式，最好是3级以内，每级菜单项一般不超过15个。又如，在设计大批数据输入屏幕界面时应避免颜色过于丰富多变，因为这样对操作员眼睛压力太大，会降低输入系统的实用性。

4. 航空维修保障支持系统输入输出设计举例

该系统以 B/S 模式风格设计用户菜单，采用网页框架的图形用户界面提供用户操作。

1）输入设计

（1）输入数据的内容：来源于报表、维修卡片、维修指令、外场数据收集等。

（2）输入风格：采用浏览表格方式和卡片编辑方式。

（3）输入方式：采用键盘和鼠标以及网络传递方式。

（4）输入校验：对于标准字段的数据项采用匹配校验；对于批量输入的记录采用记录计数校验。

2）输出设计

（1）输出方式：主要是屏幕输出和打印机输出。

（2）输出形式：主要有列表形式输出、Web 窗体形式输出、混合形式输出等。

（3）输出内容：输出内容主要包括用户查询结果，导入 Excel 表格或打印；统计分析结果，采用表格或统计图显示或打印；制式报表，产生上传数据和打印报表。

3）用户界面设计举例

工卡编辑输入界面如图 5.15 所示。若输入值在某一列表范围内，则通过下拉列表控件录入，比如"工作类型""专业"等字段；对于值为逻辑"是""否"的字段，设置为开关控件录入，比如"是否启用""是否需要领导复查"字段。

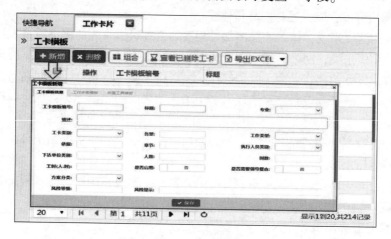

图 5.15　卡片编辑界面

提前换发指令管理界面如图 5.16 所示。上方为"查询区域"，由于查询区域占用显示区域，因此默认情况下是收缩起来的，需要时，可以点击"展开查询项"使其显示出来。这样便于充分利用显示空间。下方按照指令的主要状态分为"指令下达登记""工作中""已完成""已归档""指令查看"等多个 Sheet 页显示。

（1）"指令下达登记"。用于对已经生成的指令进行下达操作。在表格"操作"栏处可以查看指令的具体内容，或者执行"下达"操作。

（2）"工作中""已完成""已归档"。按照指令的状态，分别查看。根据指令的状态，其对应表格上"操作"栏可以执行的操作不同。比如"已完成"Sheet页表格的操作栏有"归档""查看"操作；而"已归档"Sheet页表格的操作栏只有"查看"操作。

（3）"指令查看"。不区分指令的具体状态，可以查看各种状态指令的内容。

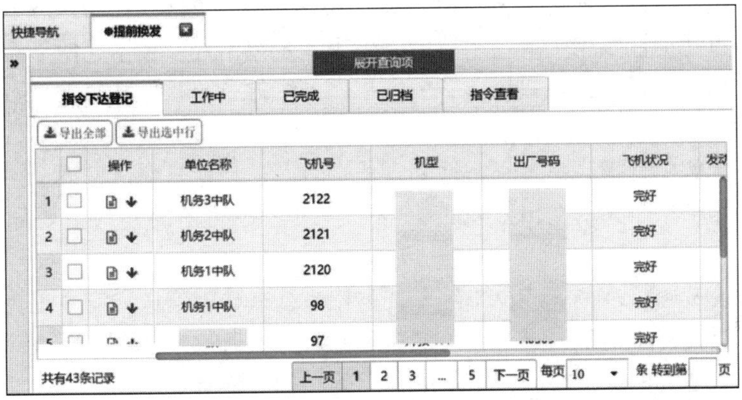

图 5.16 提前换发指令管理界面

机组作业人员工作界面如图 5.17 所示。左侧为飞机状态及功能快捷入口；右侧为工作指令与工卡。左侧上方显示机组所维护飞机的机型、飞机号码、保障状态等重要信息，左侧下方为故障信息、寿命控制等功能入口。右侧上方为机组所维护飞机的工作指令，显示其名称、执行日期、负责人、指令状态等信息，左侧下方为某制定所包括的工卡，可以按照工卡开展工作，并反馈工作完成情况。出现特殊情况时，可以申请保留或申请关闭工卡。

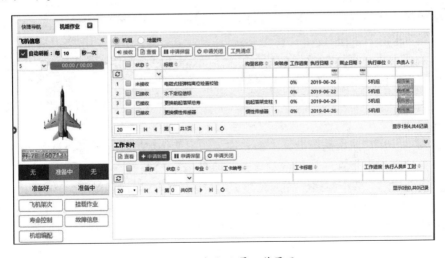

图 5.17 机组人员工作界面

5.3.5 安全可靠性设计

1. 系统的安全性设计

系统的安全性是指系统抵御来自外部和内部威胁的能力。系统的威胁通常分为偶然的、被动的和主动的三种。

偶然的系统威胁是指那些不涉及第三者介入的威胁，包括软件错误或故障和硬件故障。这种威胁可能造成数据丢失。采取的手段主要是数据冗余技术，便于系统修复后能够使用冗余的副本，得以恢复数据。一般数据库系统的系统软件都有关于数据备份恢复的工具。

被动的系统威胁是指当系统正常地处理信息时，被动地暴露信息而产生的威胁。比如，输入、打印结果丢失、输出介质丢失等。解决这些问题的办法主要靠完善的管理制度。

主动的系统威胁是指一个成员未经允许占用系统来处理信息，使系统为其自己的目的服务。该成员可能是内部人员，也可能是外部人员，通过某种方式侵入系统。对这类威胁系统应采取适当的保护措施，系统中常用的保护措施有：

（1）授权控制：对于系统资源应根据用户的需要授予不同的特权，并以用户名及口令来核对和确认用户。

（2）存取控制：数据库管理员可以利用存取控制表限定用户对数据库中数据的存取。

（3）视图隔离：通过局部视图控制数据用户存取数据的范围。

（4）数据加密：保证机密数据的安全性。

（5）使用映像文件：使得过失更新的数据能及时恢复。

2. 系统的保密性设计

系统的保密性是指系统对信息资源的存取、修改、复制及使用等权限的限制。保密性设计中经常采取的措施有：

（1）利用系统环境提供的管理软件，如对不同用户分配不同的环境使用权，设置入网口令、目录权限和站点限制、入网时间限制等。

（2）有选择地隔离和限制对资源的使用，如数据和模块执行的权限设置、防火墙、代理服务器等。

（3）对一般用户采用伪藏措施，如文件名匿藏、伪数据技术、密钥算法等。

（4）制定系统保密管理的规章制度，如系统管理员与操作员的权限控制管理（查询权限、录入权限、分析权限、管理权限）、系统文档资料与备份数据的保管等。

3. 航空维修保障支持系统安全性设计

此处简要介绍航空维修保障支持系统中在安全性方面的一些设计。

1) 数据安全可靠性设计

系统数据安全除采用磁盘冗余技术、双机热备份等硬件保护外，还利用达梦数据库安全管理功能进行数据的安全管理，同时在客户端利用安全访问控制技术，进行用户识别，如图 5.18 所示。

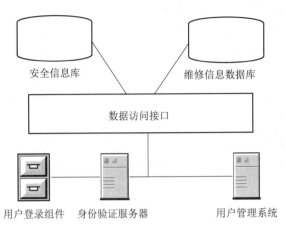

图 5.18　航空维修信息访问控制模型

（1）安全信息库。安全信息库与数据访问接口一起构成本系统的数据服务层。信息库存储了系统的功能信息、角色的定义及各类用户注册信息。

（2）数据访问接口。数据访问接口主要由操作安全信息库的存储过程和数据的加密/解密两部分组成。用户管理系统通过调用数据访问接口中定义的存储过程访问和操作安全信息库，实现系统的安全访问控制；数据的加密/解密部分实现对敏感数据的保密，应用程序通过调用数据访问接口中的加密/解密算法，操作数据库中的敏感信息，增强了系统的安全性。

（3）用户管理系统。它通过数据访问接口中的存储过程，操作安全信息库中的相关数据，提供对系统功能注册、角色的定义、用户的增删改以及相关用户信息的编辑等系统管理功能。

（4）身份验证服务器。它负责用户的身份验证与权限审查，响应用户登录组件发来的请求，调用相应的方法，通过数据访问接口操作相关的数据，提供身份验证、权限检查、口令修改等功能。

（5）用户登录组件。它利用验证服务器的功能，为应用程序提供对用户的身份认证、权限审查与口令修改功能。它有一个可视化的登录界面，用来收集用户标识与口令，对外只提供最简洁的接口，把与验证服务器的交互过程隐藏起来，在用户通过身份验证之后，透明地提供权限审查功能。

2）硬件及通信安全

系统所采取的主要安全措施如图 5.19 所示。内部服务器可提供单位内部的文件服务及控制内部网和 Internet 之间的通信。密钥用于保护本单位的重要数据；硬件防火墙提供单位内部网的安全防护；UPS 可为服务器工作提供持续稳定电流；Modem 池提供下级单位拨号上网。

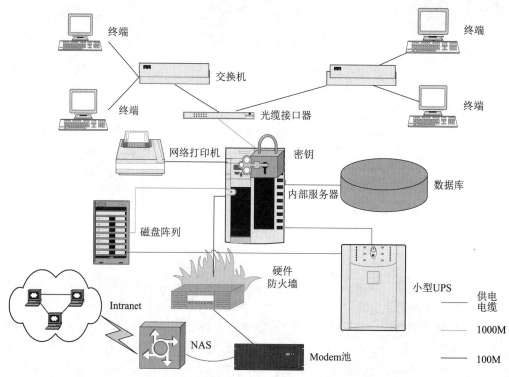

图 5.19 航空维修信息系统安全设计示意图

5.4 系统设计报告

5.4.1 系统设计报告的内容

系统设计阶段的最终结果是系统设计报告。系统设计报告是下一步系统实施的基础，它主要包括以下内容：

（1）系统总体结构图，包括总体结构图、子系统结构图、计算机流程图等。

（2）系统设备配置图，包括系统设备配置主要是计算机系统图，设备在各生产岗位的分布图，主机、网络和终端连接图等。

（3）系统分类编码方案，包括分类方案、编码和校对方式。

（4）数据库结构图、表内部结构、数据字典等。

（5）输入/输出设计方案。

（6）HIPO 图、IPO 图等。

（7）系统详细设计方案说明书。

从系统调查、系统分析到系统设计是信息系统开发的主要工作，这三个阶段所用的工作图表较多，涉及面广，较为繁杂。图 5.20 说明了系统调查、系统分析、系统设计阶段主要工作内容之间的关系。

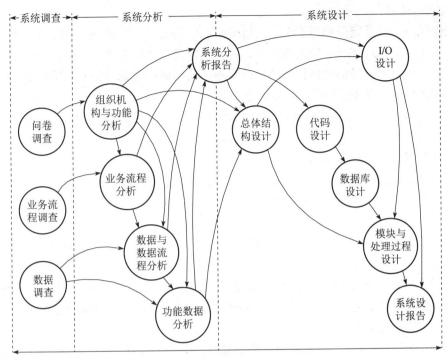

图 5.20 各阶段关系示意图

5.4.2 系统设计报告实例

本节介绍航空维修保障支持系统的概要设计报告的要点。

航空维修保障支持系统目标是：消除管理"盲点"，构建管理"总线"。将各保障单元纳入系统管理，覆盖广度拓宽到维修保障各类要素，管理深度细化到单人单装单件。对保障计划、执行、检查、反馈全过程进行闭环管控，将原来离散的保障信息融合起来，支持管理流程优化、保障资源和保障力量合理调配，实现"1+1>2"的聚能增效作用。

1. 体系架构

航空维修保障支持系统是"装备外场保障管理综合信息系统"的重要组成部分。

"装备外场保障管理综合信息系统"分为机关、部队两个层级，包括机务、航材、弹药三大类业务。两级三类系统业务功能上下联动、数据纵向贯通。

机关级，包括决策支持、业务支持和数据支持三层架构，按照职能权限配置部署在师以上各级保障机关，满足机关人员保障决策、业务工作、数据管理需求。部队级，区分机务、航材等业务，分别部署在机务大队、场站等保障单位，是部队实施维修管理、一线作业的重要手段。部队级数据逐级汇总上报，为机关级提供底层数据支撑。

航空维修保障支持系统在"装备外场保障管理综合信息系统"统一框架内，为各级机关和部队机务保障工作提供业务支撑。

2. 技术构架

维修保障支持系统以网络安全、主机安全、应用安全、数据安全等安全保密要求为标准，构建涉及机房环境、物理资源等基础设施建设及数据集成、数据分析与挖掘、数据管理的数据服务，提供软件运行的平台服务、软件展示的软件服务四层技术架构。

系统采用 B/S 架构，运用 Tomcat 应用服务，采用 Java、.Net Framework 等开发语言；后台采用 SSH（Spring、Spring、MVC 和 Hibernate）轻量级企业应用开发框架，前端展示采用 GIS 地图服务、Bootstrap、Echarts、Highcharts、EasyUI 等前端框架。

3. 部队级系统的概要设计

部队级系统是航空维修保障支持系统的信息源，航空维修信息通过它实现采集和上报，因此需要对团级功能的设计有所侧重。

1）系统网络配置

航空兵旅（团）机务大队、机务中队、修理厂、机务指挥中心等单位比较分散、相距较远，一般都在 3 km 以上，相关单位的数据访问量不大，频度不高，因此，出于经济方面的考虑，相关单位的访问可采取远程拨号方式，信息传输过程中利用保密机进行节点加密，保证安全。机务大队部各职能部门通过局域网访问数据服务器。

2）功能模块划分

依据分解-协调原则，将部队级维修信息功能划分为系统管理、日常登记、装备管理、计划管理、人员管理、维修控制、定检修理、统计分析、状态监控、作战保障等功能，如图 5.21 所示。

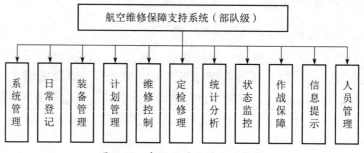

图 5.21　部队级系统总体功能图

3）模块结构图

以航空维修保障支持系统部队级软件的维修控制为例，依据分解-协调原则，将维修控制功能分解为五个子功能，如图 5.22 所示。

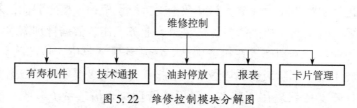

图 5.22　维修控制模块分解图

本章小结

系统设计是管理信息系统开发的主要工作，包括系统概要设计和详细设计，系统设计的成果是系统设计报告。系统设计为下一步系统实施提供了依据。

系统概要设计包括系统总体布局方案的确定、软件系统总体结构的设计、计算机硬件方案的选择和设计、数据存储的总体设计，设计工作结束后编写系统总体（概要）设计说明书。

系统详细设计包括代码设计、数据库设计、输出设计、输入设计、接口设计、处理过程设计、安全可靠性设计等，设计工作结束后编写详细设计说明书。

思考题

1. 系统设计的主要任务是什么，主要内容有哪些？
2. 系统设计能为下一步的系统实现工作提供什么作用？
3. 为什么要进行代码设计？代码的分类有哪些？
4. 根据自己掌握的知识，谈谈输入/输出设计的重要性。
5. 请设计机务人员管理的模块结构图。
6. HIPO 图是如何构成的？它的主要用途是什么？

第 6 章　装备管理信息系统实施

在系统分析阶段，确定了装备管理信息系统的逻辑模型；在系统设计阶段，将系统的逻辑模型转换为物理模型；在系统实施阶段，就要对装备管理信息系统的物理模型加以具体的实现。在系统实施阶段需要投入大量的人力、物力和财力，使用部门可能会进行组织机构调整，人员、设备、工作方法、流程将发生较大变化甚至重大变革，因此，系统实施阶段是成功地实现装备管理信息系统的关键阶段。

6.1　系统实施概述

系统实施将系统设计阶段的结果，如模块结构图、IPO 图等设计图和文档，在计算机中加以实现，转换成可应用的软件系统。系统实施阶段是系统开发工作的最后一个阶段，也是对系统分析、系统设计阶段工作的检验，又是实现信息系统预期效果的关键阶段。

系统实施阶段的主要工作有：
（1）建立系统实施环境。
（2）程序设计，是按照系统设计要求选用某种程序设计语言进行编程实现。
（3）测试，是为了发现错误并及时纠正，使程序都可以正确运行。
（4）系统转换，是对原有系统或者是人工管理模式向新系统转换的过程。一般包括数据与文档准备、人员培训和系统转换等。

6.2　程序设计

装备管理信息系统的实现是以计算机处理为基础的，计算机处理又以计算机程序为基础。程序设计就是用某种语言编写计算机程序，把系统设计的物理模型转换为计算机程序的过程，它是系统实施阶段的核心工作。程序设计质量的好坏，直接关系到能否有效地利用计算机达到预期目的。

6.2.1　程序设计方法

装备管理信息系统程序设计的工作量很大，而且需要根据具体情况不断进行修改。这就要求该系统的程序设计工作既要适合实际工作流程需要，又要符合软件工程化的思想。

目前，程序设计的方法主要有结构化方法、面向对象程序设计方法。

1. 结构化程序设计方法

这种方法是按照 MSC 图的要求，用结构化的方法来分解模块设计程序。它强调的要点有：

（1）模块内部程序的各部分要自顶向下地结构化划分。
（2）各程序部分应按功能组合。
（3）使用语言中顺序、选择、循环等有限的基本控制结构表示程序逻辑。
（4）选用的控制结构只准许一个入口和一个出口。
（5）程序语句组成容易识别的块，每块只有一个入口和一个出口。
（6）复杂结构应该用基本控制结构进行组合嵌套来实现。
（7）采用主程序员制的组织形式。一个主程序员组的固定成员是主程序员一人，辅助程序员一人，程序资料员一人，其他技术人员按需随时加入组内。

结构化程序设计可由四种基本的结构表示，分别是顺序结构、选择结构、循环结构和子程序。其中，顺序结构是一种线性结构，它无条件逐个执行所有的语句；选择结构通过判定条件来决定流程的走向；循环结构由一个或几个模块组成，它将重复执行一段语句序列直到满足某一条件为止；子程序包含过程和函数，通过子程序用一条语句代替一组语句，在一个子程序中可以包括上述三种结构中的任何一种或者它们的组合。

采用结构化程序设计方法的好处是：自顶向下、逐步深入符合人类解决复杂问题的规律；用先全局后局部、先整体后细节、先抽象后具体的逐步求精过程开发出的程序有清晰的层次结构，容易阅读和理解，便于今后对程序的维护；程序的逻辑结构清晰，也有利于程序的正确性等。

2. 面向对象程序设计方法（Object-Oriented Programming，OOP）

随着具有封装性、继承性和多态性的面向对象编程语言的出现和发展成熟，面向对象程序设计思想得到了广泛的认同和应用。

面向对象程序设计方法一般应与面向对象设计所设计的内容相对应。从面向对象设计到 OOP 是一个简单、直接的映射过程，即把面向对象设计中所定义的范式直接用面向对象程序设计语言，如 C++、Smalltalk、C#、Java 等来取代即可。在系统实施阶段，OOP 的优势是巨大的。

6.2.2 程序设计步骤

为保证顺利完成每个程序的设计，应该遵循以下 6 个步骤。

1. 明确条件和要求

程序设计人员接到一项程序设计任务时，首先要根据系统设计及其他有关资料，弄清楚该程序设计的条件和设计要求，如硬件、软件的状况和采用的语言、输入、输出、文件设置、数据处理等方面的要求，以及和其他各项程序的关系等。

2. 分析数据

数据是加工处理的对象。要设计好一项程序，必须仔细分析要处理的数据，弄清数据的详细内容和特点，确定数据的数量和层次结构，进而安排输入、输出、存储、加工处理的步骤，以及具体的计算方法等。

3. 确定流程

流程是为完成规定任务而给计算机安排的具体操作步骤。一般把数据的输入、输出、存储加工运算等处理过程，用统一规定的符号绘成程序流程图（Flow Chart，FC），作为编写程序的依据。

4. 编写程序

编写程序是采用一种程序设计语言，按其规定的语法规则把确定的流程描写出来的过程。在编写程序的过程中，必须仔细考虑处理过程中的每个细节，严格遵守语法规则，准确地使用各种语句，才能编写符合要求的程序，稍有疏忽大意就会影响计算机的正常运行，就不能取得预期的结果。

5. 检查和调试

程序编好以后，还要经过仔细地检查。检查内容包括语法是否符合规定、程序结构安排是否得当、语句的选用和组织是否合理、语义是否准确等。

6. 编写程序说明书

说明执行该程序需要使用的设备，输入、输出的安排，操作的步骤，以及出现意外情况时应采取的措施等，以便程序运行有条不紊地进行。

6.2.3 程序开发工具

装备管理信息系统的开发环境有着多种不同的选择，选择是否合理，直接影响开发效率、应用水平和系统维护等问题。在程序设计中，选择哪种程序设计语言需要考虑的因素主要有：

1. 用户的要求

如果所开发的装备管理信息系统由用户负责维护，用户通常要求用他们熟悉的语言书写程序。

2. 语言的人机交互功能

选用的语言必须能提供友好、美观的人机交互功能，这对用户来说是非常重要的。

3. 软件开发工具

如果某种语言有较丰富的、支持程序开发的软件工具，则系统的实现和调试都变得比较容易。目前，大多数程序设计语言与开发工具之间具有较强的关联性。在选择程序设计语言时，往往需要一并考虑。

6.3 软件测试

装备管理信息系统的开发是一个周期长、工作量大、错综复杂的过程，在系统开发的各个阶段，开发人员都会进行严格认真的技术分析和质量控制。尽管如此，系统中仍不可避免地会存在各种问题，如果不能及时发现，等系统投入运行以后，将会影响整个系统的运行效果，甚至导致系统的完全失效。所以，在完成系统程序设计且尚未投入运行的时候,需要对软件进行测试。

软件测试是根据软件开发各阶段的文档和软件的内部结构,精心设计一批测试用例(包括数据及其预期的输出结果),并利用这些测试用例去运行程序,以发现软件中不符合质量特性要求的过程。软件测试的目的就是发现系统中的错误,对软件编码、软件设计和软件计划等进行查错和纠错,以保证所设计的系统能符合质量要求,并且能满足用户的需求。

目前,许多软件开发机构将 40% 以上的研发力量投入到软件测试之中。例如,在 Microsoft Exchange 2000 的研发过程中,共有项目经理 23 人,开发人员 140 人,测试人员 350 人;Microsoft Windows 2000 研发过程中,项目经理 250 人,开发人员 1700 人,测试人员 3200 人。测试人员与其他人员的比例达到了 5∶3,测试工作的重要性由此可见一斑。

需要注意的是,程序的设计与系统的测试是两种不同的工作,前者是建设性的,而后者是"破坏性"的,因为后者的主要目的是找出系统中的错误。在测试工作进行以前,要成立测试小组,测试人员一般不能由该程序的程序设计人员承担。

6.3.1 软件测试方法

总体来说,软件测试的方法可以分为两类:静态测试和动态测试。静态测试是指不在计算机上运行被测程序,而采用其他手段达到测试目标的测试方法,通常包括人工测试方法和计算机辅助静态分析方法。动态测试方法是指设计一定的测试用例,在计算机上实际运行被测程序,根据运行结果对错误加以监测和纠正的方法。

1. 静态测试方法

静态测试方法主要有代码审查、代码走查、静态分析等方法。

1)代码审查

代码审查是一种多人一起进行的测试活动。主要对代码和设计的一致性、代码执行标准、逻辑表达的正确性、结构的合理性以及可读性进行测试。

2)代码走查

代码走查的测试内容与代码审查的基本一样。代码走查也是一种多人一起进行的测试活动,要求每个人尽可能多地提供测试用例,这些测试用来作为怀疑程序逻辑与计算错误的启发点,在测试用例遍历程序逻辑时发现程序中的错误。

3)静态分析

静态分析通常在程序编译通过之后,在其他测试之前进行。静态分析一般包括控制流分析、数据流分析、接口分析、表达式分析。此外,静态分析还可以提供可能存在的程序缺陷的信息,进行语法/语义分析,进行符号求值,为动态测试选择测试用例进行预处理等测试工作。静态分析一般借助于软件工作进行。

2. 动态测试方法

动态测试可以分为黑盒测试和白盒测试。

1)黑盒测试

黑盒测试也称功能测试、数据驱动测试或基于规格说明的测试。它将系统看作一个黑盒子，在完全不考虑程序的内部逻辑和功能结构的情况下，只需依靠需求规格说明中的功能来设计测试用例，看输入能否被正确接收，并输出正确的结果，同时保持外部数据、数据库和数据文件的完整性。

黑盒测试法主要可包括等价划分法、边界值法、错误推测法、随机测试法、正文试验法和判定表等。

（1）等价划分法。等价划分法在分析需求规格说明的基础上，把程序的输入域划分成若干个等价类，在每个等价类中选取一组典型数据，每个类中的典型数据在测试中的作用与其他数据在等价类中的作用是相同的。这一方法是穷举法的抽象和改进，通过选取少量的输入数据代表各种数据输入情况，来发现较多的程序错误。

（2）边界值法。边界值法主要对边界值进行测试。使用等于、小于或大于边界值的数据对程序进行测试。经验表明，程序员在设计程序中往往对输入输出数据有效范围的边界不够重视，所以，在处理边界情况时程序最容易发生错误。在边界值法中，首先确定边界值的情况，然后选取测试数据，这些数据刚刚等于、小于或大于边界值。例如，规定某输入值的有效范围为［100，1000］，则根据边界值设计测试用例：99，100，101，999，1000，1001。边界值法通常不独立使用，它往往是作为其他测试方法的补充。

（3）错误推测法。错误推测法首先要列举出程序中可能出现的错误和容易发现错误的特殊情况，根据这些错误情况来设计测试用例。这种方法通常要凭借测试人员的经验和直觉，同时要求测试人员能够通过分析规格说明等，找出其中遗漏或省略的部分，并设计相应的测试用例。在错误推测法中有一些常规的经验：输入数据为空串或反复输入相同的数值等往往容易测试到错误。在推测可能出现的错误时，有时用户的经验也很有参考价值，因此最好能让用户积极参与。

（4）随机测试法。随机测试指输入的测试数据是在所有可能输入值中随机选取的。测试人员只需规定输入变量的取值区间，在需要时提供必要的变换机制，使产生的随机数服从预定的概率分布。该方法获得预期输出比较难，多用于可靠性测试和强度测试。

（5）正交试验法。正交试验法是从大量的试验点中挑出适量的、有代表性的点，应用正交表，合理地安排试验的一种科学的试验设计方法。设计测试用例时，首先根据被测软件的规格说明书找出影响功能实现的操作对象和外部因素，把它们当做因子，把因子的取值当做状态，生成二元的因素分析表。然后利用正交表进行各因子的状态的组合，构造有效的测试输入数据集，从而有效减少测试用例的数目。

（6）判定表。判定表由四个部分组成：条件桩、条件条目、动作桩、动作条目。任何一个条件组合的取值及其相应执行的操作构成规则，条目中每一列是一条规则。条件是引用输入的等价类，动作是应用被测软件主要功能的处理部分，规则是测试用例。

2）白盒测试法

白盒法是将系统软件看作一个透明的白盒子，按照程序的内部结构和处理逻辑来选定测试用例，对软件的逻辑路径及过程进行测试，检查程序是否能正确地接收输入数据并产生正确的输出数据，同时保持外部数据、数据库和数据文件的完整性。白盒测试法主要包括控制流测试、数据流测试、程序变异、程序插桩、域测试、符号求值等方法。

（1）控制流测试。控制流测试依据控制流程图设计测试用例，通过对不同控制结构的测试来验证程序的控制结构。验证某种控制结构是指使这种控制结构在程序运行中得到执行，这一过程也称为覆盖。常见的覆盖有语句覆盖、判定覆盖、条件覆盖、判定/条件覆盖、条件组合覆盖和路径覆盖等。

①语句覆盖。语句覆盖要求设计适当数量的测试用例，使得被测试程序中的每个语句至少执行一次。语句覆盖主要用来发现错误语句。

②判定覆盖。判定覆盖又称分支覆盖，要求设计适当数量的测试用例，使得每个判定的每个分支都至少执行一次。

③条件覆盖。条件覆盖要求设计适当数量的测试用例，使得每个判定中的每个条件的可能值至少满足一次。判定覆盖只考虑各个判定可能的结果，而条件覆盖只考虑判定表达式中的各个条件，二者是从两个不同的角度加以覆盖。事实上，条件覆盖不一定包含判定覆盖，判定覆盖也不一定包含条件覆盖。

④判定/条件覆盖。判定/条件覆盖要求选取足够多的测试数据，使得判定中每种可能的结果都至少执行一次，同时判定表达式中的每个条件也都取得可能的结果。判定/条件覆盖既满足条件覆盖的要求，又满足判定覆盖的要求。

⑤条件组合覆盖。条件组合覆盖是更强的覆盖标准，它要求选取足够多的测试数据，使得每个判定表达式中条件的各种组合均至少出现一次。

⑥路径覆盖。路径覆盖是指选取足够多的数据，使程序每一条可能的路径都至少执行一次。路径覆盖法更具代表性，其暴露错误能力更强。较大程序的路径可能非常多，所以在设计测试用例时，要简化循环次数。

（2）数据流测试。数据流测试是用控制流程图对变量的定义和引用进行分析，查找出未定义的变量或者定义了而未使用的变量。这些变量可能是拼写错误、变量混淆或者丢失了语句造成的。数据流测试一般使用软件工具进行。

（3）程序变异。程序变异是一种错误驱动测试，为了查出被测软件在做过其他测试之后还未发现的错误。

（4）程序插桩。程序插桩是指向被测程序中插入操作以实现测试目的的方法。程序插桩不应该影响被测程序的运行过程和功能。

（5）域测试。域测试是要判定程序对输入空间划分是否正确。该方法限制多，主要供有特殊要求的测试使用。

（6）符号求值。符号求值允许数值变量取"符号值"以及数据。符号求值可以检查公式的执行结果是否达到程序预期目的；也可以通过程序的符号执行，产生出程序的路径，用于产生测试数据。符号求值最好使用工具，在公式分值较少时也可手工推导。

6.3.2 软件测试级别

软件测试采用由小到大、分步骤、分层次的测试步骤，这样可以比较方便地发现编程中的问题。按照级别不同，软件测试可以分为单元测试、部件测试、配置项测试、系统测试。

1. 单元测试

软件单元测试的对象是软件单元，其目的是检查软件单元是否正确地实现设计说明中的功能、性能、接口和其他设计约束要求，发现单元内可能存在的各种错误。软件单元测试一般采用静态测试、动态测试两种方法，通常先进行静态测试。

软件单元测试一般应达到以下技术要求：

（1）对软件设计文档规定的软件单元的功能、性能、接口等应逐项进行测试。

（2）每个软件特性应至少被一个正常测试用例和一个被认可的异常测试用例覆盖。

（3）测试用例的输入应至少包括有效等价类值、无效等价类值和边界数据值。

（4）在对软件单元进行动态测试之前，一般应对软件单元的源代码进行静态测试。

（5）语句覆盖率达到 100%。

（6）分支覆盖率要达到 100%。

（7）对输出数据及其格式进行测试。

具体测试过程中，可以根据软件测试任务书（合同或项目计划）及软件单元的重要性、安全性关键等级等因素对具体测试内容进行裁剪。

2. 部件测试

软件部件测试的对象包括软件部件的组装过程和组装得到的部件，其目的是检验软件单元和软件部件之间的接口关系，并验证软件部件是否符合设计要求。

软件部件测试应达到以下技术要求：

（1）应对软件部件进行必要的静态测试，静态测试一般先于动态测试。

（2）软件部件的每个特性应被至少一个正常的测试用例和一个异常测试用例覆盖。

（3）测试用例的输入应至少包括有效等价类值、无效等价类值和边界数据值。

（4）应采用增量法，测试组装新的软件部件。

（5）应逐项测试软件设计文档规定的软件部件的功能、性能等特性。

（6）应测试软件部件之间、软件部件和硬件之间的所有接口。

（7）应测试软件单元和软件部件之间的所有调用，达到 100% 的测试覆盖率。

（8）应测试软件部件的输出数据及其格式。

（9）应测试运行条件（如数据结构、输入/输出通道容量、内存空间、调用频率等）在边界状态下以及在人为设定的其他状态下，软件部件的功能和性能。

（10）应按设计文档的要求，对软件部件的功能、性能进行强度测试。

（11）对安全性关键的软件部件，应对其进行安全性分析，明确每一个危险状态和导致危险的可能原因，并对此进行针对性的测试。

具体测试过程中，可根据软件测试任务书（合同或项目计划）及软件部件的重要性、安全性关键等级等因素对具体测试内容进行裁剪。

3. 配置项测试

软件配置项测试的对象是软件配置项。软件配置项是为独立的配置管理设计的、能满足最终用户功能的一组软件。配置项测试的目的是检验软件配置项与软件需求规格说明的一致性。

本书从软件质量子特性角度出发来确定软件配置项，包括适合性、准确性、互操作性、安全保密性、容错性、成熟性、易恢复性、易理解性、易学性、易操作性、吸引性、时间特性、资源利用性、易改变性、稳定性、易测试性、易分析性、适应性、易安装性、易替换性、共存性和依从性等。

软件配置项测试一般应达到以下技术要求：

（1）必要时，在高层控制流图中作结构覆盖测试。

（2）软件配置项的每个特性（适合性、准确性、互操作性、容错性等）应至少被一个正常测试用例和一个被认可的异常测试用例所覆盖。

（3）测试用例的输入应至少包括有效等价类值、无效等价类值和边界数据值。

（4）应逐项测试软件需求规格说明规定的软件配置项的功能、性能等特性。

（5）应测试软件配置项的所有外部输入、输出接口（包括和硬件之间的接口）。

（6）应测试软件配置项的输出及其格式。

（7）根据软件需求规格说明测试软件配置项的安全保密性，包括数据的安全保密性。

（8）应测试人机交互界面提供的操作和显示界面，包括用非常规操作、误操作、快速操作测试界面的可靠性。

（9）应测试运行条件在边界状态和异常状态下，或在人为设定的状态下，软件配置项的功能和性能。

（10）应测试软件配置项的全部存储量、输入/输出通道和处理时间的余量。

（11）应按需求规格说明的要求，对软件配置项的功能、性能进行强度测试。

（12）应测试设计中用于提高软件配置项安全性、可靠性的结构、算法、容错、冗余、中断处理等方案。

（13）对关键的安全性软件配置项，应对其进行安全性分析，明确每一个危险状态和导致危险的可能原因，并对此进行针对性的测试。

（14）对有恢复或重置功能需求的软件配置项，应测试其恢复或重置功能和平均恢复时间，并且对每一类导致恢复或重置的情况进行测试。

（15）对不同的实际问题应外加相应的专门测试。

具体测试过程中，可根据软件测试任务书（合同或项目计划）及软件配置项的重要性、安全性关键等级等要求对具体测试内容进行裁剪。

4. 系统测试

系统测试的对象是完整的、集成的计算机系统，重点是新开发的软件配置项的集合。系统测试的目的是在真实的系统工作环境下检验完整的软件配置项能否和系统正确连接，并满足系统/子系统设计文档和软件开发任务书规定的要求。

系统测试一般应达到以下技术要求：

（1）系统的每个特性（适合性、准确性、互操作性、容错性等）应至少被一个正常测试用例和一个被认可的异常测试用例所覆盖。

（2）测试用例的输入应至少包括有效等价类值、无效等价类值和边界数据值。

（3）应逐项测试系统/子系统设计说明规定的系统的功能、性能等特性。

（4）应测试软件配置项之间及软件配置项与硬件之间的接口。

（5）应测试系统的输出及其格式。

（6）应测试运行条件在边界状态和异常状态下，或在人为设定的状态下，系统的功能和性能。

（7）应测试系统访问和数据安全性。

（8）应测试系统的全部存储量、输入/输出通道和处理时间的余量。

（9）应按系统或子系统设计文档的要求，对系统的功能、性能进行强度测试。

（10）应测试设计中用于提高系统安全性、可靠性的结构、算法、容错、冗余、中断处理等方案。

（11）对安全性关键的系统，应对其进行安全性分析，明确每一个危险状态和导致危险的可能原因，并对此进行针对性的测试。

（12）对有恢复或重置功能需求的系统，应测试其恢复或重置功能和平均恢复时间，并且对每一类导致恢复或重置的情况进行测试。

（13）对不同的实际问题应外加相应的专门测试。

对具体的系统，可根据软件测试任务书（合同或项目计划）及系统的重要性、安全性关键等级等对具体测试内容进行裁剪。

6.3.3 软件测试内容

软件测试的内容包括正确性测试、容错性测试、性能与效率测试、易用性测试等方面。

1. 正确性测试

正确性测试又称为功能测试，它检查软件的功能是否符合规格说明。正确性测试是最重要的测试。

正确性测试基本的方法是构造一些合理输入，检查是否得到期望的输出。这是一种枚举方法。倘若枚举空间是无限的，测试人员一定要设法减少枚举的次数，其关键在于寻找等价区间，因为在等价区间中，只需用任意值测试一次即可。等价区间的概念可表述如下：

记 (A, B) 是命题 $f(x)$ 的一个等价区间，在 (A, B) 中任意取 x_1 进行测试。

如果 $f(x_1)$ 错误，那么 $f(x)$ 在整个 (A, B) 区间都将出错。

如果 $f(x_1)$ 正确，那么 $f(x)$ 在整个 (A, B) 区间都将正确。

上述测试方法称为等价测试，来源于人们的直觉与经验，可令测试事半功倍。

还有一种有效的测试方法是边界值测试。即采用定义域或者等价区间的边界值进行测试。程序员容易疏忽边界情况，程序也"喜欢"在边界值处出错。

2. 容错性测试

容错性测试是检查软件在异常条件下的行为。容错性好的软件能确保系统不发生无法预料的事故。

比较适中的容错性测试通常构造一些不合理的输入来引诱软件出错，例如：

（1）输入错误的数据类型，如"猴"年"马"月。

（2）输入定义域之外的数值，上海人常说的"十三点"也算一种。

3. 性能与效率测试

性能与效率测试主要是测试软件的运行速度和对资源的利用率。有时人们关心测试的"绝对值"，如数据传输速率是每秒多少比特。有时人们关心测试的"相对值"，如某个软件比另一个软件快多少倍。

在获取测试的"绝对值"时，要充分考虑并记录运行环境对测试的影响。例如计算机主频、总线结构和外部设备都可能影响软件的运行速度；若与多个计算机共享资源，软件运行可能慢得像蜗牛爬行。

在获取测试的"相对值"时，要确保被测试的几个软件运行于完全一致的环境中。硬件环境的一致性比较容易做到（用同一台计算机即可）。但软件环境的因素较多，除了操作系统，程序设计语言和编译系统对软件的性能也会产生较大的影响。如果是比较几个算法的性能，就要求编程语言和编译器也完全一致。

性能与效率测试中很重要的一项是极限测试，因为很多软件系统会在极限测试中崩溃。例如，连续不停地向服务器发请求，测试服务器是否会陷入死锁状态不能自拔；给程序输入特别大的数据，看看它是否能够正确运行。

4. 易用性测试

易用性测试没有一个量化的指标，主观性较强。调查表明，当用户不理解软件中的某个特性时，大多数人首先会向同事、朋友请教。只有30%的用户会查阅用户手册。一般认为，如果用户不翻阅手册就能使用软件，那么表明这个软件具有较好的易用性。

6.3.4 软件测试案例

以航空维修保障支持系统为例，功能测试包括代码审查、部件测试、单元测试。

6.3.4.1 代码审查

1. 代码审查的策划

代码审查策划包括：

（1）确定代码审查范围：由项目负责人在设计阶段负责确定代码审查的范围，并填写代码审查总表。

（2）确定代码审查检查表：根据本项目采用的编程语言和本项目的特点，制定本项目代码审查检查表。

（3）确定代码审查时间：质量保证人员××在编码阶段与项目负责人协商确定，决定代码审查在项目单元测试的开始阶段实施。

（4）代码审查人员安排：代码审查小组由××、××、××组成，××为组长。

（5）代码审查日程安排：代码审查小组组长与项目负责人协商确定代码审查进度安排，计划在2天内完成代码审查。

代码审查策划的结果形成代码审查总表。

2. 代码审查所需资料

实施代码审查，除代码审查工作计划外，项目负责人应该负责提供下述资料：

（1）详细设计文档。

（2）审查模块的源代码。
（3）代码审查检查表。

3. 代码审查内容

代码审查小组根据编码规范和检查表检查了以下内容：
（1）编码中存在的与详细设计不符的错误。
（2）编码在数据、算法、逻辑和语言方面存在的错误。
（3）是否违背编码规范。
（4）编码的可读性、可测试性和可维护性。

4. 代码审查工作规程

代码审查小组依据下述工作规程进行代码审查：
（1）预审：代码审查人员熟悉源代码结构。
（2）审查：
①代码审查人员认真阅读源代码，并记录疑点。
②代码审查人员与开发人员就疑点进行交流。
③根据审查检查表中的审查项评估每项的结果，记录发现的缺陷，统计代码缺陷率。
④开发人员签署意见。
⑤开发人员对发现的缺陷进行处理，并保留相应记录。
（3）复审：开发人员对发现的缺陷进行处理后，重新进行小组审查。

5. 代码审查结果

代码审查结果通常包括所在配置项名称、模块数，审查的程序行数、注释行数、代码行数，发现的缺陷数，由此计算得到注释行占有率、缺陷率等。典型的审查结果如表 6.1 所示。

表 6.1 代码审查、注释统计汇总表

配置项名称		航空维修保障支持系统				总模块数			6			
审查模块数	3	审查百分比	50%		注释统计模块数	3			注释统计百分比		50%	
序号	模块名称	程序员	是否审查	程序行总数	注释行数	代码行数	注释行占有率	缺陷数	缺陷所占行数	缺陷率	未关闭缺陷数	备注
1	维修计划管理	××	是	264	97	143	35.74%	5	37	14.0%	0	
2	航空装备管理	××	是	608	147	461	24.18%	7	36	5.9%	0	
3	维修控制	××	是	164	60	123	32.79%	3	17	9.3%	0	
…	…	…	…									
		合计		1036	304	727	29.49%	15	90	8.7%	0	

6.3.4.2 部件测试

部件测试采用黑盒测试的方法进行手工测试，按照自顶向下增量式的集成方式，采用广度优先的策略，逐步把模块中的部件集成在一起。采用 Firefox 浏览器进行测试。

自顶向下集成是构造程序结构的一种增量式方式，它从软件框架开始，按照软件的控制层次结构，以一定的优先策略，逐步把各个模块集成在一起。广度优先策略首先是沿控制层次结构水平地向下移动，首先把同层的模块集成起来，然后再集成下一层的模块，依次集成。

部件测试首先测试部件在集成环境中的基本功能，确定部件在集成环境中能够正常运行；然后测试部件与通用部件之间的接口。

1. 测试用例

测试用例如表 6.2 所示。

表 6.2 测试用例及结果

集成的配置项/软部件名称及标识	维修计划管理/KJZB-JWWX-JHGL-BJ		被集成的软部件/单元名称及标识		
接口类型及简要描述	测试机务指标计划与启封计划的新增、修改、查看、删除功能				
执行版本	V0.0.0.1		执行时间		×××
结果评价	航空机务指标计划 KJZB-JWWX-JHGL-JWZBJH-BJ		执行人		×××
序号	测试用例名称/标识	预期结果		实际结果	备注
1	航空机务指标计划/KJZB-JWWX-JHGL-JWZBJH-BJ	系统按照登录人身份查询相关专业的航空机务指标计划		与预期结果相同	
2		系统页面跳转至航空机务指标计划新增页面		与预期结果相同	
3		系统提示验证未通过		与预期结果相同	
4		系统提示验证未通过		与预期结果相同	
5		保存成功，系统页面跳转至航空机务指标计划查询页面		新增航空机务指标计划时右侧查询页面未刷新	JWWX-1-N-3001（问题的具体描述）
6		系统页面跳转至航空机务指标计划修改页面		与预期结果相同	
7		修改成功，系统页面跳转至航空机务指标计划查询页面		与预期结果相同	
8		系统成功返回符合条件的航空机务指标计划列表		与预期结果相同	
9		弹出窗口，显示航空机务指标计划详细信息		与预期结果相同	
10		成功删除选择的航空机务指标计划		与预期结果相同	
11	……	……		……	

2. 问题处理报告

测试问题处理报告如表 6.3 所示。

表 6.3 测试问题处理报告

测试用例名称/标识	机务指标计划 JWWX-JHGL-JWZBJH-BJ		测试问题编号	JWWX-1-N-3001	
测试轮次	首轮测试（√） 回归测试（ ）		回归次数		
问题描述	新增机务指标计划时右侧查询页面未刷新				
问题原因	新增机务指标计划时未设置右侧页面刷新				
处理方法	修改机务指标计划保存方法，在保存机务指标计划后刷新右侧页面				
影响域分析	无				
处理人		批准人		处理日期	年 月 日
回归测试结果	第一次回归测试通过				
回归测试人				日期	年 月 日
见证人				时间	年 月 日

6.3.4.3 单元测试

采取人工测试按照自顶向下增量式的集成方式和广度优先的策略，逐步把各个模块集成在一起。单元测试表如表 6.4 所示。

表 6.4 单元测试表

项目名称/标识	航空机务维修/KJZB-JWWX		子项目	计划管理/KJZB-JWWX-JHGL-GN	
测试要点名称/标识	机务指标计划/KJZB-JWWX-JHGL-JWZBJH-GN		测试用例名称	机务指标计划新增功能/KJZB-JWWX-JHGL-JWZBJH-GN-1	
序号	前提和约束	输入	目的和动作	预期结果	实际结果	备注
1	用例执行者正确登录系统	无	依次单击【日常管理】｜【航空机务维修】｜【计划管理】｜【机务指标计划】菜单	系统按照登录人身份查询相关专业的机务指标计划	系统按照登录人身份查询相关专业的机务指标计划	
2	步骤1正确完成	无	单击【新增】按钮	系统页面跳转至机务指标计划新增页面	系统页面跳转至机务指标计划新增页面	
3	步骤2正确完成	输入相关机务指标计划信息（样本1）	单击【保存】按钮	预期结果参见数据样本	保存成功，系统页面跳转至机务指标计划查询页面	
4	步骤2正确完成	输入相关机务指标计划信息（样本2）	单击【保存】按钮	预期结果参见数据样本	系统提示验证未通过	
5	步骤2正确完成	输入相关机务指标计划信息（样本3）	单击【保存】按钮	预期结果参见数据样本	系统提示验证未通过	
测试轮次	首轮测试（√） 回归测试（ ）			回归次数		
通过情况	通过			缺陷编号		
测试人员	×××			见证人员	×××	
测试时间	×××			测试地点	×××	

6.4 系统转换

在完成系统测试工作以后,下一步工作就是将装备管理信息系统交付用户使用,即进入系统转换工作。

系统转换是指用新的信息系统代替原有系统的一系列过程,其最终目的就是将系统的全部控制权移交到用户手中。在系统转换过程中要完成系统的数据转换工作、进行用户培训并选择系统的转换方式。管理人员和开发人员在系统转换中的主要任务是确保系统的平稳过渡,并使新系统尽快地、安全地、高效地取代旧系统。在系统转换以前要做好大量的准备工作,包括数据转换、文档准备和用户培训。

6.4.1 数据和文档准备

数据准备是系统转换工作中一项重要而又困难的任务。因为数据是已经开发的装备管理信息系统得以运行的基础,所以数据准备很重要;因为数据的录入与数据的转换不仅量大繁杂,而且易出错,所以数据准备工作又很困难。

数据准备工作从大的分类来讲,有数据录入、数据转换两大类。

(1) 数据录入。主要指将手工系统中的数据人工录入到新系统中。手工处理数据包括各种装备基本信息、维护人员、维护工作、使用情况、仪器设备等。首先,需要对数据进行分类和合并,然后组织人员进行数据的录入,最终将这些以纸张为介质的数据转入到计算机系统中。这些手工处理的原始数据量通常很大,因此,录入工作要制定好计划,安排好录入人员、合理控制录入进度以及录入质量。

(2) 数据转换。指在已有的计算机系统的基础之上,对原先系统中的数据进行合并、更新和集成,载入到新系统中。由于装备管理信息系统数据来源广泛、类型多样,所以数据类型的转换十分复杂,而且也很耗费时间,有时甚至需要重建数据库。

在装备管理信息系统开发过程的各个阶段,会产生大量的文档文件,包括可行性报告、系统分析说明书、设计报告、测试记录等。这些资料记录了系统开发的轨迹,同时也为用户运行系统和维护系统提供了参考。在系统转换过程中,这些文档必须按照一定的标准,形成正规的文件一并移交给用户。

6.4.2 用户培训

为了使最终用户能够用好系统,一般来说,应安排用户培训。用户培训工作应尽早地进行,并且在系统开发过程中自始至终最好有用户参加,这样做一则可以尽快沟通系统分析人员与用户的距离,二则也是一个人员培训的过程。这里培训着重讲的是指系统操作员和运行管理人员的培训。

1. 人员培训计划

在系统实施阶段,操作人员培训一般是与编程和调试工作同时进行的。这样做是基于以下原因:

（1）编程开始后，系统分析人员有时间开展用户培训。

（2）编程完毕后，系统即将投入试运行和实际运行，如再不培训系统操作和运行管理人员，可能影响整个实施计划的执行。

（3）用户受训后能够更有效地参与系统的测试。

（4）通过培训，系统分析人员能对用户需求有更清楚的了解。

2. 培训的内容

培训的内容一般包括以下方面：

（1）系统整体结构，系统概貌。

（2）系统分析设计思想和每一步考虑。

（3）计算机系统的操作与使用。

（4）系统输入方式、操作方式的培训。

（5）可能出现的故障以及故障的排除。

（6）系统文档资料的分类以及检索方式。

（7）数据的收集、统计渠道、统计途径等。

（8）运行操作注意事项等。

3. 培训方法

培训方法主要有以下几种具体形式：

（1）采用在实际系统中进行操作演示的方式进行培训。

（2）采用讲座和授课的方式进行培训。

（3）将培训内容编制成手册或刻写成光盘，让用户自行组织学习。

具体选择哪种培训方式，与培训内容和培训对象有关，可以根据具体情况加以选择。

6.4.3 系统转换方式

为了保证原有系统有条不紊地顺利过渡到新系统，在转换过程中要拟定转换方案、措施和具体步骤，最主要的是选择合适的转换方式。系统的转换方式主要有直接转换、并行转换和分段转换这三种方式，如图 6.1 所示。

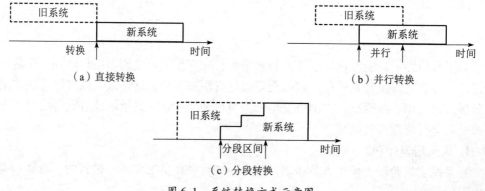

图 6.1 系统转换方式示意图

（1）直接转换。直接转换就是选定某一时刻，在这一时刻旧系统停止使用，新系统随之投入运行，中间没有任何过渡阶段。用这种方式时，人力和费用最省，适用于新系统不太复杂或者是原系统已经不能使用的情况。但是这种方式的风险较大，在切换之后，一旦新系统不能正常使用，必将严重影响用户的正常工作秩序，甚至导致组织运作的瘫痪。所以在切换之前要进行严格、详细的测试，保证新开发的装备管理信息系统能够正常运行。即便如此，在实际中采用这种方式的情况也很少。

（2）并行转换。并行转换就是新系统和原有系统并行工作一段时间，经过这段时间的试运行后，再用新系统完全替换原有系统。并行运行期间，以原有系统的运行为主，并且将新系统的运行结果与原有系统的处理结果进行对比和审核，直到确认新系统完全符合要求，再将其正式投入运行。所以这种转换方式风险低，但在人力、物力和资金上的消耗较大。另外，在并行期间，可以继续对用户进行培训，规范用户的行为，检查和改进新系统的功能，提高新系统的使用效果。

（3）分段转换。分段转换是直接转换和并行转换两种方式的结合，是指新系统分批分阶段取代旧系统的方式。分段转换分为按功能、按部门和按设备三种分阶段转换方式：

①按功能分阶段逐步转换——确定该系统中的主要的业务功能率先投入使用，在该功能运行正常后再逐步增加其他功能。

②按部门分阶段逐步转换——先选择系统中一个合适的部门，在该部门应用取得成功后再逐步扩大到其他部门。

③按设备分阶段逐步转换——先从简单设备开始转换，再逐步推广到整个系统中。一般比较大的系统采用这种方式较为适宜，它既避免了直接转换的高风险，又保证平稳运行，人力和费用消耗也不太高，但存在着接口多的问题，要考虑切换后系统的集成工作。

无论采用哪种方式，系统转换都是一个工作量很大而且情况复杂的过程。在成功地完成系统转换工作以后，并不意味着大功告成，事实上，切换之后的系统维护工作将更加复杂。

本章小结

系统实施阶段的主要任务是：按总体设计方案编程与调试、测试；准备基础数据，培训用户人员，进行新旧系统的转换工作。

本章主要介绍了装备管理信息系统的实施过程，包括程序设计方法和步骤，程序设计语言与开发工具；程序测试方法与测试级别，系统转换工作的内容与转换方式。

思考题

1. 系统实施阶段的主要任务是什么？
2. 结构化程序设计方法的主要特点有哪些？
3. 有哪些衡量程序设计工作质量的指标？
4. 人员培训应包括哪些内容？
5. 系统转换有几种方式，每种方式各有什么利弊？
6. 软件测试的方法和内容有哪些？

第 7 章　装备管理信息系统运行与维护

装备管理信息系统经过初始化、转换等工作,转入到运行阶段之后,还需进行日常管理以及必要的维护工作。日常运行管理除了硬件设施设备和环境的管理之外,还要对系统运行状况、数据输入输出情况以及系统安全性和完备性如实、及时地进行记录、处理和维护。为便于系统改进完善或者重新开发提供决策依据,系统运行过程中还可能需要对系统进行评价。可以说,系统运行与维护管理工作是系统开发工作的延伸。

7.1　系统运行管理

7.1.1　运行管理制度

系统运行管理制度是确保系统正常运行并充分发挥效益的必要条件和重要的保障措施。系统运行管理制度主要有以下内容。

1. 系统运行管理的组织机构

包括各类人员的构成、职责、主要任务和管理的内部组织结构。

2. 基础数据管理

包括对数据收集和统计的渠道、计量方法和计量手段、原始数据的管理、系统内部各种运行文件、历史文件、数据库文件的归档管理等。

3. 运行制度管理

包括系统操作规程、系统安全保密制度、系统修改流程、系统定期维护制度以及系统运行状态记录和日志归档等制度。

4. 运行结果分析

通过系统运行结果分析能够反映组织运营管理方面的发展趋势,为提高组织管理、运行效率提供决策支持数据。

7.1.2　系统日常管理

实践表明,只有坚持有效的日常运行管理,才能使管理信息系统充分发挥作用。系统日常管理工作一般包括:通过系统完成例行业务工作、系统运行情况的记录、设备的运行与维护、系统安全管理等内容。

1. 例行业务工作

装备管理信息系统交付给用户使用后,用户需要通过系统提供的功能完成例行的业务工作。如数据的录入、更新,数据的备份与恢复,报表制作与生成,数据查询与统计等。例行工作由用户按照系统的使用说明进行操作即可。

2. 系统运行情况记录

装备管理信息系统运行情况记录是系统管理与评价的数据基础,在系统发生故障时对系统进行排故的重要线索。系统运行情况记录的内容一般包括以下几个方面:

(1) 操作记录。比如登录系统与退出系统的时间、操作人员、使用的功能、执行的命令、数据备份与恢复等。

(2) 系统维护。系统中的硬件、软件、数据等更新、维护、检修的情况,包括维护工作的时间、执行人员、维护的内容与维护结果等。

(3) 系统故障及处理情况。记录系统不能正常工作或无法工作时的时间、现象、原因分析,以及处理的人员、处置方法、处理结果等信息。

(4) 系统提供信息服务的质量。比如用户需要的信息是否完整、及时,用户的需求是否得到满足等。这些信息既是进行系统评价的基础,也是日后对系统进行完善的依据。

3. 设备的运行维护

设备是系统运行的重要物质基础,一般应由专人负责。这些工作通常包括设备的使用管理、各种耗材的使用管理、工作环境管理,以及与设备厂商联系设备维修事宜等。

4. 系统安全管理

系统安全管理是指为了防止系统内部、外部对系统资源不合法的使用和访问,保证系统的硬件、软件和数据不因偶然或人为的因素而遭到破坏、泄露、修改和复制,维护正当的信息活动,保证信息系统安全运行所采取的措施。系统的安全管理,需要从技术上与制度上同时进行。

7.2 系统维护

系统维护是指信息系统运行以后,为了改正错误或满足新的需要而修改系统的过程。随着军队信息化建设的发展和装备管理业务需求的变化,装备管理信息系统所处的环境在不断变化,需要相应的修改。系统在实际运行中往往会产生错误,也需要修改,这些都属于系统维护的范围。只有不断修正出现的错误,适应变化的需要,系统才能生存下去,所以系统维护也是装备管理信息系统生存的条件。一般来说,用于维护系统的费用比建立系统所花的费用多一倍以上。图 7.1 显示了管理信息系统维护成本不断增加的趋势。

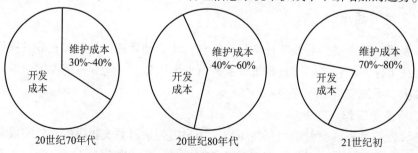

图 7.1 信息系统维护成本比例变化情况

7.2.1 系统维护内容

系统维护不仅是对系统软件本身的维护，还包括对系统硬件的维护、数据及代码维护等几方面的内容。

1. 程序维护

程序维护是指改写一部分或全部程序，是系统维护的主要部分。程序维护不一定在发现错误或条件改变时才进行，对于效率不高或规模不当的源程序也要不断地设法予以改进。程序的维护还包括一些系统运行时所需要的系统参数文件的更新和修改。值得注意的是，在修改源程序的同时，需要在程序注释语言中加以说明，同时填写程序修改登记表，包括所修改的子系统名、程序名、修改原因、修改内容和修改人等，以便于以后对程序进行进一步维护。

2. 数据维护

数据维护的内容主要是指对数据记录进行增加、修改或删除等操作，这些操作通常由专用的数据模块来完成。数据文件的维护工作一般由专门的数据管理员来负责数据的安全性和完整性，并进行并发控制，全方位审核用户的身份、定义操作权限、监督用户操作、保留修改记录并对数据进行定期的备份（完全备份或增量备份）。维护时一般使用系统开发者提供的维护程序，或者是为适合系统而做一些改动的程序、编写的专用维护程序。

3. 代码维护

随着系统环境的不断变化，旧代码不能继续适应新的要求，必须进行改造。变更（新设、添加、订正、删除）代码后，代码管理部门应该讨论新的代码体系，提交相应的书面格式，并组织相关的用户进行简单的培训，然后再实施新的代码体系，这样有助于防止和订正错误。对于代码维护而言，最重要的是如何使新编码体系得以真正地贯彻。

4. 硬件设备维护

系统使用的计算机及其外部设备保持良好运行状态，是系统正常运行的重要条件之一。硬件设备的维护主要包括两方面的内容：一是对设备的保养性维护，主要是对设备进行定期的定期检修和保养，并填写设备检修记录表；另一种是故障性维护，当设备出现突发性故障时，要由专业的维修人员来排除故障并记录。为了安全起见，硬件设备可以采用双机备份的机制，当一套设备出现故障时，立即启动另外一套设备，以最大限度地保证系统的正常运行。

7.2.2 程序维护类型

程序维护是系统维护中的重要内容，根据原因、要求和性质等不同，程序维护工作分为改正性维护、适应性维护、完善性维护和预防性维护等四种类型。

1. 改正性维护

尽管系统的质量在前面各阶段，层层把关，但规模较大的装备管理信息系统很难通过测试查找出所有潜在的错误，因此，在系统投入使用后的实际运行过程中，系统内隐藏的错误就有可能暴露出来，诊断和修正这些错误，就是改正性维护的主要内容。

2. 适应性维护

这是为了适应外界环境的变化而增加或修改系统部分功能的维护。一方面，系统运行的软硬件环境会不断更新、升级，比如操作系统版本升级、软件版本升级、计算机硬件设备升级等。为了适应这些变化，这就必然要求对管理信息系统进行必要的适应性维护。另一方面，信息系统的应用对象也在不断发生变化，机构的调整、管理体制的改变、数据与信息需求的变更也要求信息系统去适应各方面的变化，以满足用户的实际需求。

3. 完善性维护

在使用软件过程中，为改善系统功能或适应用户需要而增加新的功能的维护。在使用系统的过程中，用户往往要求扩充原有系统的功能，提高其性能，如增加数据输出的图形方式、增加在线帮助功能、调整用户界面等。尽管这些要求在原来系统开发的设计报告中并没有，但用户要求在原有系统基础上进一步改善和提高，并且随着用户对系统的使用和熟悉，这种要求将不断被提出。这类维护工作占维护工作的绝大部分。

4. 预防性维护

系统维护工作不应总是被动地等待用户提出要求后才进行，应进行主动的预防性维护，即选择那些还有较长使用寿命，目前尚能正常运行，但可能将要发生变化或调整的系统维护，目的是为未来的修改与调整奠定更好的基础。

7.2.3 系统维护过程

维护过程的本质是压缩了的系统定义和开发过程，因此，应按照系统开发的步骤进行。与系统分析和设计相比，维护阶段要求对管理、制定计划和系统的评审给予重视，要采取一套管理程序，确保维护能够有准备、有计划地进行。

1. 提出修改要求

由系统操作人员或业务部门负责人根据系统运行中发现的问题，向系统主管领导提出修改申请。修改要求不能直接向程序员提出。

2. 建立维护方案

系统设计者分析维护请求，确定维护目标。然后，针对该目标分析维护工作所涉及的范围，确定要修改的程序模块，分析模块的接口数据，进而建立维护方案。

3. 报送领导批准

系统主管人员在进行一定的调查后，根据系统目前的运行情况和工作人员的工作情况，考虑这种修改是否必要、是否可行，并做出是否进行及何时进行修改的明确批复。必要时，报高层领导批准。

4. 分配维护任务

系统主管人员向程序人员或系统硬件人员下达维护任务，制定维护工作的计划，明确要求完成期限和复审标准等。

5. 实施维护内容

程序人员和系统硬件人员接到维护任务后，按照维护工作计划和要求，在规定的期限内实施维护工作。完成维护任务后，编写维护工作报告，并上交系统主管人员。同时登记所做的修改。

6. 验收工作成果

由系统主管人员和相关人员对修改部分进行测试和验收。若通过，在交付使用的同时，由验收小组写出验收报告，并将该修改的部分嵌入到系统中，取代原来相应的部分。

之后，需要把新版本通报用户和操作人员，说明新的功能和修改的地方，使他们尽快地熟悉并用好修改后的系统。

7.3 系统评价

装备管理信息系统的开发需要投入大量的人力、物力和财力，开发成本很高。在系统开发完成以后，无论是部队用户还是开发者，都十分想了解新系统是否能够满足各种信息需求，是否达到了预期的效果，是否为部队带来了军事效益，而这些正是系统评价所要解决的主要问题。同时还可以根据检查和评价的结果，找出系统的不足及薄弱环节，为进一步改进和完善提出建议。

7.3.1 系统评价概述

系统评价是指对装备管理信息系统的功能和性能进行全面的检查、估计和评审。为了使系统评价工作做到客观、准确，对新系统的评价工作应在新系统运行一段时间后，由开发人员、用户及有关专家共同进行。

1. 评价的目的和作用

系统评价的目的主要包括以下几个方面：

（1）检查系统的总体目标是否达到用户期望的要求。

（2）检查系统的功能是否达到预期设计要求，发现存在的不足。

（3）检查系统的各项运行指标是否达到设计要求。

（4）比较系统的实际使用效果与预想效果的差异。

（5）根据评价结果，提出系统的改进意见与建议。

完成系统评价的工作以后，要形成书面的系统评价报告。系统评价报告既是对新系统开发工作的评定和总结，也是以后进行系统维护工作的依据之一。如果评价结果反映出用户非常不满意，需要修改的工作量很大，就要评估修改系统与研制新系统的优劣。

2. 装备管理信息系统评价的特殊性

与其他工程系统的评价相比，装备管理信息系统的评价具有明显的特点。装备管理信息系统中包括了技术设备、信息资源、人以及环境等诸多因素，系统的效能是通过信息的作用和方式表现的，而信息的作用又是通过人在一定的环境中，借助于计算机技术为主体的工具进行决策和行动表现出来的。因此，装备管理信息系统的效能既有有形的，也有无形的；既有直接的，也有间接的；既有固定的，也有变动的。因此，装备管理信息系统的评价具有复杂性和特殊性，在评价过程中要综合考虑这些因素。

7.3.2 评价指标体系

装备管理信息系统的影响因素有定性的、定量的，直接的、间接的，军事的、经济的、社会的等很多方面。要对系统进行评价，首先要确定评价的内容和尺度，也就是确定一些指标，这些指标相互之间是有一定联系的，把这些指标及其关联一起作为一套评价标准，就是系统评价的指标体系。装备管理信息系统的评价指标体系可以分为系统质量评价、系统运行评价、系统经济效益评价三个方面。

1. 系统质量评价

系统质量评价的关键是制定出评定质量的指标以及评定优劣的标准，常用的指标如下。

（1）系统对用户和业务需求的相对满意程度。系统是否满足了用户和管理业务对信息系统的需求，用户对系统的操作过程和运行结果是否满意。

（2）系统开发过程是否规范。包括开发各个阶段的工作过程以及文档资料是否规范等。

（3）功能的先进性、有效性和完备性。这些属性也是衡量信息系统质量的关键之一。

（4）系统性能、成本、效益综合比。它是综合衡量系统质量的首选指标，集中地反映了一个信息系统质量的好坏。

（5）系统运行结果的有效性或可行性。考查系统运行结果对于解决预定的管理问题是否有效或是否可行。

（6）结果的完整性。处理结果是否全面地满足了各级管理者的需求。

（7）信息资源利用情况。考查系统是否最大限度地利用了现有的信息资源并充分发挥了它们在管理决策中的作用。

（8）提供信息的质量。考查系统所提供信息（分析结果）的准确程度、精确程度、响应速度以及其推理、推断、分析、结论的有效性、实用性和准确性。

（9）系统实用性。考查系统对实际管理工作是否实用。

2. 系统运行评价

装备管理信息系统投入运行以后，需要对其运行状况进行分析评价，作为系统维护以及进一步开发的依据。

1）预定目标完成情况

通常可以包括：

（1）对照系统目标和组织目标，检查系统建成后的实际完成情况。

（2）各级管理人员的满意程度，以及进一步改进的意见和建议。

（3）为完成预定目标，用户成本控制情况，功能与成本比控制情况。

（4）开发工作和开发过程的规范性、各阶段文档齐备性。
（5）系统的可维护性、可扩展性、可移植性。
（6）系统内部各种资源的利用情况。

2）系统运行实用性

通常可以包括：
（1）系统运行稳定性。
（2）系统的安全保密性。
（3）用户对系统操作、管理、运行状况的满意程度。
（4）系统误操作防护情况、故障恢复性能。
（5）系统功能的实用性和有效性。
（6）系统运行结果对各部门生产、经营、管理、决策和提高工作效率等的支持程度。
（7）系统分析、预测和控制的建议的实用性和有效性。

3）设备运行效率

通常可以包括：
（1）设备的运行效率。
（2）数据传送、输入、输出与其加工处理的速度匹配程度。
（3）各类设备资源的负荷的平衡性和利用率。

3. 系统经济效益评价

装备管理信息系统的经济效益评价主要是指对系统所产生的直接经济效益和间接经济效益的评价。信息系统所产生的直接经济效益通常较其产生的间接经济效益来说很小，这部分效益可以用一般工程投资项目的经济效益计算方法得到。信息系统所带来的间接效益的评价指标以定性指标为主，如系统提供信息的质量和适用度，系统采用的推理、分析和结论的有效性、准确性和采纳情况，系统对组织的工作效率、工作质量的提高程度，对战斗力形成提高程度，系统对各种资源（人、财、物、设备等）的利用率的提高程度，系统对管理模式和管理决策方法的影响、对组织内部管理运行机制的影响，系统对组织的各级管理者工作支持的程度，系统对信息输出精度、查询速度、分析结果的有效性程度等方面的贡献，系统对装备管理状况的分析以及决策等方面的作用，系统在装备管理科学化、规范化方面的作用等。

7.3.3 评价方法

确定了评价指标体系以后，评价方法的选择和应用也很重要。现在有不少评价方法可供选择，比如 AHP 法、数据包络分析、模糊聚类、模糊评判、灰色关联分析等。这里主要介绍常用的几种方法。

1. 专家意见法

专家意见法是一种定性的评价方法，主要依赖于相关领域专家的知识水平和经验的积累。首先召集相关的专家，为他们提供信息系统的详细资料和客观情况，组织他们对系统分别做出评价，再将评价结果按照一定的权重加以综合，得到系统的评价结果。专家意见法的具体形式有专家组定性评审法、德尔菲（Delphi）法和专家打分法等。专家组定性评审法是指将专家召集在一起，以会议的形式对系统做出评价。德尔菲方法是以信函的形式征求专家的意见，专家们不必见面，将这些意见加以整理，再反馈给专家，如此反复几次，最后得到系统的综合评价。

2. 成本效益分析法

成本效益分析法是以经济利益作为主要的评价内容，对系统的成本和效益做出评估和对比，属于定量评价方法。成本效益法通过衡量被评价对象所支出的成本和受益收入的大小进行项目评价。如果项目的总受益收入超过总成本，则认为该项目是合乎需要的。

3. 多准则评价法

多准则评价法是预先设定多个指标，通过被评价对象在各个指标上的实现程度而得到一个综合的评价结果。它适用于难以用单一指标衡量的复杂项目。多准则评价可以是定性的，还可以是定量的，还可以是定性、定量相结合的。

4. 层次分析法

层次分析法（Analytic Hierarchy Process，AHP）是一种决策思维方式，它的基本思想是把复杂的问题分解为各个组成因素，将这些因素按支配关系分组，形成有序的递阶层次结构，通过两两比较的方式确定同层次中诸因素的相对重要性。然后综合人的判断以决定诸因素相对重要性的总顺序。层次分析法体现了人们决策思维中分解判断和综合等基本特征。

5. 模糊综合评判法

模糊综合评判法利用集合论和模糊数据理论把模糊信息数值化，从而实现量化评价，它是一种模糊综合决策的数据工具，在难以利用精确数学方法描述的复杂系统问题方面具有独特的优势。

6. 灰色综合评判法

灰色系统是指介于完全已知和完全未知之间的系统。一个实际运行的装备管理信息系统往往是一个灰色系统，在这个系统中，有些信息是已知的，而有些信息是不准确的或者未知的。灰色综合评判法建立在灰色理论之上，通过对系统复杂表象、离散数据等进行灰色化实现最终的评价。

以上这些方法有其各自的优点，但就应用范围而言，又都有相对的局限性，在装备管理信息系统项目评价工作中，应扬长避短地应用。

7.4 系统安全管理

信息技术的广泛应用使信息成为重要的战略资源，装备管理信息系统在为装备管理工作提供支持的同时，也是相关信息泄露的重要来源，容易成为敌对方窃取或者攻击破坏的目标。为此，要加强装备管理系统的安全管理工作。

7.4.1 信息安全威胁

对于装备管理信息系统而言,信息安全威胁主要有:

1. 计算机病毒

计算机病毒是一种人为编制的具有破坏性的程序,在一定条件下能够修改其他程序,并把自身复制嵌入到其他程序中,通过信息媒体扩散和传播。计算机病毒会干扰系统的正常运行,抢占系统资源,修改或删除数据,会对系统造成不同程度的破坏。根据病毒存在的媒体,病毒可以划分为网络病毒、文件病毒和引导型病毒。

2. 恶意攻击

恶意攻击一般指某些人员发起的对信息系统的攻击与入侵行为。这些人员一般被称为黑客(Hacker)。黑客攻击和入侵信息系统大体有以下目的:

(1)窃取资料。一些信息系统中存放着许多重要的资料,这些有价值的资料对入侵者具有很大的吸引力,他们入侵系统的目的就是要得到这些资料。

(2)恶意攻击。可能出于政治立场的不同,或是存心破坏,部分入侵者的入侵目的就是要破坏目标系统。这种攻击对系统的破坏是最大的。

(3)作为入侵其他重要目标的跳板。安全敏感度较高的机器,通常都有多重的使用记录,有更严密的安全保护,入侵行为所要负担的法律责任也更大,所以多数的入侵者会选择安全防护较差的系统,作为访问敏感度较高的机器的跳板,以此隐藏自己的入侵行为。

(4)盗用系统资源。网络上连接的数量庞大的计算机形成了一笔庞大的资源。一些入侵者利用这些资源进行破解密码、免费使用系统上的软件等行为。

(5)好奇心与成就感。一些入侵系统的人,没有特定的目的,只是把入侵成功与否当成技术能力的指标。

3. 安全缺陷

计算机系统的安全缺陷和通信链路的安全缺陷是装备管理信息系统的潜在安全缺陷。计算机硬件资源易受自然灾害和人为破坏;软件资源和数据信息易受计算机病毒的侵扰,非授权用户的复制、篡改和毁坏。计算机硬件工作时的电磁辐射以及软、硬件的自然失效,外界电磁干扰等均会影响计算机的正常工作。通信链路易受自然灾害和人为破坏。采用主动攻击和被动攻击可以窃听通信链路的信息,并且非法进入计算机网络获取有关敏感性重要信息。

4. 软件漏洞

由于软件程序的复杂性和编程的多样性,信息系统软件中可能有意或无意地留下一些不易发现的安全漏洞。软件安全漏洞主要包括后门与防范、操作系统的安全漏洞与防范、数据库的安全漏洞与防范、协议的安全漏洞与防范以及口令设置的漏洞等。

7.4.2 信息系统安全技术

从技术的角度看,信息安全技术问题主要包括计算机安全技术和通信安全技术两个方面。从网络层次的角度来看,通信安全技术主要包括两个方面:网络层保护网络服务的可用性，重点解决系统安全问题；应用层保护合法用户对数据的合法存取，重点解决数据安全问题。这两个方面用到的技术主要有以下几个方面。

1. 防火墙

防火墙（Firewall），指安装在计算机网络上，防止内部的网络系统被人恶意破坏的一种网络安全产品。它是从内部网（Intranet）的角度来解决网络的安全问题。内部网通常采用一定的安全措施与单位或机构外部的 Internet 用户相隔离，以加强 Internet 与 Intranet 之间的安全防范，这个安全措施就是防火墙。防火墙是一种由软件、硬件构成的系统，用来在两个网络之间实施存取控制策略，它可以确定哪些内部服务允许外部访问，哪些外部人员被许可访问所允许的内部服务，哪些外部服务可由内部人员访问。建立防火墙后，来自和发往 Internet 的所有信息都必须经由防火墙出入。

目前，许多单位建立了与 Internet 相连的内部网络，使用户可以通过网络查询信息。这时，Intranet 的安全性就会受到考验，因为网络上的不法分子在不断寻找网络上的漏洞，企图潜入内部网络。一旦 Intranet 被人攻破，一些重要的机密资料可能会被盗，网络可能会被破坏，将给网络所属单位带来难以预测的损害。

而使用了防火墙后，防火墙可以有效地挡住外来的攻击，对进出的数据进行监视，并能自动统计、分析通过防火墙的各种连接数据，探测出攻击者，立即断开与该主机的任何连接，保护内部网络所有服务器和主机的安全。防火墙除了可以作为网络门户的保护外，还提供了许多网络连接时的应用，如包含代理服务器的功能，可以提高内部网络对外访问的速度；采用加密连接方式，使单位通过公共网络安全地传输数据。

从防火墙所采用的技术和不同的用户需求来看，防火墙大致分为三种类型，即网络级防火墙、应用级防火墙和电路级防火墙。

防火墙是一种被动防卫技术。对内部的非法访问很难进行有效控制。防火墙不能防范不经由防火墙的攻击，不能防范人为因素的攻击，不能防范受病毒感染的软件或文件传输。

2. 加密技术

加密是一种主动防卫的手段。按照加密与解密过程是否使用相同的密钥，加密算法可以分为对称加密算法、非对称加密算法两种，它们所对应的密码体制称为对称密码体制、非对称密码体制。

1）对称密码体制

对称密码体制也称为单钥体制、私钥体制。主要特点是：加密、解密过程使用相同或者是本质相同的密钥。其基本原理如图 7.2 所示。

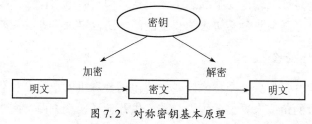

图 7.2　对称密钥基本原理

2）非对称密码体制

非对称密码体制也称为公开密钥密码体制、公钥体制或双钥体制。主要特点是：密钥成对出现，一个为公开密钥 PK，可以公开通用，一个为保密密钥 SK，由使用者所用。两个密钥不同，不能从 PK 推出对应的 SK。用 PK 加密的信息只能用对应的 SK 进行解密。其基本原理如图 7.3 所示。

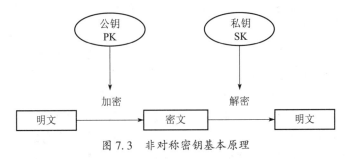

图 7.3 非对称密钥基本原理

与传统的加密系统相比，公开密钥加密系统具有明显的优势，不但具有保密功能，还克服了密钥发布问题，并具有鉴别的功能。

3. 身份认证

认证（Authentication）是通过对信息系统使用过程中的主客体进行鉴别，并经过确认主客体的身份以后，给主客体赋予适当的标识、标签和证书等的过程。

虽然安全策略中规定了哪些是合法用户，以及不同类型用户拥有的权利，但攻击者常常采用冒名的方法入侵系统。这就需要对访问的用户进行身份的鉴别和验证。身份认证是信息系统的用户在进入系统或访问不同保护级别的系统资源时，系统确认该用户的身份是否真实、合法和唯一的过程。身份认证与鉴别是信息安全的第一道防线，对装备管理信息系统的安全而言具有重要意义。

常用的身份认证技术有：基于秘密信息的身份认证，主要包括口令认证、单项认证、双向认证等；基于物理安全的身份认证，主要包括指纹识别、声音识别以及虹膜识别等生物识别技术和基于智能卡的身份认证。

4. 数字签名

数字签名（Digital Signature）是指用户以个人的私钥对原始数据进行加密所得到的特殊数字串。在 ISO 7498-2 标准中，定义为"附加在数据单元上的一些数据，或是对数据单元所做的密码交换，这种数据和变换允许数据单元的接收者用来确认数据单元的来源以及数据单元的完整性，并保护数据防止被人进行伪造"。在电子银行、电子商务等方面，数字签名应用非常广泛。

应用比较广泛、技术比较成熟，且操作比较方便的是基于 PKI 的数字签名技术。实现数字签名的过程是：甲首先使用私钥对消息进行签名得到加密的文件，然后将文件发给乙，乙使用甲的公钥验证甲的签名的合法性。

数字签名的功能如下：

（1）签名是可信的。文件的接收者相信签名者的签名是慎重的。

（2）签名不可抵赖。签名可以证明是签字者而不是其他人进行的。

（3）签名不可伪造。在不知道发送者私钥与公钥是匹配的，只知道公钥是无法推断出私钥的。

（4）签名不可重用。签名是文件的一部分，不能移动到其他文件上。

（5）签名不可变更。签名和文件不能改变，也不能分离。

（6）数字签名的处理速度能够满足应用的需要。

5. 访问控制

访问控制（Visit Control）是指对系统中的某些资源的访问进行控制，是在保证授权用户能获取所需资源的同时拒绝非授权用户的安全机制。它规定何种主体对何种客体具有何种操作权力，主要包括人员限制、数据表示、权限控制、类型控制和风险分析。

访问控制也是最早采用的安全技术之一，它一般与身份验证技术一起使用，赋予不同身份的用户以不同的操作权限，以实现不同的安全级别的信息分级管理。访问控制首先要考虑对合法用户进行验证，然后是对控制策略的选用和管理，最后要对非法用户或越权操作进行管理。所以，访问控制包括认证、控制策略实现和安全审计3个方面的内容。

访问控制的主要模式有3种，包括自主访问控制（DAC）、强制访问控制（MAC）和基于角色的访问控制（RBAC）。访问控制规则的组成包括访问者（可以是身份标识，也可以是角色）、资源、控制规则。访问控制策略一般遵循最小特权原则、最小泄露原则、多级安全策略原则。

6. VPN 技术

防火墙技术实现了内部网络间的访问控制，从一定程度上保证内部网的安全。由于组织内部物理上的分布性，即由简单的本地局域网或局域网连接发展为远地局域网连接，需要保证整个单位网络的逻辑集中性和安全性。在此背景下，VPN 技术应运而生。

VPN（Virtual Private Network）是指采用 TCP/IP 安全技术，借助现有的因特网网络环境，在公开网络信道上建立的逻辑上的组织专用网络。采用 VPN 技术的目的是在不安全的信道上实现安全信息传输，保证组织内部信息在因特网上传输时的机密性和完整性，同时使用鉴别对网络数据传输进行确认。

为了实现上述功能，实现 VPN 的部件必须处于内、外部网络的边界处，可以认为VPN 是防火墙功能的延续，从功能上扩展了防火墙。

7. 入侵检测

入侵检测（Intrusion Detection）是对防火墙技术的一种逻辑补偿技术。它的目的是提供网络系统活动的检测、设计、证据以及报告。

它将系统的安全管理扩展到安全审计、安全检测、入侵识别、入侵取证和响应等范畴。解决了防火墙技术不能解决的防火墙后门问题、入侵者就在防火墙之内以及防火墙自身性能的限制，以及不能提供实时入侵检测等问题。

入侵检测系统（Intrusion Detection Systems，IDS）是入侵检测监控和分析的软件与硬件的组合系统。IDS 是一种主动保护免受攻击的网络安全技术。

IDS 主要功能有：监视和分析用户及系统活动；进行系统构造和弱点的审计；识别反应已知进攻的活动模式并及时向相关人员报警；异常行为模式的统计分析；评估重要系统和数据文件的完整性；操作系统的审计跟踪管理，并识别用户违反安全策略的行为。

IDS 一般由传感器、控制台两部分组成。传感器主要包括事件发生器、事件分析器和事件数据库等，负责采集数据、分析数据并生成安全事件；控制台包括入侵、响应单元和做出响应等部件或模块，主要起到中央管理的作用。其组成如图 7.4 所示。

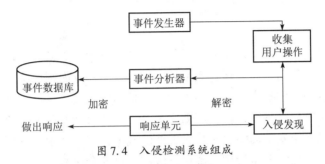

图 7.4　入侵检测系统组成

入侵检测模型是 IDS 的关键之一，比较有影响的入侵检测模型之一是 Denning 通用入侵检测模型，该模型如图 7.5 所示。

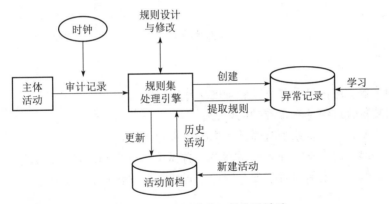

图 7.5　Denning 通用入侵检测模型

7.4.3　安全管理

很多人一提到信息系统的安全性，会立即想到加密、防黑客、反病毒等技术问题。实际上，信息系统安全不仅涉及技术问题，还涉及管理问题、法律政策问题。要达到安全、保密的目的，必须同时技术、管理与法规政策三个方面采取有效措施。

（1）先进的技术是网络安全与保密的根本保证。用户对自身面临的威胁进行风险评估，决定其所需要的安全服务种类，选择相应的安全机制，集成先进的安全技术，形成一个安全系统。

（2）严格安全管理。建立安全管理办法，加强内部管理，建立合适的安全管理系统、安全审计和跟踪体系,提高整体的安全意识。

(3)制定严格法律与法规。应随着信息技术的快速发展,及时建立健全相关法律与法规,使不法分子慑于法律不敢轻举妄动。

本章小结

装备管理信息系统开发完成是系统运行、维护的开始。装备管理信息系统实现的功能和性能只是决定管理信息系统运行效果的一方面,另一方面则取决于用户的操作以及系统运行的日常管理与维护操作,应加强运行维护制度建设、日常管理,及时对维护需求做出响应,对系统状况进行评价,不断完善系统或及时开发新的系统。

装备管理信息系统安全面临着来自多方面的威胁,需从技术、管理与法规政策三个方面采取有效措施,加强安全管理,确保系统与信息安全保密。

思考题

1. 说明装备管理信息系统日常管理的工作内容。
2. 说明装备管理信息系统维护的内容。
3. 评价装备管理信息系统时通常考虑哪些指标?
4. 查阅资料了解"SQL 注入"的概念,并试给出防止 SQL 注入的方案。
5. 查阅资料,给出信息系统安全管理需要从多个方面着手的案例。

第8章 装备管理信息系统发展

装备管理信息系统经过几十年发展,其内涵和外延也在不断变化,装备管理的需求与信息系统和信息技术的发展相结合,产生了许多新架构新模式,决策支持系统、专家系统等是其中的代表。

8.1 决策支持系统

装备管理信息系统通常可以很好支持作业层、管理层的工作,比如例行性装备管理计划制定、装备器材物资出入库管理、装备保障人员信息管理等,这些都属于结构化问题的范畴。但在装备管理活动中,还有很多非结构化或半结构化的问题,比如装备发展战略规划、装备大修质量评价等,针对这些非结构化问题,可以引入决策模型,形成决策支持系统加以解决或支撑。

8.1.1 决策支持系统概念

决策支持系统(Decision Support Systems,DSS)一般分为广义和狭义两种定义。广义 DSS 是指,不考虑其支持手段、决策方法如何,任何对决策制定有贡献的信息系统都是决策支持系统。狭义 DSS 的接受度比较高,狭义的 DSS,是指支持专门问题决策的,由人、软件、数据库和设备等组成的有组织的集合,能利用数据和模型帮助决策者解决非结构化问题的灵活、交互式的计算机信息系统。

DSS 的特征包括:
(1)主要面向高层管理人员经常面临的结构化程度不高的问题。
(2)把模型或分析技术与传统数据存取和检索技术结合在一起,具有较强的数据分析能力。
(3)适合于非计算机专业人员以交互方式使用。
(4)强调对环境及用户决策方式改变的灵活性及适应性。
(5)支持但不是代替决策者制定决策。

按照支持层次,DSS 可以分为战略规划 DSS、作业控制 DSS。按照支持的决策类型,DSS 可以分为个人 DSS、组织结构 DSS 和群体 DSS。按支持的数据与模型操纵能力,DSS 可以分为文件柜系统、数据分析系统、分析信息系统、财务模型系统、描述模型系统、优化模型系统、建议系统。按适用范围,DSS 可以分为专用 DSS、通用 DSS。

8.1.2 决策支持系统结构

早期的 DSS 以二库结构为主。二库结构是由 R. H. Sprasue 在 1980 年提出的，包括数据库、模型库和一个用户接口。在此基础上增加方法库，形成了三库结构，如图 8.1 所示。在三库的基础上，依次增加知识库、文本库，可分别形成四库结构、五库结构。本小节重点介绍三库结构。

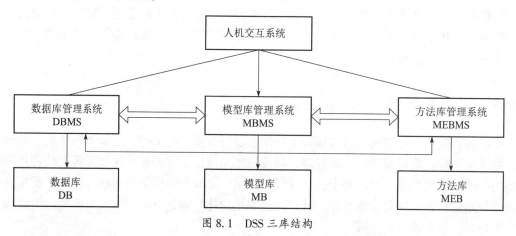

图 8.1 DSS 三库结构

1. 数据库系统

数据库系统包括数据库（DB）和数据库管理系统（Data Base Management System, DBMS），其主要功能包括：从多个内部数据源抽取 DSS 所需的数据；获得外部数据并将其转化为 DSS 所要求的各种内部数据；数据存储、检索、处理和维护。对数据库的要求是：易于修改；在修改和扩充数据时，不会造成数据丢失。

2. 模型库系统

模型库系统用来完成模型的存储和管理，包括模型库（Model Base，MB）和模型库管理系统（Model Base Management System，MBMS），它是 DSS 的核心。

模型库主要存放相关的数学模型，如运筹学模型、控制论模型、决策论模型、统计学模型、系统论模型及系统动力学模型等。模型库管理系统管理的模型有两类：一类是标准模型（如规划模型、网络模型等），这些模型按照某些常用的程序设计语言编程，并存储在模型库中；另一类是由用户应用建模语言建立的模型。模型库管理系统应支持决策问题的定义和概念模型化，并具备模型联结、修改、增删等维护功能。其主要作用包括：

（1）以多种方法形成求解方案，并连接生成新模型。

（2）与对话子系统交互作用，完成对模型的操作、处理和使用。

（3）与数据库子系统交互作用，提供各种模型所需的数据，实现模型输入、输出和中间结果存取自动化。

（4）与方法库子系统交互作用，实现目标搜索、灵敏度分析和仿真运行自动化。

（5）对模型库进行操作管理，通过人机交互语言，使决策者能方便地利用模型库中的各种模型支持决策，引导决策者应用建模语言建立、修改和运行模型。

3. 方法库系统

方法库系统包括方法库（Method Base，MEB）和方法库管理系统（Method Base Management System，MEBMS）。通常把决策过程中的常用方法（如优化方法、预测方法、矩阵方程求根法等）作为子程序存入方法库中。方法库中的方法可能很简单，也可能很复杂，简单的如打印出一份历年来按照部位、专业统计的维修情况报表；复杂的如组合模型库的统计分析模型、优化模型等。方法库可以认为是装备决策过程中所采用的认识、分析问题的方法的积累，是装备管理决策部门的宝贵财富。

4. 人机交互系统

人机交互系统是 DSS 的人机接口，它所提供的主要功能包括：

（1）接收和检验用户的请求。

（2）协调数据库系统、模型库系统和方法库系统之间的通信。

（3）为决策者提供信息收集、问题识别以及模型构造、使用、分析和计算等功能。

人机交互系统通过人机对话，使决策者能够依据个人经验，主动利用 DSS 的各种支持功能，反复学习、分析、再学习，以便选择一个最优决策方案。由于决策者大多为非计算机专业人员，所以，人机交互系统的易用性与灵活性往往是 DSS 成败的关键。

8.1.3 群决策支持系统

早期 DSS 所依据的模型都假定只有一个决策者独立地进行决策，但现实中很多情况下是很多人参加并反复讨论之后才能做出决策。针对这种情况，把包括管理人员在内的群体研究过程纳入 DSS 范围内，在 DSS 内部直接支持群体决策，由此产生了群决策支持系统（Group DSS，GDSS）。

GDSS 是指在其设计、结构和用途上都反映出群体的各个成员相互影响并且做出特定决策的决策支持系统。群决策支持系统支持的群体决策过程包括沟通、文件共享、构造群体活动的模型、集成多个人观点为群体观点以及涉及群体交互活动的其他一些功能。

8.1.3.1 群决策支持系统分类

GDSS 中需要用到通信技术（包括电子信息、局部或大区域网、电话会议、存储和交换设备），计算机技术（包括多用户系统、第四代语言、数据库、数据分析、数据存储与修改能力等），决策支持技术（包括议程设置、人工智能和自动推理技术、决策模型方法），结构化的群体决策方法（如德尔菲方法等）。GDSS 将这些技术结合起来，使问题的求解条理化、系统化；而各种信息技术为 GDSS 提供足够的技术支持，推动了 GDSS 的发展。

按照为群体成员提供支持的不同，可把 GDSS 技术分成为三个层次。

1. 过程支持

过程支持的目的是减少或消除通信障碍。这类系统支持的项目有群体成员之间的电子信息；连接各群体成员 PC 的网络、协助者、公共屏幕、数据库；在各群体成员的 PC 上有公共的屏幕，或在中央位置有所有成员可观看的屏幕；匿名输入意见和投票，有助于愿意采用匿名方式的群体成员参与；主动诱导各群体成员发表意见或投票，鼓励参与和诱导创造性；概要地显示意见和观点，包括统计概要信息和投票结果的显示；可以帮助群体形成各成员通过的会议议程，帮助组织会议；议程和其他信息的连续显示，使会议按议程进行等。

2. 决策支持

在决策支持层次，软件可以增加建模和决策分析的功能，且可通过提供系统的方法，减少群体决策过程中的不确定性。这些方法和模型包括计划和财务模型、决策树、概率评估模型、资源分配模型和社会评价模型等。

这些模型可存在于常规的 DSS 软件包中或可加入过程支持的软件中。此外，可将 GDSS 与 DSS 软件集成。

3. 次序的规则

这一层涉及控制群体决策过程的时间、内容或信息形式。在该层次中，加入包含次序的规则的专门软件，如某些规则能够确定讲话的次序、确定选举的规则等。

8.1.3.2 群决策支持系统应用

应用较为广泛的 GDSS 主要有电子会议系统、工作流系统和谈判支持系统。

1. 电子会议系统

电子会议系统通常分为电子会议室系统与决策会议系统两类。使用电子会议室系统，需要为每个参加者准备一台高速局域网连接的计算机，或大型视频显示屏。只有举办者才可看到任何参加者的计算机显示并可将显示内容在大屏幕上播放，常规视听设备也是必要的选择。电子会议室软件包括会期计划工具，如群体成员可以提出各项议事日程的工具，会议期间，软件能够组织和构造成员的主要评注；会后，会期计划工具将记录下的数据存为有组织的备忘录以确保成员的评注不会丢失。因此，该软件主要支持群体决策面向过程方面的内容。

决策会议系统则是在电子会议室基础上发展的一类电子会议系统。支持的一项主要任务是投票支持，包括简单制表、简单统计计算、通过判断等。多数决策会议系统支持多种投票方法，具有多种决策分析功能，如决策树、效用模型、电子表格模型，以及为特定决策目的专门开发的各类决策模型。

2. 工作流系统

当群体工作涉及许多重复性劳动时，运用工作流系统有助于提高效率。工作流系统可以看成"智能电子邮件"。该系统"知道"决策中何种信息流需要支持，并且发送何种信息。

大多数工作流系统是在电子邮件系统的基础上建造的。它们通常使用表格和脚本程序规定工作路线。

与传统信息相比，工作流系统有助于信息的利用。因为传统的信息获取方式通常为：发现谁拥有信息——发出请求——获得信息。工作流系统将拥有信息的人的有关信息传送给定义指定任务处理过程的人。传送信息的影响较大，需要信息的人有能力去获得信息。

3. 谈判支持系统

谈判支持系统（Negotiation Support Systems，NSS）是一种特殊类型的 GDSS。NSS 是一种包括计算机硬件、软件、人、过程的数据系统。该系统支持谈判人、谈判小组和第三方（如调解人等），提供对谈判的建议解或谈判过程的支持环境。

一般而言，NSS 可分为谈判解驱动的 NSS 和谈判过程支持的 NSS 两类。谈判解驱动的 NSS 提供建议解，或为谈判各方建议可能的协议。这些建议由不同的模型产生，如社会判断理论模型、超对策模型、协商模型、多目标线性规划模型和专家系统等。多数 NSS 是谈判解驱动的，这些系统提供建议解，而仅在一定的阶段为谈判过程提供支持。谈判过程支持的 NSS 不提供任何建议解。该系统主要用于谈判过程支持，从谈判准备阶段到最后合同签订阶段，提供不同的支持。该类系统提供一定的通信渠道和谈判人协商的方式。

8.2 专家系统

8.2.1 专家系统的概念

专家系统（Expert Systems，ES）专家系统产生于 20 世纪 60 年代中期，至今已在医疗诊断、化学工程、图像处理、金融决策、地质勘探、石油、军事等领域研制了大量的实用专家系统，其中一些系统在性能上达到甚至超过同领域专家的水平，产生了巨大的经济效益和社会效益。

1. 专家系统的定义

专家系统，也称为基于知识的系统（Knowledge-based Systems）或基于规则的系统（Rule-based Systems），是利用计算机技术、人工智能及其他理论，在计算机上实现某个特定领域内专家的知识或推理过程，用来解决需要专家才能解决的现实问题的计算机系统。也可定义为，专家系统是一种智能计算机程序，它用一定的知识和推理进程去解决通常需要专家的知识和经验才能解决的复杂问题。

2. 专家系统的构成

从结构组成的角度看，专家系统是一个由存放专门领域知识的知识库，以及一个能够选择和运用知识的推理机制组成的计算机系统，如图 8.2 所示。

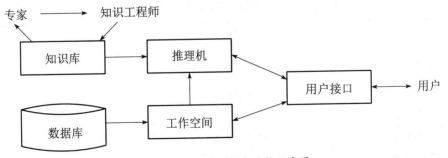

图 8.2 专家系统构成结构示意图

知识库（Knowledge Base），也称为规则库（Rule Base），包括系统问题求解的专门知识。在多数专家系统中，这种知识表示为形如"IF-THEN"的格式。推理机（Inference Engine）是一个通用的计算机程序，把知识库的问题求解知识应用到已知事实上。用户接口（User Interface）是一个程序，它要求用户提供信息且把输出结果返回用户。数据库用来存放各种运算的中间结果。工作空间（WorkSpace）也称为黑板或工作存储器，用于记录求解问题过程中的中间假设和判定。

3. 专家系统的特征

一般说来，一个专家系统应具备以下特征。

（1）具有专家水平的专门知识。专家系统能够成功地解决领域内的各种问题，在解题质量、速度和动用启发式规则的能力方面具有本领域专家的水平，其根本原因是系统中存储有专家水平的知识。

（2）符号处理。专家系统用符号准确地表示领域有关的信息和知识，并且对其进行各种处理和推理。

（3）一般问题的求解能力。专家系统应具备一种公共的智能行为，能够做一般的逻辑推理、目标搜索和常识处理等工作。而且，专家系统往往采用试探性方式进行处理，为使问题求解更加符合实际情况，往往采用不精确推理。

（4）复杂度和难度。专家系统所拥有的知识涉及面一般很窄，但必须具有相当的复杂度与难度。

（5）具有解释功能。专家系统具有解释机制。它运用知识库中求解过程使用过的知识和各种中间结果，回答用户关于求解结果的"为什么？"问题。

（6）具有获取知识的能力。系统能够提供一种手段，使知识工程师和领域专家能够不断地给系统"传授"知识，使知识库越来越丰富，越来越完善；或者系统自身具有自学习能力，从系统的运行过程中不断总结经验，抽取新知识，更换旧知识，不断丰富和更新知识库中的知识。

（7）知识与推理机构互相独立。专家系统一般把推理机构与知识分开，并且相互独立，从而使系统具有良好的可扩充性和维护性。

4. 专家系统和决策支持系统的比较

决策支持系统和专家系统的区别详见表 8.1。

表 8.1　决策支持系统和专家系统的区别

	决策支持系统	专家系统
目标	辅助人	提供"专家"查询
谁做决策	人	系统
询问类型	人向机器提问	机器向人提问
问题域	复杂、广泛	狭窄
数据库	包括事实性的知识	包括过程和数据
发展演化	适应于变化的环境	支持固定的问题域

专家系统工具可以加到决策支持系统中来扩展其能力，完成常规决策支持系统不能完成的功能。

8.2.2 专家系统分类

专家系统可以按照多种不同的方法进行分类。

（1）按应用领域分类。可以分为医疗、勘探、石油、气象、生物、工业、法律、教育等专家系统。

（2）按知识表示方法分类。可以分为基于逻辑的专家系统、基于规则的专家系统、基于语义网络的专家系统、基于框架的专家系统等。

（3）按照推理控制策略分类。可以分为正向推理专家系统、反向推理专家系统、元控制专家系统等。

（4）按所采用的不精确推理技术分类。可以分为确定理论推理技术专家系统、主观 Bayes 推理技术专家系统、可能性理论推理技术专家系统、D/S 论据理论推理技术专家系统等。

（5）按专家系统的结构分类。可以分为单专家系统和群专家系统（或称协同式多专家系统）。群专家系统按其组织方式又可分为主从式、层次式、同僚式、广播式和招标式等。

（6）按所处理的问题类型分类。可分为十大类，见表 8.2。

表 8.2 专家系统按所处理的问题类型分类

问题类型	问题特点
解释型	对表面观察的情况进行分析，解释深一层的结构或内部可能情况等
预测型	根据处理对象过去和现在的情况推测未来的可能结果
诊断型	根据输入信号找出处理对象存在的故障，给出排除故障的方案
设计型	根据设计要求制定方案或图样
规划型	根据给定目标拟定行动计划
监视型	把系统行为的观察与对计划成败起关键作用的特点进行比较，完成实时监测任务
调试型	根据计划、设计和预报的能力，对诊断出来的问题产生修正或建议
修正型	制定且执行诊断出来问题的修正计划
教学型	诊断型和调试型的结合体，主要用于教学和培训任务
控制型	完成实时控制任务，大都是监视型和修正型的结合体

上述十种问题类型并非完全独立，不同类型之间往往相互关联，形成一种由低到高的层次结构。

8.2.3 专家系统设计开发

8.2.3.1 专家系统开发过程

开发专家系统时，首先要选择领域问题，再按照工程化理念建造。

1. 领域问题的选择

一个适于建造专家系统的问题通常要满足以下三个条件：

（1）存在一个可以与之合作的领域专家。

（2）领域专家可以通过启发式方法解决问题。专家系统一个重要特点是具有启发式，在人们还没有彻底掌握且不存在成熟解法的领域中，专家系统才能充分显示其优越性。

（3）领域专家的知识能够表述清楚。能够表述清楚的领域专家知识，知识工程师才有可能将其整理出来，并加以形式化表示。

除了上述先决条件外，在选择问题时还要注意问题的广度、难度。

（1）问题的范围。由于尚无知识表示、知识获取等方面的通用技术，专家系统所处理的问题一般应限制在一个比较小的范围内，如某型飞机操纵系统、液压系统或某型发动机燃油系统的故障诊断等。

（2）问题的难度。经验表明，专家系统处理的问题难度应适度，不应过于简单，也不应过于复杂。太简单的问题使专家系统失去实用意义；过于复杂的问题使得专家系统难于构造，或者使专家系统处理的效率过低。

2. 开发专家系统的基本步骤

建造一个专家系统时，知识工程师的主要工作是通过和领域专家的一系列讨论，获取该领域的专业知识，再进一步概括，形成概念并建立起各种关系。接着就是把这些知识形式化，用合适的计算机语言实现知识组织和求解问题的推理机制，建成专家系统的原型系统。最后通过测试评价，在此基础上进行改进以获得预期的效果。建造图 8.3 所示建立专家系统的六个具体阶段。实际上，建立专家系统是一个迭代的过程，必须经过多次设计和改进。

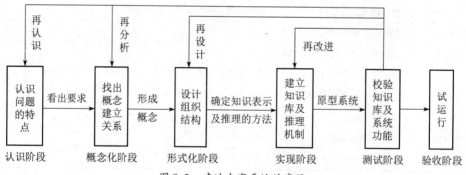

图 8.3 建造专家系统的步骤

1）认识阶段

知识工程师要和领域专家一起交换意见，探讨对所研究的问题的认识，如问题的定义、特点等；了解表述问题的特征及其知识结构，以便进行知识库的开发工作。主要是找到下列问题的解答：

（1）所建造的专家系统希望解决哪一类问题？

（2）这些问题是如何定义的？
（3）任务的组成部分及主要的子问题是什么？
（4）数据结构类型？
（5）主要术语及其关系是什么？
（6）解的形式如何？
（7）用了哪些概念？
（8）求解问题时哪些专业知识是基本的？
（9）人在解答问题时用到的有关知识的性质和内容是什么？

总之，在此阶段，知识工程师提出问题，领域专家解释求解问题的过程、推理路线，双方通过讨论获得关于问题及其求解的一致描述，明确对系统的具体要求。

2）概念化阶段

在这个阶段中要使认识阶段中提出的那些概念和关系变得更明确，使所形成的概念必须和问题求解过程的思路一致，主要解答下列问题：

（1）哪一类的数据有效？
（2）什么是已知条件？
（3）什么是推出的结论？
（4）各子任务有无名字？
（5）求解策略有无名字？
（6）能否画出一个层次体系，标明因果关系，局部和全局之间的蕴含关系？
（7）哪些处理过程包含在问题的解之中？
（8）有什么约束条件？
（9）能否区分求解问题的知识和用于解释问题的知识？

3）形式化阶段

这一阶段是把上一阶段孤立处理的概念、子问题及信息流特征等，用某种知识工程的工具将其形式化。知识工程师的工作是：

（1）当存在某种适用于建立所研究问题的实验原型（模型）的工具时，主要工作就是建立一组描述如何用所选工具来表示问题的说明。

（2）当没有适用于所研究问题的现成工具时，要根据概念间的因果关系或时空关系及概念化所提供的假设空间性质，考虑是否要建立不同的抽象层，进一步分析假设空间结构。接着还要分析数据特征，如是否可靠、精确、准确？对所求解的问题是否一致和完整等。在此基础上建立问题的求解模型。

总之，形式化阶段主要是建立模型，解决知识表示方法和求解方法等问题，是建造专家系统过程中最关键和最困难的阶段。

4）实现阶段

在这个阶段中把建立的模型映射到具体领域中去，建成原型系统。实际上就是把形式化阶段对数据结构、推理规则以及控制策略等的规定，选用任一可用的知识工程进行开发。也就是把所获得的知识、研究的推理方法、系统的求解部分和知识获取部分等用选定的计算机语言进行程序设计来实现。

5）测试阶段

这个阶段中采用测试手段来评价原型系统及实现系统时所使用的表示形式。选择几个具体典型实例输入专家系统，让它运行以便检查其正确性，进一步发现知识库和控制结构的问题。

建造专家系统是一个递归开发过程，原型系统总要根据测试情况的反馈信息进行修改。由于在把领域专家的行为变为规则时，人们难免会误解抽象概念，不正确地表达经验规则等。因此，所建立的专家系统最初性能都较差，根据反馈信息进行修改的内容包括重新建立概念，重新设计表示格式或重新改进已实现的系统。总之，要通过测试和反馈的多次循环，不断调整规则及控制结构，直到获得所希望的性能为止。如果推理部分正常而性能不稳定，则必须考虑修改知识库，重新设计表示格式，也要经过多次循环，改到满意为止。

6）验收阶段

测试阶段完成后，还要让所建造的专家系统试运行一个阶段，以进一步考验及检查其正确性，必要时还可以再修改各个部分。

经过一定时间运行正常后，可编写正式使用文件手册，将此专家系统投入正式使用。

8.2.3.2 专家系统开发的关键

专家系统设计中有两大关键问题：一是建造知识库，涉及的主要技术是知识获取和知识表示；二是推理机制与策略，涉及的主要技术是基于知识规则的推理和推理解释。此外，专家系统构建与开发工具的选择也有密切关系。

1. 知识获取

知识获取是从领域专家处提取知识，并且将其转换成专家系统程序的艰巨而细致的过程。常用的知识获取方式有以下四种。

（1）知识工程师。领域专家通过与知识工程师的反复交流，把自己拥有的知识告诉知识工程师，知识工程师和专家一起将专家知识归纳整理成知识库。

（2）智能编辑程序。熟悉计算机领域的专家可以通过智能编辑程序，把自己的经验与知识送到专家系统的知识库中。这种程序需要具备灵活的人—机对话能力和知识库结构方面的知识。

（3）归纳学习程序。对大量实验数据的归纳和总结，将会得到一些新的规律和知识。利用归纳学习程序，模拟人的思维过程，可从有关知识库中发现新知识。把这些新知识加到知识库中，可供专家系统使用。

（4）知识表示。知识表示是关于各种存储知识的数据结构，及其对这些结构的解释过程的结合。它主要研究各种含有语义信息的数据结构的设计，以便在这些数据结构中存储知识，开发操作这些数据结构的推理过程，使知识的表示、运用知识的控制与新知识的获取相结合，把领域知识有机地结合到程序设计中。知识表示一般必须遵循两个最基本原则：表示方法应能自然、有效地表达知识；表示结构易于检索、运用、修改和扩充。

2. 推理机制

基于知识规则的推理是针对用户的特定问题，选择并且运用知识库中的知识，实现求解问题的控制过程。推理涉及的两个基本问题是推理方向选择和冲突消解。对一个具体问题，可从问题的已有信息出发，选择和运用知识库中的可用的知识，推导出一些有用的中间结论；得出的中间结论作为已有信息的扩充，进一步选择和运用知识库中的可用知识继续推导，直至得到问题的求解结论。这个过程类似于从"已知"到"求证"的过程，称为数据驱动的前向推理方式。与之相对应，还存在目标驱动的反向推理方式。正向推理和反向推理是两种基本推理方式。在此基础上，人们还研究了交替使用两种基本推理方向的混合控制策略与结合启发式方法的元控制策略。

推理解释是解释系统的重要组成部分，其目的是对系统推理过程、推理位置及推理的每个动作给出解释，确保问题求解结论的可信性与正确性。解释系统一般分成两部分：咨询过程中使用的推理状态检查程序，咨询中或咨询后使用的通用回答程序。

3. 专家系统的构造原则

专家系统的设计一般是渐增式的，通过知识库由小到大地逐步扩充与改进，系统需要不断地验证、评价、专家认可，最终才能成为一个可交付使用的专家系统。建立专家系统应当遵循以下原则。

（1）知识与知识处理机构分开和相互独立的原则。除了早期一些专家系统之外，绝大多数专家系统都采取知识与知识处理机构分开，互相独立的构造原则。所以，专家系统中都有独立存放知识的知识库以及用作推理、搜索或解释等功能的推理机和解释系统等，这将使系统有很好的模块性、可扩充性和可维护性。

（2）按系统功能实现模块化构造的原则。为使结构清晰、调试容易，绝大多数专家系统采用按系统功能分割模块的构造原则，把系统分成几个互相比较独立的功能模块。

为使专家系统的各功能模块能互相通信，共享中间信息，很多专家系统在内存建立一个数据库，存放各种中间结果和通信信息等，称为"动态数据库"。

（3）交互性原则。领域专家和用户，与专家系统信息交换的人—机接口，知识工程师维护知识库等，都必须具有良好的交互性。

4. 开发工具

专家系统效果的好坏，在一定程度上还取决于所使用的开发工具。专家系统的开发工具是生成专家系统的系统，一般包括以下五个方面：

（1）一种或多种固定知识表示方法，且有相应的内部编码形式。

（2）具有知识编辑器，能够获取领域专家以交互方式输入知识并且自动建立知识库。

（3）具有知识库维护和管理机制，处理知识库中的矛盾、冗余和其他一些不一致性，以及知识的存储、运筹和调度。

（4）提供一套或多套推理机制，与由知识编辑器建立的知识库一起实现实际问题的求解。

（5）设置一个跟踪解释机制，帮助用户理解系统求解的结论，便于定位知识库中的错误和不完善问题。

目前，专家系统的开发工具很多。从这些工具的开发背景、开发目标、开发机制和推理机制提供的功能等划分，可以分成程序设计语言、骨架系统、通用型开发工具和组合型开发工具。

（1）程序设计语言。程序设计语言是开发专家系统的最原始工具，最常用的是 LISP 语言和 PROLOG 语言，也可以选用其他一些高级语言，如 Pascal 语言和 C 语言等。

（2）骨架系统。骨架系统是最早出现的专家系统开发工具。其基本思想是从一个研制成功的专家系统出发，抽取该系统中知识库的专门知识，留下一个固定化的知识表示框架及相应的推理机制、知识获取机制及解释机制。这些固定化的但知识库为空的系统结构，称为骨架系统。骨架系统中比较有名的有从 MYCIN 系统演化的 EMYCIN 系统、PROSPECTOR 系统的 KAS 系统等。

（3）通用型开发工具。通用型专家系统开发软件工具，又称通用知识表示语言。它是把控制知识也作为一种显示知识，与知识库级知识一样进行表示和推理的一类专家系统开发工具。比较有代表性的是 OPSS、S.1、ORSIE 等。

（4）组合型开发工具。组合型开发工具是比骨架系统和通用知识表示语言的通用性更强的一类专家系统开发工具。其主要任务是从一类任务中分离知识工程中所用技术，构成描述这些技术的多种类型的推理机制和多种任务的知识库的预构件，以及建立使用这些预构件的辅助设施。其突出的例子如 AGE、ADVISE、ESP/ADVISOR 等，组合型开发工具是目前专家系统开发方面研究的热点。

8.3 智能决策支持系统

由于决策本身的复杂性和动态性，传统的决策支持系统对非结构化决策支持的突破甚少，人机对话方式与大多数不熟悉计算机的使用者之间尚存在一定的距离，限制了 DSS 的应用效果；另一方面，ES 在知识的开发与利用上获得不少成果，这些成果能够弥补 DSS 的不足。因此将 DSS 与 ES 相结合来改进 DSS，成为 DSS 发展的一个方向——智能决策支持系统（Intelligent Decision Support System，IDSS）。

8.3.1 智能决策支持系统概念

IDSS 是在传统 DSS 的基础上结合 ES 形成的，它以知识库为核心，在模型数值计算的基础上引入启发式等人工智能的求解方法，使传统 DSS 主要由人承担的定性分析任务中的部分或大部分地转由机器完成。知识推理机制能够利用知识库，并获得新知识，使得系统的能力不断增强。人机对话子系统采用自然语言处理技术，形成智能人机交互，使用户能用自然语言提出决策问题，自然语言处理功能将其转换成计算机理解的问题描述，然后交付求解。

8.3.2 智能决策支持系统基本结构

典型的 IDSS 由语言系统（LS）、问题处理系统（PPS）和知识系统（KS）三个子系统构成，如图 8.4 所示，这种系统又称为 3S 系统。它的关键技术是自然语言处理，这项工作由 LS 和 PPS 共同完成。

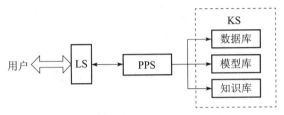

图 8.4　IDSS 基本结构

IDSS 中 DSS 和 ES 的结合主要体现在如下三个方面。

（1）DSS 和 ES 总体结合。由集成系统把 DSS 和 ES 有机结合起来。

（2）KB 和 MB 总体结合。模型库中的数学模型和数据处理模型作为知识的一种形式（过程性知识）加入知识推理过程中去，或者将知识库和推理机结合起来，在知识推理模型加入模型库。

（3）DB 和动态 DB 结合。DSS 中的 DB 可以看成相对静态的数据库，它为 ES 中动态 DB 提供初始数据。ES 推理结束后，动态 DB 的结果再送回到 DSS 的 DB 中去。

8.3.3 智能决策支持系统常见结构

智能决策支持系统常见结构有以下几种。

1. DSS 和 ES 并重的 IDSS 结构

该结构由集成系统完成对 DSS 和 ES 的控制和调度，根据问题的需要协调 DSS 和 ES 的运行。集成系统有如下两种形式。

（1）DSS 和 ES 两者之外集成的系统。该结构具有调用和集成 DSS 和 ES 的能力，如图 8.5 所示。

（2）DSS 功能扩充和 ES 集成的系统。将 DSS 问题处理与人—机交互系统功能扩充，增加对专家系统的调用组合能力。这种结构形式中 DSS 和 ES 之间的关系，主要是 ES 中的动态 DB 和 DSS 中的 DB 之

图 8.5　DSS 和 ES 并重的 IDSS 结构

间的数据交换，即以 IDSS 中第一种和第三种结合形式为主体，同时也可结合第二种形式。这种结构形式体现定量分析和定性分析并重的解决问题的特点。

2. 以 DSS 为主体的 IDSS 结构

这种集成结构形式体现以定量分析为主体，结合定性分析。它在 DSS 问题处理与人机交互系统的基础上，扩充调用专家系统的功能，如图 8.6 所示。

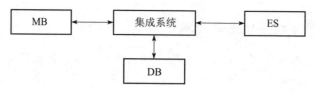

图 8.6　DSS 为主体的 IDSS 结构

在该结构中，ES 相当于一类模型，即知识推理模型或智能模型，它被 DSS 控制系统调用。

3. 以 ES 为主体的 IDSS 结构

这种结构以定性分析为主，结合定量分析。在该结构中，人—机交互系统和 ES 的推理机合为一体。

（1）DSS 作为推理形式。DSS 作为推理机形式出现，受 ES 中推理机控制，其结构形式如图 8.7 所示。

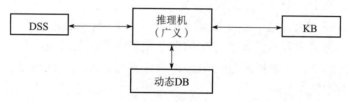

图 8.7　DSS 为推理形式的 IDSS 结构

（2）模型作为知识出现。模型作为一种知识出现，即模型是一种过程性知识，体现了第二种结合形式。其结构如图 8.8 所示。

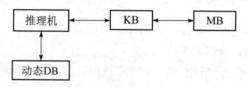

图 8.8　模型作为知识出现的 IDSS 结构

8.4　数据仓库与数据挖掘

随着数据库技术的迅速发展与应用，积累的数据越来越多，数据背后隐藏的信息亟待发掘。例如，装备管理决策部门需要从以前积累的大量原始数据中提取有用信息，以便反映某种指标变化的历史和趋势。传统管理信息系统、决策支持系统等由于缺乏丰富的数据资源、强有力的分析工具及对数据综合能力，难以达到这些要求。在这种需求下，产生了新的决策支持技术，即数据仓库、联机分析处理和数据挖掘。

8.4.1　数据仓库

1. 数据仓库的定义

数据仓库（Data Warehouse，DW），是面向主题的、集成的、稳定的、时变的数据集合，用以支持经营管理中制定决策的过程。其中，面向主题与传统数据库面向应用相对应。主题是一个在较高层次将数据归类的标准，每一个主题对应一个宏观的分析领域。集成是指在数据进入数据仓库之前，必须进行数据加工和集成，这是建立数据仓库的关键步骤，既要统一原始数据中的矛盾之处，还要完成原始数据结构向面向主题的结构的转变。数据仓库的稳定性是指数据仓库反映的是历史数据的内容，而不是日常事务处理产生的数据，数据经加工和集成进入数据仓库后是很少修改或根本不修改的。时变性是指数据仓库是不同时间的数据集合，随着时间累积，其内容随之不断增加。

2. 数据仓库体系结构

数据仓库系统由数据获取、数据存储和数据访问等组成。数据仓库从多个信息源中获取原始数据，经过必要的清理转换后装入数据仓库，通过数据仓库访问工具，向用户提供统一、协调和集成的信息环境，支持全局的决策过程。其结构如图 8.9 所示。

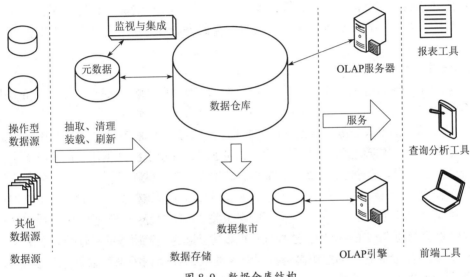

图 8.9 数据仓库结构

（1）数据源。数据源是数据仓库系统的基础，是整个系统的数据源泉。数据源一般包括内部信息和外部信息两大类：内部信息包括存放于内部数据库中的各种业务处理数据和各类文档数据，外部信息主要包括各类法律法规和竞争对手的信息等。各数据源的数据组织格式可能不一致，如 OLTP 系统的操作型数据、文本文件、HTML 文件及知识库等，所以在这些数据进入数据仓库之前要进行必要的整理加工。

（2）数据的存储与管理。数据存储和管理是整个数据仓库系统的核心，数据仓库的真正关键是数据的存储和管理。按照数据的覆盖范围的不同，数据仓库可以分为企业级数据仓库和部门级数据仓库（通常称为数据集市）。另外，数据仓库还需要建立数据库，用于存储数据模型和元数据。其中，元数据定义了数据的意义及系统各组成部件之间的关系。元数据包括关键字、属性、数据描述、物理数据结构、元数据结构、映射及转换规则、综合算法、代码、默认值、安全要求、变化及时限等。

（3）DW 管理工具。管理工具为数据仓库的运行提供管理手段，在数据仓库的日常运行中,不断监控数据仓库的状态,包括资源使用情况、存储情况,以及用户操作合法性和数据安全性等多个方面。

(4) 联机分析处理(On-Line Analysis Processing, OLAP)服务器。OLAP 在数据仓库基础上实现多维数据分析和操作,是功能强大的多用户的数据操纵引擎,特别用来支持和操作多维数据结构,为前端工具提供多维数据视图及服务。

(5) 数据抽取模块。数据抽取模块根据元数据库中的数据定义、数据抽取规则定义,对异地异构数据源进行清理、转换,加工并重新组织把它们装载到数据仓库的目标库中。数据抽取可以手工编程来实现,也可以用数据仓库厂商提供的工具来实现。

(6) 前端工具。主要包括各种报表工具、查询工具、数据分析工具、数据挖掘工具及各种基于数据仓库或数据集市的应用开发工具。其中,数据分析工具主要针对 OLAP 服务器,报表工具、数据挖掘工具主要针对数据仓库。前端工具不但要提供一般的数据访问功能,如查询、汇总、统计等,还要提供对数据的深入分析功能,如数据的比较、趋势分析、模式识别等。对于特定的不能直接采用现有工具的业务需求,可考虑开发相应的前端应用。

3. 数据仓库数据组织

数据仓库的数据组织方式主要有三种:虚拟存储方式、基于关系表的存储和多维数据库存储方式。

(1) 虚拟存储方式是虚拟数据仓库的数据组织形式。没有专门的数据仓库来存储数据,数据仓库中的数据仍然在源数据库中,只是通过语义层工具根据用户的多维需求,完成多维分析的功能。这种方式组织比较简单,花费少,用户使用灵活。如果源数据库的数据组织比较规范,没有数据不完备、冗余,又比较接近于多维数据模型时,虚拟数据仓库的多维语义层就容易定义。但一般数据库的组织关系都比较复杂,数据库中的数据又有许多冗余和冲突的地方。在实际中,这种方式很难建立起为决策服务的有效的数据支持。

(2) 关系型数据仓库的组织是将数据仓库的数据存储在关系型数据库的表结构中,在元数据的管理下,完成数据仓库的功能。建立数据仓库时,通过两个主要过程完成数据的抽取。首先要提供一种图形化的操作界面,让分析员对源数据库的内容进行选择,定义多维数据模型。然后再编制程序把数据库中的数据抽取到数据仓库的数据库中。

(3) 多维数据库的组织是直接面向 OLAP 分析操作的数据组织形式。这种数据库产品也比较多,实现方法不尽相同。其数据组织采用多维数据结构文件存储数据,并建立维索引以及相应的元数据管理文件。其具体实现可以分为:ROLAP,MOLAP 和 HOLAP。ROLAP 中,基本数据和聚合数据均存放在 RDBMS 之中;MOLAP 中,基本数据和聚合数据均存放在多维数据库中;HOLAP 中,基本数据存放在 RDBMS 之中,聚合数据存放在多维数据库中。

4. 数据集市

数据集市(Data Market)是一种特殊形式的数据仓库,是一种更小、更集中的数据仓库,主要针对某个具有战略意义的应用或者具体部门级的应用。

一般而言,数据仓库是面向整个决策的数据集合,而数据集市则是面向中级部门决策的数据集合；数据仓库是全局性的决策数据集合，而数据集市则是局部性的决策数据集合；数据仓库是面向多种应用的决策数据集合，数据集市则是面向特定应用的决策数据集合。由此可见，数据集市是由数据仓库派生而出，针对特定应用的规模更小的、结构更集中的决策数据集合体。数据仓库与数据集市的有效结合可以使数据仓库更能适应多种应用的不同需求。

装备保障资源决策支持系统的数据仓库与数据集市的初步框架是根据装备保障能力而设计的。由于装备保障的部门较多，可以采用数据集市的方法来设计数据仓库，如图 8.10 所示。

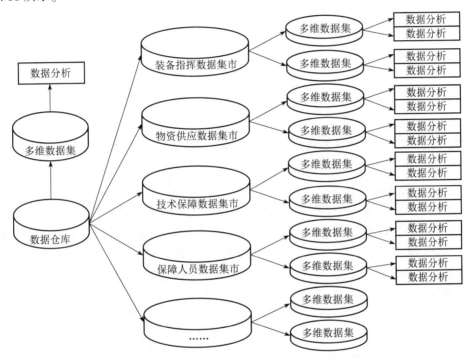

图 8.10　装备保障资源决策支持系统数据仓库与数据集市框架

5. OLAP 多维数据分析技术

联机分析处理（On-Line Analytical Processing，OLAP）。它是在联机事务处理（On-Line Transaction Processing，OLTP）基础上发展起来的，OLTP 是以数据库为基础，面对的是操作人员和底层管理人员，对基本数据进行查询和增、删、改等处理；OLAP 是以数据仓库为基础的数据分析处理。

随着数据的积累及决策的需要，越来越多的用户需要更复杂、动态的历史数据，数据分析所涉及的不仅是历史数据的简单比较，而且是多变的主题及多维数据的访问，数据维内及维间存在着大量复杂的综合路径及关联，要求从多个不同的数据源中综合数据，从不同角度观察数据，创建大量的维（综合路径）、指定维间的计算条件和表达式来处理大量数据。

OLAP 的数据分析模型是用来描述总体信息的，因而也是多维的，多维空间中的不同截面形成了多维视图。用户通过联机方式对某一特定的信息片进行定义，利用 OLAP

提供的切片、切块、旋转与钻探功能、维旋转功能等，可以轻松地完成传统方法难以完成的工作。

6. 数据仓库系统设计步骤

数据仓库系统所要完成的功能包括辅助用户设计建立数据仓库系统的数据组织和存储；管理、维护数据仓库的正常工作，即完成数据仓库服务器的管理，接受用户查询数据的请求，使数据仓库数据与操作数据库中的数据保持有效同步等工作；综合集成多种分析工具（包括数学统计分析工具、OLAP 多维分析工具、数据挖掘工具），完成用户根据决策需求对数据仓库的有效使用。

设计和实现一个数据仓库系统应当包括以下步骤。

（1）定义结构，做可行性计划，选择存储服务器、数据库和 OLM 服务器及工具。
（2）集成服务器、存储和客户工具。
（3）设计数据仓库的模型和视图。
（4）定义物理数据仓库的组织，数据放置、分段和存取方法。
（5）中间件连接。
（6）设计和实现数据的抽取、清洗、变换、装载和更新的脚本编写。
（7）无数据（模型、视图定义、脚本）的存放。
（8）设计实现前端工具。

需要说明的是，数据仓库中数据的组织在逻辑上是有层次的，数据仓库中的数据存储根据对维的不同深度处理为不同层次。但在物理存储上，同一主题的数据被存储在一起，并不具有明显的层次性，只是用工具对数据仓库的数据进行 OLAP 操作和多维分析时，通过投影、选择或数组算法获得逻辑上的层次。以时间维为例说明其基本思想，如图 8.11 所示。

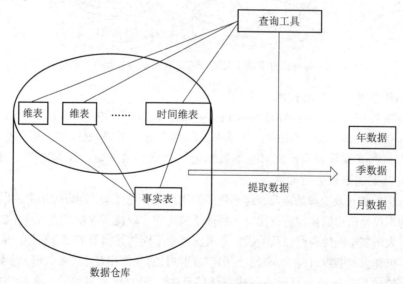

图 8.11　数据组织与概念模型

这样，整个数据仓库的组织大致分为三个部分：数据在进入数据仓库的存储体之前，包括源数据库、外部数据文件的清洗、变换、装载和刷新的工具；第二部分是数据仓库的具体数据、元数据的存储和数据仓库服务器（指数据库服务器和 OLAP 服务器）；第三部分是基于数据仓库的查询工具，主要包括数学统计分析、OLAP 查询和数据开采三类工具。

8.4.2 数据挖掘

1. 数据挖掘定义

关于数据挖掘并没有公认的定义。从技术角度看，数据挖掘（Data Mining，DM）就是从大量的、不完全的、有噪声的、模糊的、随机的实际应用数据中，提取隐含在其中的、人们事先不知道的，但又是潜在有用的信息和知识的过程。这个定义包括几层含义：

（1）数据源必须是真实的、大量和含噪声的。
（2）发现的是用户感兴趣的知识。
（3）发现的知识要可接受、可理解、可运用。
（4）并不要求发现放之四海皆准的知识，仅支持特定的问题。

2. 数据挖掘与传统分析方法的区别

数据挖掘与传统的数据分析（如查询、报表、联机应用分析）的本质区别是数据挖掘是在没有明确假设的前提下去挖掘信息、发现知识。数据挖掘所得到的信息应具有先前未知、有效和可实用三个特征。

先前未知的信息是指该信息是预先未曾预料到的，即数据挖掘是要发现那些不能靠直觉发现的信息或知识，甚至是违背直觉的信息或知识，挖掘出的信息越是出乎意料，就可能越有价值。有效是说挖掘出的信息是对决策有价值的信息，可以发现隐藏在数据中的规律性的东西或忽略了的事实。可实用是指挖掘的信息可以对具体操作起辅助指导作用。

3. 数据挖掘方法

数据挖掘通过预测未来趋势及行为，做出超前的、基于知识的决策。数据挖掘的目标是从数据库中发现隐含的、有意义的知识，主要是以下 5 类方法。

1) 自动预测趋势和行为

数据挖掘自动在大型数据库中寻找预测性信息，以往需要进行大量手工分析的问题，如今可以迅速直接由数据本身得出结论。例如，通过数据挖掘进行市场预测，数据挖掘使用过去有关促销的数据，来寻找未来投资中回报最大的用户，其他可预测的问题包括预报破产及认定对指定事件最可能做出反应的群体。数据挖掘对市场细分有较大的支持。

2) 关联分析

数据关联是数据库中存在的一类重要的可被发现的知识。若两个或多个变量的取值之间存在某种规律性，就称为关联。关联可分为简单关联、时序关联、因果关联。关联分析的目的是找出数据库中隐藏的关联网。有时并不知道数据库中数据的关联函数，即使知道也是不确定的，因此关联分析生成的规则带有可信度。

3）聚类分析

数据库中的记录可被划分为一系列有意义的子集，即聚类。聚类增强了人们对客观现实的认识，是概念描述和偏差分析的先决条件。聚类技术主要包括传统的模式识别方法和数学分类学。20世纪80年代初，Mchalski提出了概念聚类技术，其要点是，在划分对象时不仅考虑对象之间的距离，还要求划分出的类具有某种内涵描述，从而避免了传统技术的某些片面性。

4）概念描述

概念描述就是对某类对象的内涵进行描述，并概括这类对象的有关特征。概念描述分为特征性描述和区别性描述，前者描述某类对象的共同特征，后者描述不同类对象之间的区别。生成一个类的特征性描述只涉及该类对象中所有对象的共性。生成区别性描述的方法很多，如决策树方法、遗传算法等。

5）偏差检测

数据库中的数据常有一些异常记录，从数据库中检测这些偏差很有意义。偏差包括很多潜在的知识，如分类中的反常实例、不满足规则的特例、观测结果与模型预测值的偏差、量值随时间的变化等。偏差检测的基本方法是寻找观测结果与参照值之间有意义的差别。

4. 数据挖掘流程

数据挖掘基本思路如图8.12所示。通过人—机界面和接口操作系统，调用挖掘工具，从数据库或数据仓库中挖掘，然后将结果返回，并通过人—机接口转换为用户可理解的报表、图形等形式进行输出。图8.13描述了数据挖掘的基本过程与步骤。

图8.12 数据挖掘示意图

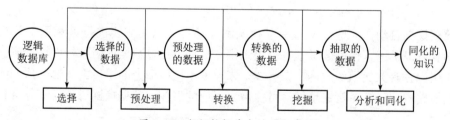

图8.13 数据挖掘基本过程与步骤

数据挖掘过程中各步骤的大体内容如下：

1）确定业务对象

确定业务对象就是明确解决的问题，对业务问题进行清晰的定义，认清数据挖掘的目的是数据挖掘的重要一步。挖掘的最后结构是不可预测的,探索的问题应是有预见性的,为了数据挖掘而数据挖掘则带有盲目性,是不会成功的。

2) 数据准备

数据准备包括:

(1) 数据选择。搜索所有与业务对象有关的内部和外部数据信息,并从中选择出适用于数据挖掘应用的数据。

(2) 数据的预处理。研究数据的质量,为进一步的分析做准备,并确定将要进行的挖掘操作的类型。

(3) 数据转换。将数据转换成一个分析模型,这个分析模型是针对挖掘算法建立的。

建立一个真正适合挖掘算法的分析模型是数据挖掘成功的关键。

3) 数据挖掘

对所得到的经过转换的数据进行挖掘,数据挖掘要采用一定的算法和技术。数据挖掘常用的技术有人工神经网络、决策树、遗传算法、近邻算法规则推导等。

4) 结果分析

对挖掘出的结果进行解释并评估,评价挖掘结果的正确性和可用性。

5) 知识同化

将分析所得到的知识集成到业务信息系统的组织结构中去,实现数据挖掘知识和整个系统的同化,作为新的基础进行完善和丰富。

5. 数据挖掘与数据仓库的关系

在多数情况下,数据挖掘都要从数据仓库中取出数据存到数据挖掘库或数据集市中(如图 8.14 所示)。因为数据在导入数据仓库时已经被清理过,而且数据不一致的问题已经得到解决,所以,进行数据挖掘时就没有必要进行数据预处理。

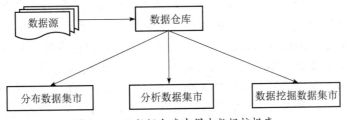

图 8.14 从数据仓库中得出数据挖掘库

数据挖掘库是数据仓库的一个逻辑上的子集,而不一定是物理上单独的数据库。当数据仓库的计算资源已经很紧张时,最好还是建立一个单独的数据挖掘库。

数据挖掘是一个相对独立的系统,可以独立于数据仓库存在。数据仓库为数据挖掘打下了良好的基础,包括数据抽取、数据清洗整理、数据一致性处理等,但数据挖掘系统也可以单独完成这些工作。因此,如果只是为了数据挖掘,可以把一个或者几个事务数据库导入一个只读数据库中,把它当作数据集市,然后在这个数据集市上进行数据挖掘。如图 8.15 所示。

图 8.15　从事务数据中得出数据挖掘库

数据挖掘和数据仓库相互配合工作,一方面,数据仓库可以简化数据挖掘过程中的重要步骤,确保数据来源的广泛性和完整性,提高数据挖掘的效率和能力;另一方面,数据挖掘技术已经成为数据仓库应用中极为重要的方面和工具。数据挖掘和数据仓库技术融合并互动发展,其学术研究价值和应用研究前景十分宽广。

8.5　商务智能

装备管理信息化建设中积累了大量的业务数据,其中蕴涵了海量、富有价值的信息和知识,如何从中充分挖掘潜在知识,为装备管理人员提供决策辅助,提升装备保障科学决策水平,已成为业界和学术界关注的重要问题。

8.5.1　商务智能的内涵

商务智能(Business Intelligence,BI)是从信息化建设到数字化转型中涌现出来的一种成熟、有效、可行的解决方案。它是一类由数据仓库(或数据集市)、查询报表、数据分析、数据挖掘、数据备份和恢复等部分组成的,以辅助决策为目的的技术及其应用。目前已经在金融、电信、保险等传统数据密集型行业、大型生产制造行业以及现代化企业管理中等民用领域得到了实践应用。

严格意义上讲商务智能并不是全新的事物,而是对一些现代分析决策技术的综合运用。领导信息系统和决策支持系统等技术应用,可以看作 BI 的前身。商务智能能提供迅速分析数据的技术和方法,包括收集、管理和分析数据,将数据转化为有价值的信息,并分发到各层级,让决策有数可依,减少决策的盲目性,理性地驱动管理和运营。商务智能的本质是利用现代技术辅助企业决策,因此随着信息技术的发展,BI 的概念范围也迎来了新的变化。2013 年,Gartner 对商务智能的概念进行了更新与扩展,着重体现了分析的能力,提出了分析与商务智能(Analytics and Business Intelligence,ABI),其概念涵盖了应用、基础结构、工具以及提供信息访问和分析,以改进、优化决策表现的最佳实践。

目前国内外商务智能技术发展迅速,涵盖的内容越来越多。从最初的技术应用到处理过程,再到一整套的解决方案,商务智能的体系日益庞大。这一趋势也反映了信息技术和企业数据的发展过程,商务智能在输入和方法层面逐渐吸纳扩充了较多的内容。商务智能白皮书中对商务智能有如下定义:BI 是在打通数据孤岛,实现数据集成和统一管理的基础上,利用数据仓库、数据可视化与分析技术,将指定的数据转化为信息和知识的解决方案,其价值体现在满足不同人群对数据查询、分析和探索的需求,从而为管理和业务提供数据依据和决策支撑。

8.5.2 商务智能的功能与技术

商务智能系统一般符合三层技术架构,即数据底层、数据分析层、数据展示层(图 8.16)。其中数据底层负责管理数据,包括数据采集、数据 ETL、数据仓库构建等环节,为前端报表查询和决策分析提供数据基础;数据分析主要是利用查询、OLAP 分析、数据挖掘以及可视化等方法抽取数据仓库中的数据,并进行分析,形成数据结论,将数据转化为信息和知识;数据展示层呈现报表和可视化图表等数据见解,辅助管理层决策。

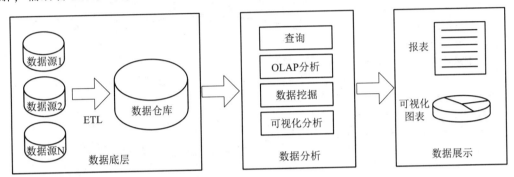

图 8.16 商务智能的功能架构

商务智能的应用程度上分为数据报表、数据分析、数据挖掘三个层面,如图 8.17 所示。数据报表是商务智能在管理决策应用的最基本的途径措施,主要将日常办公、业务分析所需要的数据以二维表和基础可视化图形等方式进行固定的展示,实现手工统计到自动生成的转化。数据分析则是采用统计分析方法进一步提取数据有用信息,数据与业务的关系得到进一步增强。数据挖掘是利用机器学习、专家系统和模式识别等算法和技术挖掘数据隐藏的信息和知识,为预测和决策提供支持。

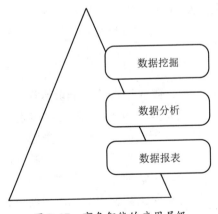

图 8.17 商务智能的应用层级

对应到装备保障维修决策环节,首先从来自维修保障支持系统、飞参、作训等不同业务系统以及外部的数据中提取出有价值的部分，然后进行数据的处理与存储，经过 ETL、数据清洗等过程，合并到数据仓库里，得到全局视图。最后在此基础上利用合适的查询和分析工具、OLAP 工具等对其进行分析和处理，将数据信息转变为管理驾驶舱、复杂报表、自助分析、多维分析等数据应用，从而为各级管理者的决策过程提供支持。对照功能架构，BI 的主要技术可以分为展示类、分析类和支撑类三个层级，如图 8.18 所示。

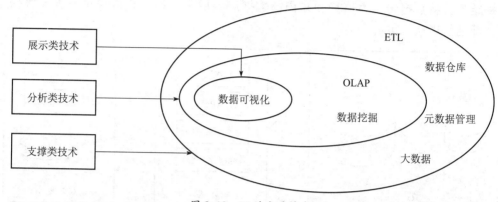

图 8.18 BI 的主要技术

1. 展示类技术

最核心的是展示类的数据可视化技术，抛开数据量级的不同和深度分析的需求，数据可视化技术能够满足最基本的商务智能目标，即将数据转化为信息并辅助决策。数据可视化的具体形式又分为报表和可视化图表两大类，其中报表是目前的主要数据展示形式。数据可视化旨在借助于图形化手段，清晰有效地传达与沟通信息。其基本思想是将数据库中每一个数据项作为单个图元素表示，大量的数据集构成数据图像，同时将数据的各个属性值以多维数据的形式表示，可以从不同的维度观察数据，从而对数据进行更深入的观察和分析。例如柱形图、折线图和饼图等一些基础的图表就可以直观地展示出数据。当数据较为复杂时，可以通过复杂图表搭配多样的交互效果来将数据直观化。

2. 分析类技术

分析类技术主要包括 OLAP、数据挖掘等，能够基于现有数据提供更深入的洞察。数据挖掘技术需要一定数据量的支撑。OLAP 主要关注多维数据库和多维分析。联机分析处理的定义为：使分析人员、管理人员或执行人员能够从多种角度对从原始数据中转化出来的、能够真正为用户所理解的并真实反映企业维特性的信息进行快速、一致、交互的存取，从而获得对数据更深入了解的一类软件技术。OLAP 是使分析人员、管理人员或执行人员能够从多种角度对从原始数据中转化出来的信息进行快速、一致、交互式访问，从而获得对数据的更深入了解的一类软件技术。OLAP 的目标是为管理决策提供支持，因此可以说 OLAP 是多维数据分析工具的集合，使最终用户可以在多个角度、多侧面观察分析数据，从而深入了解数据中信息或内涵。

3. 支撑类技术

支撑类技术主要包括数据仓库、ETL、大数据技术和元数据管理等，用于管理繁杂的、不断增长的数据，为整个商务智能系统体系提供持续的、强力的、稳定的支撑。数据仓库是一个面向主题的、集成的、相对稳定的、反映历史变化的数据集合，用于支持管理决策。数据仓库通过数据清理、数据变换、数据集成、数据装入和定期数据刷新过程来构造。数据仓库系统由数据仓库、数据仓库管理系统、数据仓库工具三个部分组成。在整个系统中，数据仓库居于核心地位，是信息挖掘的基础；数据仓库管理系统负责管理整个系统的运作；数据仓库工具则是整个系统发挥作用的关键，包含用于完成实际决策问题所需的各种查询检索工具、多维数据的 OLAP 分析工具、数据挖掘 DM 工具等，以实现决策支持的各种要求。ETL 用来描述将数据从来源端经过抽取、交互转换、加载至目的端的过程。它是构建数据仓库的关键环节，数据仓库主要是为决策分析提供数据，所涉及的操作主要是数据的查询，所以 ETL 过程在很大程度上受对源数据的理解程度的影响，也就是说从业务的角度看数据集成非常重要。

8.5.3 商务智能工具分类

目前国内外商务智能工具形形色色，其功能特点也大不相同。可从部署方式、应用平台、功能侧重等几个方面来划分商务智能工具。

按照部署方式分为本地部署、私有化部署和混合部署三类。目前商务智能工具主要采取本地部署，如 SAP、Oracel、帆软、智慧等生产的。本地部署和私有化部署（上云）两者区别就在于：上云的过程会涉及大量的数据与信息的云端迁移，会造成大量的额外工作；其次，安全问题，也是最为关注的，通常本地部署安全系数更高。

按软件架构来分为 C/S、B/S 结构两类，分别以桌面软件、浏览器为主要的应用平台。前者各部分模块中有一部分改变，就要关联到其他模块的变动，系统升级成本比较大。后者开发、维护等几乎所有工作也都集中在服务器端，减轻了异地用户系统维护与升级的成本。

按照功能侧重可以分为报表式、传统式、自助式三类。报表式主要面向计算机技术人员，适用于各类固定样式的报表设计，一般用于表现业务的明细数据和指标汇总，支持的数据量相对不大。传统式 BI 更侧重于 OLAP 即席分析与数据可视化分析。自助式面向业务人员，通过简单易用的前端分析工具，基于业务理解自助分析业务问题，实现数据驱动业务发展。

8.5.4 商务智能项目建设方法

商务智能项目建设方法分包括明确需求、选择合适的 BI 工具、项目规划与方案实施等方面，接下来介绍其中的关键环节和建设要点。

1. 明确需求

只有项目方案与需求契合，项目才具备生命力。通常情况下，此类项目主要由信息化建设与数据应用需求驱动。项目前期的立项阶段要明确大致需求，以支撑 BI 项目的立项和工具选型；项目正式启动阶段要弄清楚详细需求，也就是具体到业务、数据、技术等层面的需求。

明确大致需求，就是要弄清楚各层级人员的痛点，找到项目建设的理由和共识，并确定项目范围。项目前期要注意收集和整理决策层、各单位的关注点，弄清楚他们的需求与期望，再分析项目的应用场景、功能需求、交互需求、管理需求，评估项目周期等。项目成功与否的关键在于完成后能不能长期使用。如果没想清楚需求就匆忙开始建设，导致研发的系统并不能解决实际问题甚至无法使用，会引发对数据价值和项目意义的质疑。所以，项目启动前，要大致了解系统的用户来源、应用需求、使用场景，只有具备明确的应用需求和落地场景，才富有价值并能解决实际问题。

明确大致需求，项目决定启动后，需要梳理需求和场景，以作为工具选型时的考量因素。收集和明确详细需求是设计项目蓝图方案前的主要任务，是对大致需求的深入和细化，要具体到可执行的粒度，例如每一个业务指标的分析与展示的维度和单位等。这个过程涉及业务、技术、数据等方面，需要通过细致的需求调研来完成。

收集和明确需求并非易事，尤其是挖掘需求方详细的、深层次的需求。很多时候在需求调研时，经常因为问题描述和理解差异，使得需求在不断传递的过程中发生较大的偏差，最终开发出来的功能与原始需求大相径庭。业务人员说不清，技术人员不理解，导致最终的开发结果无法满足真实业务场景的需求。如何才能做好需求调研，准确无误地将其传达给开发人员，需要把握好总体思路和原则，做好三个关键环节。需求调研的总体思路是以模块为线，以整体为面，由粗到细，由上至下，先整体后局部。在总体思路的基础上，一个非常重要的原则就是在收集和确认需求时做到"抓痛点而不是抓痒点"。通过逐层地抓痛点，让各类人员明确项目边界，以免偏离方向。最后即便项目不能保证完美契合需求，但是核心需求满足后，系统得到了部署使用，才不算失败。

需求调研的三个关键环节是调研业务部门分析场景，调研数据质量，设计、确认及修改数据体系。

1）调研业务部门分析场景

在调研业务部门分析场景前，首先要做的就是依据BI系统的使用者确定需要调研的人员，具体的调研可以从以下几个层面展开。首先是管理层面，主要调研与战略相关的指标分析需求，将战略目标拆解到不同的层级。其次是调研业务部门在一些日常分析场景中的需求，最后是调研业务部门的一些隐性需求，这些需求与日常分析场景不同，通过头脑风暴或访谈的方式去挖掘，在完成这些需求调研后，可以依据场景维度指标化与数据体系化的原则。

2）调研数据质量

质量低劣的数据会误导产生质量低劣的决策。"脏"数据是项目失败的主要因素之一。一旦数据存在不能接受的质量问题，会丧失对项目决策支持作用的信心和信任。数据按来源主要分为业务系统数据、手工数据、外部数据等。对数据质量的调研也从这三个来源展开，本质是梳理已有的数据。对业务系统数据调研时，需要明确各业务系统对接人，获取相应的数据接口和数据字典，若无法获取则需要协商制定应对策略。对于手工数据，项目团队可先行收集历史手工数据资料，此项工作可与业务部门的需求调研同步进行。对于外部数据，项目团队可先行收集历史手工数据资料，此项工作可与业务部门的需求调研同步进行。对于外部数据，可参考调研业务系统数据的方式，重点关注数据的可获取性和使用场景。

  3）设计、确认及修改数据体系

设计数据体系时主要考虑原始表和基础宽表两个层级，结合之前调研时所考虑的数据使用要求的最小粒度，以及分析中可能用到的维度、指标，尽可能做到对分析场景的全覆盖，满足各类数据粒度要求。对数据体系的确认和修改主要包括数据维度、指标、粒度的增/删/改，字段含义及逻辑口径统一。

2. 选择合适的 BI 工具

不同单位在发展和管理水平、信息化水平、人员能力素质等方面情况各异，据实际情况量体裁制选择恰当合适的工具。选择时主要存在两个误区：一是对技术水平的定位不当，采用技术太过前沿的工具，如果没有落地场景，增大了项目投入成本，而技术落后的工具很快就会过时，因此选型时须慎重，走中庸之道，不保守、不激进，不盲目追求新技术，所选的工具不仅当下能发挥作用，而且在一段时间内其技术不至于过时；二是不盲目参考，照搬照抄解决方案一时可行，但可能工具选型的不慎重会影响后期系统的长远使用。

具体而言，关于 BI 工具选型要素，需要考虑的不外乎易用性、稳定性、功能、采购成本、BI 厂商的能力等几点。根据帆软数据应用研究院的调研结果，是否高效、易用和便捷是最受关注的要素，工具的功能与稳定性的关注，是选型时考虑的第二大要素。

1）易用性

易用性决定整体使用体验，是影响用户持续使用的首要因素。具体来说，易用性主要体现在上手难度、交互体验、学习资源丰富度等方面。目前，"零编码设计"理念可最大限度地降低用户的上手难度，大大降低了学习门槛和成本。开发者能快速建立数据模型，做好数据预处理；业务人员能在无技术基础的情况下快速进行自助分析，洞察业务问题，平台管理员能够迅速建立完善的权限体系，方便地管理整个平台，如对角色的管理、对组织架构的管理、对权限的管理、对分析模板的管理等。此外，还要求 BI 工具提供多种多样的学习资源，例如帮助文档、教学视频、技术方案等。

2）性能

BI 工具的性能决定其运行速度与质量，性能要求可概括为快速、稳定。好的 BI 工具都有与之搭配的数据引擎，一方面提升数据响应的性能，另一方面根据不同的数据量级和类型，灵活地调整计算模式和方案。BI 工具还要保证稳定性，频繁宕机和故障是难以承受的。

3）功能

BI 工具必须具备的核心功能包括数据准备、数据处理、数据分析与可视化、平台管控等。总体来看，一定要符合强大、灵活、易用、安全、可视化程度高的特点。

（1）数据准备。数据准备是指将原始数据读取到 BI 平台并进行基础的管理和建模，为后续的分析奠定基础，具体包括数据存取/连接、数据管理等环节。

（2）数据处理。分析人员对于数据处理的需求灵活多变，并且经常需要对不同业务系统的数据根据相同的维度或者属性进行关联分析。业务人员能以极低的学习成本将数据处理成需要的结果，数据维护人员更专注于准备基础数据的工作，将数据分析与处理的任务交给更熟悉业务的分析人员。

（3）数据分析与可视化。BI 中的数据分析与可视化有多种需求类别，例如可视化探索分析、制作仪表板、制作固定报表等。可视化探索分析需要面向分析人员，使其通过简单操作，实现数据多维分析和可视化显示，直观快速了解数据，发现问题。

（4）平台管控。平台管控需要为用户提供统一访问、集中管理、分类维护三大功能。统一访问提供统一的应用访问门户，通过对用户角色和权限的控制，使不同角色的用户能够通过一个门户系统看到符合自身需求的仪表板视图，使用仪表板功能。集中管理对于数据决策系统中的系统资源、系统配置、监控日志、用户、权限、仪表板模板、定时调度等内容提供统一的管理环境，方便用户日常管理。分类维护，在整合和规范仪表板数据的基础上，为不同类型仪表板提供对应的开发手段，采取统一的仪表板模板化定制和发布方案。

4）采购成本

工具选型需要格外注意两点：一是综合考虑各项成本，在满足需求的前提下，在选型时不能局限于绝对的低许可证成本，而是要综合考虑，追求相对的总成本领先；二是学会用投资回报率模型量化价值，用预测的量化价值除以成本即可得到。量化价值不仅要考虑节省的人力成本等显性经济收益，还需考虑隐性的管理收益，例如效率提升、职能转变、员工能动性增加等。

3. 项目规划与方案实施

项目规划和实施方案是保障项目落地的首要环节。好的项目规划能有效提升开发人效，缩短项目周期，实现项目预期目标。做项目规划时，应先易后难，稳扎稳打。主要分以下步骤：

1）确定项目范围

项目规划的第一步是根据项目需求和目的确定项目范围。对于项目管理者而言，最重要的是正确、清楚地定义项目范围。如果项目范围划分得不够明确，会直接导致项目内容意外变更，有可能造成项目最终成本提高、进度严重延迟、偏离原定目标等不良后果。具体来说，项目范围包括组织、功能、业务、数据、接口等 5 个方面的范围。

2）组建项目团队

分工明确、配合有序的项目团队是项目成功的关键。由于项目建设涉及管理者、业务部门等，因此相关人员需参与项目的规划与实施。项目团队的角色分为团队领导者、业务精通者、方案设计者、技术落地者等 4 类。每一类角色又可以进一步细分。如果采用外协等方式，需要派遣成员，以保证对项目的整体把控。

3) 设计实施方案

项目实施方案是在项目开展后为规范项目开展过程而制定的指导性方案，它定义了项目的进度安排、业务和技术方案、关键产出、交付标准及各环节中可能需要的管控措施等，是项目实施过程的行动指南。总结起来，项目实施方案中应包括 3 项主要内容，即项目计划、蓝图方案和项目管理方法。项目计划是对项目进度的安排，主要包括里程碑计划、主计划和详细计划。这三个计划逐层细化项目工作并检验各项任务的完成情况，控制项目的进展，保证总目标的实现。建设项目时需要收集和明确详细需求，蓝图方案是经过详细调研后拟定的具有实际指导意义的文档，可以将它理解为更具体的解决方案，即将解决方案中的各类框架细化到可设计、可执行的粒度。对蓝图方案有两大要求，即可行性与全面性。可行性指蓝图方案的整体设计符合业务发展的需要，不能过于理想化，要考虑实施的难度。全面性则指项目团队不能局限于单个模块，而要在项目实施范围内解决关键问题，并且考虑系统后续的可扩展性。项目的蓝图方案一般包括 3 个部分，即整体方案、系统环境方案和详细方案。

（1）整体方案包括业务、技术和数据三个方面。业务方案主要是基于业务需求分析结果，设计业务分析模型。一般的业务方案为：首先准备数据源接口；再到数据处理层，搭建基础数据平台和业务分析平台，梳理各个业务板块的内容；最后，搭建决策管理平台，通过报表、驾驶舱、移动端、大屏等多种方式展示数据，达到最终目标——信息共享、信息对称。技术方案是支撑业务分析的整体技术框架，包括特殊技术预演结果、相关代码整合等内容。数据方案则包括对数据获取方式、数据血缘关系的梳理与描述，以及数据校对功能的设计、数据校对策略的制定等。

（2）系统环境方案描述软件环境、网络与服务器环境的配置要求。其中，软件环境包括客户端软件、BI 应用、中间件、数据库管理系统及操作系统等。网络与服务器环境主要是参考 BI 系统的要求，描述操作数据存储服务器、OLAP 服务器、Web 应用服务器以及整个网络的配置情况。

（3）详细方案是在整体方案的基础上对每个模块的方案进一步细化，例如数据仓库建设方案、数据集成方案、数据补录方案、数据分析平台建设方案、多平台集成方案等。可根据自身需求，在技术、业务和数据方案上进行拓展。

规范的项目流程能够保障项目按计划有序进行，然而项目过程中的不确定性往往会带来各种突发情况，影响项目进度和质量，甚至可能导致项目失败。这就需要建立完善的项目管理方法和制度，对项目进行整体监测和管控，保障项目成功落地。项目管理包括对质量、风险、成本、沟通、采购、人力资源等多个方面的管理。

（1）项目风险管理。任何项目都存在不确定性，因此尽管有规划做指导，但也不可不考虑不确定性带来的风险。对风险的管理以事前管理和事中管理为佳。做项目规划时准确预测风险，实施项目时有效管控风险，都能够最大限度地避开风险或减小损失，保障项目最终落地。

（2）需求变更管理。项目需求也很难保证一成不变，因此项目实施过程中经常会遇到需求突然变更的情况。既然需求的变更不可避免，应对的关键就在于对变更进行更有效的控制，若控制不当会对整个项目的进度、成本、质量等产生较大影响。需求变更管理同样要求项目团队事先做好规划，避免需求变更时没有完善的应对方案而影响项目整体的进度和质量。在发生需求变更时应及时做好管控。

（3）项目验收管理。项目验收的目的是保证项目质量，一般由各个需求方或项目领导委员会审核及验收项目。在 BI 项目被验收时，项目团队除了要交付完成开发的数据应用模板，还需要交付项目过程中产生的一些资料，例如蓝图设计方案、系统测试文档、系统使用文档等。同时，验收并不意味着项目的结束，而是标志项目进入持续的运维支持阶段。

本章小结

决策支持系统是为决策者提供有价值的信息及创造性思维与学习的环境，帮助决策者解决半结构化和非结构化决策问题的交互式计算机系统，其功能主要体现在它支持决策的全过程，特别是对决策过程各阶段的支持能力。群决策支持系统是反映群体的各个成员相互影响并且做出特定决策的决策方式的决策支持系统。

专家系统利用计算机技术、人工智能及其他理论，将某个特定领域内专家的知识或推理过程在计算机上实现，并且用来解决过去需要专家才能解决的现实问题的计算机系统。从结构组成的角度看，ES 是一个由存放专门领域知识的知识库，以及一个选择和运用知识的推理机制组成的计算机系统。

智能决策支持系统是在传统 DSS 的基础上结合 ES 形成的。在结构上，IDSS 增设了知识库、推理机与问题处理系统，人—机对话部分还加入了自然语言处理功能。

数据库技术和分布处理技术的发展，为 DSS 提供了新的技术平台。信息处理开始以支持决策为目标，从事务型数据库中提取数据，将其整理、转换为新的存储格式。这种支持决策的数据存储称为数据仓库。一般来说，多维数据模型总包括一个时间维，它对决策中的趋势分析具有重要的意义。DW 的数据组织方式分为虚拟存储方式、基于关系的存储方式和多维数据库组织存储三种。

为了从数据库中提取有用的信息，人们开始借助人工智能的成果进行数据分析与可视化现实。数据挖掘，又称数据采掘或数据开采，是知识发现的关键步骤。商务智能工具提供了数据可视化分析的解决方案。DM 采用机器学习、统计等方法进行知识学习，其研究的主要内容是数据挖掘算法和数据挖掘应用。

思考题

1. 什么是决策支持系统？决策支持系统具有哪些特征与功能？
2. 决策支持系统具有哪几种典型的结构？
3. 什么是群决策支持系统？群决策支持系统具有怎样的结构？
4. 常用的开发决策支持系统的方法有哪些？
5. 什么是专家系统？专家系统具有哪些特征？
6. 什么是智能决策支持系统？智能决策支持系统中 DSS 与 ES 结合的形式有哪些？
7. 什么是数据仓库？数据仓库具有哪些特征？
8. 多维数据分析的方法有哪些？
9. 什么是数据挖掘？常见的数据挖掘方法有哪些？

第 9 章 装备管理信息系统应用

管理科学、决策技术、信息技术等的发展，推动了装备管理信息化、正规化建设，本章以某保障信息系统中维修作业管理子系统为例，说明面向对象方法的系统分析与设计。以数据可视化技术为基础，说明装备管理信息系统所积累的数据如何在装备管理决策中应用。

9.1 维修作业管理子系统

9.1.1 案例背景

该保障信息系统是网络化运行的信息系统，以驻地场站和部队保障及机务维修局域网络为网络运行支撑环境，以地面站、桌面计算机、便携式维修支持终端（Portable Maintenance Aid，PMA）等作为系统运行的硬件，充分集成了装备使用维修所需的各种设计数据和技术信息，包括：完整的技术资料信息，与使用维修活动相关联的构型数据库，产品的二维条码及履历信息，飞机整机、系统及部件的测试策略库与诊断策略库，支持维修、排故用的即时训练课件。

该保障信息系统的应用软件不仅能将机上的使用维修信息与地面的技术支持信息充分衔接，并智能化提供使用维修指导，而且还能以灵活多样的部署展现形式，运用信息高度融合和自动化的手段，实现不同维修保障模式下的管理过程。不仅如此，借助反映装备指挥的计划和调度过程，保障信息系统应用软件采用人工智能等技术手段，实现场站级机群、维修保障资源、维修保障组织等的一体化指挥管理。

维修作业管理子系统主要由维修人员使用完成各种维修作业活动的登记以及相关信息的记录，包括工作指令管理、工卡管理、使用记录管理、故障信息管理、工卡模板管理、工作指令模板管理等模块，各模块的描述如下。

1. 工作指令管理

实现维修保障工作从计划制定、指令下达、工作执行到完成归档的全过程闭环管理。

(1) 能依据工作指令模板、周期性工作、专项普查等生成指令卡片。
(2) 能下达拟制好的工作指令。
(3) 能删除拟制的工作指令。
(4) 能归档已完成的工作指令。

2. 工卡管理

能管理电子工卡接收、工作、填写、回收全过程，为维修一线提供工作指引，并实时反馈工作执行情况。

(1) 能接收已下达指令包含的工卡。
(2) 能根据工卡完成工作，填写完成情况。
(3) 完成工作后，能提交已完成的工卡。
(4) 能标记工卡未保留状态。

3. 使用记录管理

登记飞机、发动机、单独计寿件使用时间、次数的情况。
(1) 能新增飞机、发动机、单独计寿件使用时间、次数的情况。
(2) 能够根据飞参判读结果，自动导入各项使用时间。
(3) 能修改、删除使用记录信息。

4. 故障信息管理

能报告故障信息，记录飞机状态、工作情况等。管理所有故障发现、判明、排除的全部信息，并存储相关状态信息。
(1) 能新增、修改、删除故障信息。
(2) 能审核机组报告的故障信息。

5. 工卡模板管理

能建立和维护电子工卡模板，供下发操作卡片时作为模板使用以及新增、修改、删除工卡模板。

6. 工作指令模板管理

提供对工作指令的新增、修改、查询、删除、导出和对工卡模板的添加、移除、编辑等功能。

9.1.2 用例图

UML 是一种对软件系统进行规约、构造、可视化和文档化的语言，其融合了 Booch 方法、OMT 方法和 OOSE 方法的核心概念，取其精华形成了一个统一、公用、具有广泛适用性的建模语言。UML 中最常用的图包括用例图、类图、对象图、协作图等。下面对用例图、类图和序列图进行详细介绍。

用例图（Use Case diagram）是描述参与者、用例以及两者关系的图，它从用户的角度描述了对系统的需求，分析产品的功能和行为。换句话说，用例图说明的是谁要使用系统、他们可以使用系统做些什么。它展示了一个外部用户能够观察到的系统功能模型图。

用例图模型如图 9.1 所示。参与者用人形图标表示，用例用椭圆图标表示，两者的关系用连接线表示。

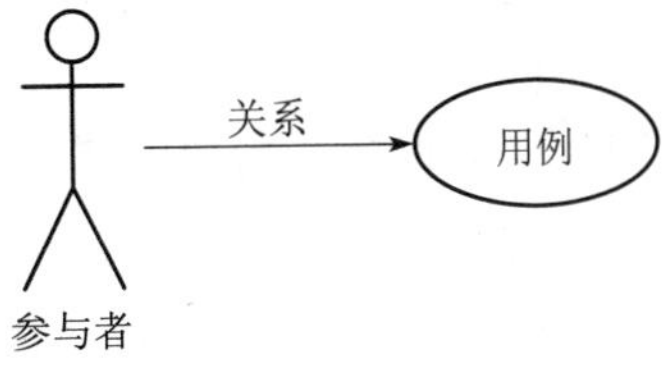

9.1.2.1 用例图的组成

用例图主要由参与者、用例、关系以及系统边界组成。

图 9.1 用例图

1. 参与者

参与者（Actor）是指在系统之外，但与系统直接交互的对象，用人形图标表示，并在人形图标下面标出参与者的角色名（见图9.2）。参与者不止是人，也可以是信息系统、设备等；其可以参与一个或多个用例。

2. 用例

用例是用户期望系统具备的功能，每一个用例说明一个系统提供给它的使用者的一种服务或者功能，用椭圆形符号表示，用例的名字可以写在椭圆图标内部或者下方（见图9.3）。用例的目的是在不显示系统内部结构的情况下定义连贯的行为。

图9.2　参与者　　　　　　　　　图9.3　用例

在用例的定义过程中，必须包含其所有行为——执行用例的主线次序、标准行为的不同变形、一般行为下的所有异常情况以及其预期反应。从用户角度来看，上述情况很可能是异常情况，从系统角度来看，它们是必须被描述和处理的附加情况。更确切地说，用例不是需求或者功能的规格说明，但也展示和体现其所描述的过程中的需求情况。

用例的粒度是指用例包含的系统服务或功能单元的多少，用例的粒度越大，用例包含的功能越多，反之则包含的功能越少。需要特别指出的是，针对同一个系统的描述，不同的人可能会产生不同的用例模型。这是用例的粒度不同造成的。如果用例的粒度很小，得到的用例数就会很多，这会导致模型过大增加设计难度；反之，则得到的用例数就会很少，这会导致模型过小不便于进一步分析。因此，用户需合理选择用例的粒度以便于模型的设计。

3. 关系

关系是指参与者与用例以及用例之间的联系，包括关联关系、包含关系、扩展关系以及泛化关系，相关定义及符号表示如下。

（1）关联关系，指参与者与用例之间的通信。

（2）包含关系，指一个用例可以简单包含其他用例具有的行为，并将其所包含的用例作为自身行为的一部分。

（3）扩展关系，指用例功能的延伸，相当于为基础用例提供了一个附加功能。

（4）泛化关系，指一个用例可以被特别列举为一个或多个子用例。

4. 系统边界

系统边界指系统之间的界限。边界内表示系统的组成部分，边界外表示系统外部。

9.1.2.2 用例图绘制

要绘制用例图，需要发现业务参与者并获取业务用例。

1. 发现业务参与者

业务参与者（Business Actor）是参与者的一个版型，专门用于定义业务相关的参与者。业务参与者是实际业务工作中的参与者，针对的是业务人员而不是系统使用者，没有抽象的计算机角色。通过以下几个问题可以判断参与者是否为业务参与者。

(1) 业务参与者的名称是否为用户的业务术语？
(2) 业务参与者的职责是否在用户岗位手册中查到？
(3) 业务主角的业务用例是否为用户的专业术语？
(4) 用户是否可以对业务主角顺利理解？

通过以上定义，在对维修作业管理子系统进行的需求调研中，确定了机务大队大队长、质控室主任以及机组等业务参与者。

2. 获取业务用例

业务用例是用例的一个版型，从一定程度上反映了系统的功能需求。业务用例既可以从用户相关的文档中获取，如岗位手册、业务流程指南、职务说明等，也可以从涉众分析中获得借鉴。其中对业务参与者进行调研访谈是一个重要环节，通过调研访谈可以了解业务参与者的需求，从而获取更有针对性的业务用例。

为了提高访谈调研的效率，通常先准备一份调查问卷给用户，使其对访谈内容有一个充分的准备。调研访谈的内容根据实际需求而变化，但大体上可以从以下几个方面考虑。

(1) 现在的业务流程是什么？存在什么样的问题？
(2) 对系统的期望是什么？希望其能具备什么样的功能？
(3) 希望系统能够帮助达成什么样的目的？

在维修作业管理子系统访谈调研所得到的需求如下。

1) 机务大队大队长的需求
(1) 可以查看机务工作整体情况。
(2) 可以查看机务工作指令落实情况。
(3) 可以查看飞机及其各系统状态及使用时间。
(4) 可以查看工作人员信息。

2) 质控室主任的需求
(1) 可以查看飞机故障修理情况。
(2) 可以查询飞机及其各系统状态及使用时间。
(3) 可以增加或删除工作项目。
(4) 可以查看工作人员信息。

3) 机组人员的需求
(1) 可以查看工作内容，包含已完成和未完成的工作。
(2) 可以增加或删除故障信息。

根据上述调研访谈结果绘制相关业务用例，如图9.4、图9.5、图9.6所示。

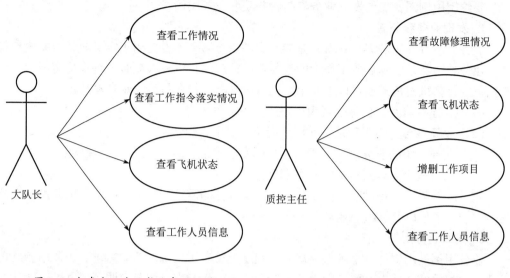

图9.4　机务大队大队长业务用例图　　　　图9.5　质控室主任业务用例图

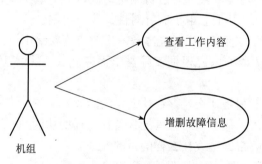

图9.6　机组人员业务用例图

9.1.3　类图与序列图

类图（Class Diagram）用来表示系统中类以及类之间的关系，如图9.7所示。

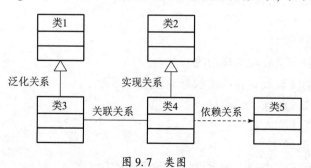

图9.7　类图

类用来表示系统中需要处理的事务。类之间的连接方式多种多样，包括关联关系（类之间相互连接）、依赖关系（一个类使用另一个类）、通用化关系（一个类是另一个类的特殊化）以及打包关系（多个类聚合为一个元素）等。类和类之间的关系在类图的内部结构中得以体现，并且能够用类的属性和操作反映出来。

通常情况下，一个系统会含有多个类图。一个类图不一定包含系统中所有的类，一个类也可以在不同的类图中出现。

将类图用到维修作业管理子系统分析中，可以将系统中各类的属性以及类间相互关系直观地反映出来，便于后期对系统进行详细设计。

序列图是一个交互图，按照时间顺序详细说明了对象之间的交互过程。序列图由若干个对象组成，每个对象用一个垂直的虚线表示（线上方为对象名），每个对象下面有一个矩阵条，与虚线相叠，由上至下表示该对象随时间流逝的过程。箭头表示各对象之间信息交互，位于表示对象的虚线之间。其他说明以及注释标注在图的边缘。

图 9.8 是航材申请的一个序列图，直观清晰地反映了对象之间动作的先后次序，说明了对象之间的交互过程，以及具体某一时刻将要进行的动作。

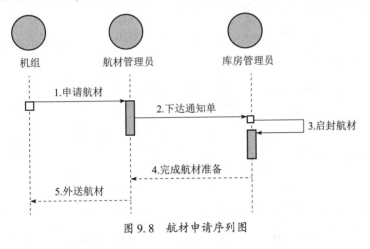

图 9.8 航材申请序列图

9.1.4 内部外部接口

维修作业管理子系统中的接口分为外部接口以及内部接口两大类。部分外部接口及内部接口的名称及需求等信息如表 9.1、表 9.2 所示。

表 9.1 外部接口

序号	接口名称	需求描述	发送方	接收方
1	飞参飞行时间数据导入接口	从飞参处理结果中导入飞行时间、发动机时间等数据	飞参快速判读软件	保障支持系统
2	查询航材信息接口	查询航材目录及库存信息	航材管理软件	保障支持系统

表9.2 内部接口

序号	接口名称	需求描述	发送方	接收方
1	获取工卡模板列表接口	获取工卡模板列表	维修作业	技术状态管理
2	获取单独计时件接口	获取指定飞机单独计时件信息	技术状态管理	维修作业
3	获取到期工作和到寿机件接口	根据工作预报设置，获取指定飞机的到期工作和到寿机件	技术状态管理	维修作业
4	获取维修项目接口	获取指定飞机计划性维修项目	技术状态管理	维修作业
5	获取维修项目预测结果接口	根据工作预报设置，获取指定飞机的到期维修项目	技术状态管理	维修作业
6	查询最低设备清单接口	查询最低设备清单	技术状态管理	维修作业
7	维修项目累计时间归零接口	对指定的维修项目的累计时间做归零处理	技术状态管理	维修作业
8	更新机件累计时间接口	根据飞行数据生成使用记录并更新构型上机件的累计时间和计划性维修项目的累计时间	技术状态管理	维修作业
9	查询故障案例接口	查询故障案例	技术状态管理	维修作业

这里给出表9.5中查询最低设备清单接口、查询故障案例接口的详细信息，见表9.3、表9.4。

表9.3 查询最低设备清单接口详细信息

接口名称	查询最低设备清单接口	接口标识	JSZT-I05
接口实体	最低设备清单	接口类型	数据检索
接口说明	查询最低设备清单		
输入参数			
输出参数	最低设备清单		

表9.4 查询故障案例接口详细信息

接口名称	查询故障案例接口	接口标识	GZZD-I01
接口实体	故障综合诊断	接口类型	数据传输
接口说明	查询故障案例		
输入参数	故障案例查询条件		
输出参数	故障案例数据		

9.1.5 面向对象设计原则

面向对象的系统设计是在系统需求分析的基础上，进一步深入地细致设计。采用面向对象方法开发系统，类和对象是系统的基本构成要素，接口描述类对外所能提供的服务。因此，类和对象设计是系统详细设计中最重要的工作。此外，在类与接口设计的基础上，还需要进行功能逻辑设计。

面向对象的系统设计的基本原则包含了开闭原则、依赖倒置原则、单一职责原则、接口隔离原则、迪米特法则、里氏替换原则以及合成/聚合复用原则。

1. 开闭原则

开闭原则（Open-Close Principle，OCP），即对扩展开放，对修改关闭。在设计模块的时候，应当使该模块在不被修改的前提下被扩展。

2. 依赖倒置原则

依赖倒置原则（The Dependency Inversion Principle，DIP），即模块实现过程中尽量依赖抽象，不依赖具体实现。具体来说，一是高层模块不应该依赖于低层模块，两者都应该依赖于抽象；二是抽象不应该依赖于细节；三是细节应该依赖于抽象。

3. 单一职责原则

单一职责原则（Single Responsibility Principle，SRP），即对于一个类而言，应该仅存在一个可以引起类变化的原因；换句话说，就是指一个类只负责一种功能。

4. 接口隔离原则

接口隔离原则（Interface Segregation Principle，ISP），即客户端不依赖于它不需要的接口，类之间的依赖关系应当建立在最小接口上。具体来说，一是建立单一接口，不建立多功能的总接口；二是尽量细化接口，接口中的方法尽量少；三是单个类之间的依赖应当建立在最小接口之上。接口隔离原则符合高内聚、低耦合的设计思想，可以使类具有很好的可读性、可扩展性和可维护性。

5. 迪米特法则

迪米特法则（Law of Demeter，LoD），即每个类尽量减少对其他类的依赖，以降低类与类之间的耦合。

6. 里氏替换原则

里氏替换原则（Liskov Substitution Principle，LSP），指一个软件实体如果适用于一个父类的话，那一定是适用于其子类，且程序逻辑不变。里氏替换原则加强了程序的健壮性，同时变更时也可以做到非常好的兼容性，提高程序的维护性、扩展性，降低了需求变更引入时的风险。

7. 合成/聚合复用原则

合成/聚合复用原则（Composite/Aggregate Reuse Principle，CARP），即尽量使用对象组合/聚合。这可以使细听更加灵活，降低类与类之间的耦合度。

9.1.6 类与接口设计

类设计就是按照 Java、C#等现实语言，将分析类中的边界类、实体类、控制类，细化已有方法，补充类属性。类设计是将分析模型转换为设计模型最重要的一项工作。

在维修作业管理子系统中，以 MyEclipse10.1 作为开发工具，使用 Java 作为开发语言进行系统开发。在 9.2 节中对维修作业管理子系统进行了业务参与者、业务用例获取的基础上，本小节将对其属性和方法进一步地完善，实现维修作业管理子系统的类设计。该系统中每一个功能均被设计为一个单独的类。

以工作指令管理这个控制类为例，该类涉及工作指令执行 ID、标题、飞机号、指令类别、指令类型等相关信息（具体描述见表 9.5），并给出类操作的具体方法（见表 9.6）以及下达工作指令操作的逻辑实现图（见图 9.9）。

表 9.5 类属性描述

序号	名称	标识符	数据类型	大小和格式/单位	范围/枚举	准确性/精度	说明
1	工作指令执行 ID	GZZLBS	String				
2	标题	BT	String				
3	描述	MS	String				
4	状态	ZT	number				
5	飞机号	FJH	String				
6	指令类别	ZLLB	String				
7	指令类型	ZLLY	String				
8	来源标识	LYBS	String				
9	指令依据	ZLYJ	String				

表 9.6 类操作

操作名称	标识符	功能描述
下达工作指令	Gzzl_report	提供工作指令的下达功能
新增工作指令	Gzzl_add	提供工作指令的新增指令功能
删除工作指令	Gzzl_delete	提供工作指令的删除指令功能
修改工作指令	Gzzl_update	提供工作指令修改工作指令功能

1. 作用

接口是描述类能对外提供的服务。接口在软件设计中的作用主要有以下两点。

1）提高软件结构化水平

根据软件分层架构理论，按照作用和功能可以将软件分为不同层级，并且在同一层级之间还可以细分为具有独立功能的构件。一方面，接口作为软件分层的交互边界，能够实现各层之间的数据访问；另一方面，接口也能实现构件与构件之间的数据访问。因此，接口提高了软件的结构化水平。

2）提高软件设计的健壮性

通过接口能够有效地将设计与现实分离，这也是面向对象方法的一大优点。设计人员根据软件设计的需要，将需要的功能以操作集的方式设计到接口中。至于功能的具体实现，可以在类设计中另行考虑。只要接口不发生改变，即使接口的类发生变化也不会对系统造成影响，因此，通过接口将设计与实现隔离能够提高软件的健壮性。

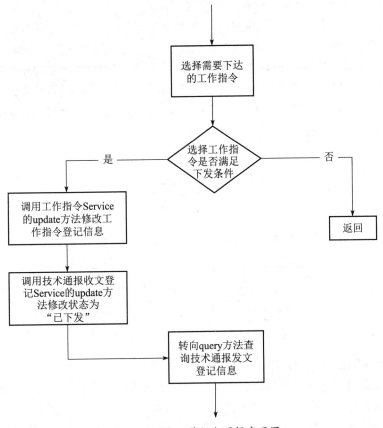

图 9.9　下达工作指令逻辑实现图

2. 分类

接口的设计主要有以下三种类型。

1) 为单个对象设计接口

典型的单个对象通常是封装某种算法，这些对象由于业务规则和业务逻辑的特殊性使得他们可能有不同的方法。虽然这些对象可能没有抽象价值，但是我们可以简单地为其设计单独的接口，将方法提取出来形成"接口—实现"的形式保留了替换实现类的可能。

如图 9.10 所示，OfferRuleControl 类实现了 Rule 接口。OfferRuleControl 类是专门用于验证飞机放飞次序是否合理的类，将其设计成"接口—实现"的形式时，就保留了替换验证飞机放飞次序是否合理地实现类的可能。当不同类型的飞机需要采用不同的合理性检验时，就可以为 Rule 接口设计不同的实现类，而其他业务仍可以调用 Rule 的 checkRule 方法。

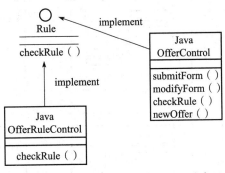

图 9.10　单个对象"接口-实现"设计实例

2）为具有相似性的对象设计接口

系统中，虽然对象处理事情的内容和过程具有是不相同的，但其办法可能是类似的。换句话说，这些对象具有相同或者相似的行为模式。其中典型代表就是实体对象，其主要功能是封装业务数据和对业务数据的操作方法。虽然被封装的业务数据是不同的，但是操作方法基本都是增删改查。以维修作业管理子系统中的查询最低设备清单接口、查询故障案例接口为例，两者均涉及查询这一操作方法，将其提取出来涉及成为接口，让两者均实现这个接口，如图9.11所示。

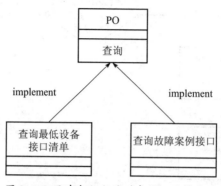

图9.11 具有相似行为对象接口设计实例

3）为软件各层级设计结构

按照层级设计理念设计软件的目的是实现层级之间的高内聚、低耦合。但是，对于具有多层级的软件架构中，由于层级复杂、层级内部构件多等现实情况，各层级之间的交互是十分复杂的。如果层级之间的交互杂乱无章（图9.12），软件分层带来的好处就会完全丧失。采用接口设计能够在保证层级设计不被破坏的情况下，有效减少信息交互的复杂程度（图9.13），很好地解决这一问题。

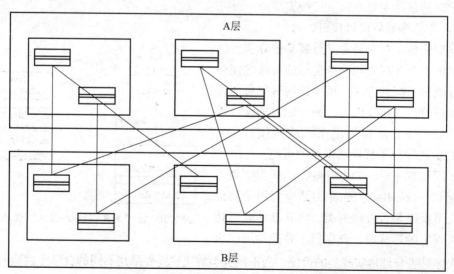

图9.12 不采用接口设计层级交互示意图

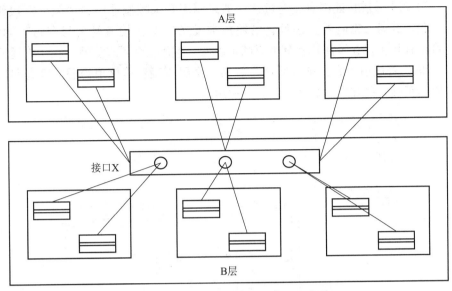

图 9.13 采用接口设计层级交互示意图

9.1.7 功能逻辑设计

在需求分析中,通过用例反映系统的功能。从面向对象视角来看,对象是系统的基本构成要素,功能逻辑设计是分析一个用例的功能,包括涉及的对象、对象之间的交互过程,并给出其功能逻辑模型。

BCE(Boundary-Control-Entity)模式描述了在参与者互动执行某个用例的执行期间系统内部的运作情况,即实现一个用例的必要的逻辑要素及其交互关系。BCE 模式将对象分为边界类、控制类和实体类,三种类通过信息互通完成用例的功能。边界类用来隔离系统,通常负责接收并响应系统内外的消息;控制类对应用例,控制用例执行期间的复杂运算或业务逻辑;实体类对应业务实体。

用户登录界面涉及的三种类型的类如图 9.14 所示。

图 9.14 登录界面的三种类

一个用例的功能可以通过一组类中的对象在执行过程中通过信息交互完成,用序列图能够描述对象之间信息交互的过程。对象交互体现为由多个类中的对象共同完成一项任务,对象通过互相发送消息来实现对象交互,对象之间发送的消息除了一般消息之外,大多是调用其他一个对象的一个操作。用例对象交互过程应该与用例叙述中的事件流顺序一样。

如图 9.15 所示,用户找到登录界面,输入姓名、密码;系统通过登录界面接收到用户姓名和密码后,对姓名、密码的正确性进行验证;若通过验证,则显示欢迎信息;若验证失败,则显示姓名或者密码有误。在登录控制器中设置"验证"操作来检验账号密码的正确性。登录界面把接收到的用户姓名、密码作为"验证"操作的参数,给登录控制器发送一条验证消息，通过这个消息调用登录控制器中的"验证"操作。登录界面为验证姓名、密码的正确性，给用户类发送一个"检查姓名与密码"的消息，用户类将检查是否存在该用户及其密码的正确性。"检查姓名、密码"操作将返回一个 boolean 型值，若该值为真，则表明用户姓名、密码正确；若该值为假，则表明用户姓名、密码不正确，并在登录界面显示相关提示。

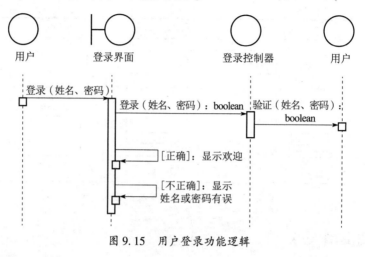

图 9.15　用户登录功能逻辑

9.2　装备管理决策应用

9.2.1　装备维修预测控制

装备维护工作通常表现出一定的周期性，每使用一段时间就要进行相应的检查和维修，其周期往往由装备的使用时间、使用次数及日历时间共同决定。因为装备系统组成复杂、机件数量众多、控制标准多样，需要对周期性工作与有寿机件进行控制，以防止装备质量处于失控状态。为了控制有寿机件与周期性工作过程，维修保障支持系统一是采用不同类型的计时方式建立装备、发动机、机件等不同的寿命时间轴，二是在不同计时方式上根据控制标准增加寿命控制的时限，从而实现精准控制。维修一线每个工作日的任务开展，需要一份有寿机件与周期性工作清单作为制定计划的主要依据。这里主要以商务智能工具 FineReport 为例，介绍如何制作一份有寿机件与周期性工作清单的制作流程（如图 9.16 所示），实现装备维修预测控制。

图 9.16　FineReport 报表制作流程

1. 新建数据连接

制作报表前，首先要确保设计者新版维修保障支持系统数据库类型、数据库地址、访问数据库的用户名密码，然后在 FineReport 设计器中新建一个数据连接，建立数据库与设计器的交互桥梁。FineReport 支持通过 JDBC、JNDI、SAP、XMLA 等不同方式连接数据库，当报表执行时需要访问数据库时这些连接才会被激活。新版维修保障支持系统依托于国产达梦数据库，因此，这里给出利用 JDBC 连接达梦数据库建立数据连接的过程。

FineReport 设计器菜单栏服务器的定义数据连接可定义需要连接的数据库，连接下拉框中包含 DB2、SQL Server、MySQL、Sybase、Access、Derby、SQLite、Inceptor 等数据库选项，若需要连接的数据库不在下拉框中，那么可以选择 Others。

建立达梦数据库连接的步骤为：

（1）将达梦数据库的 jar 驱动包（文件名如 Dm7JdbcDriver17.jar）放置到%FR_HOME%\webapps\webroot\WEB-INF\lib 文件路径下，并重启报表服务器。

（2）设计器中新建 JDBC 数据连接，修改 JDBC 数据连接名称，数据库选择 Others，填写对应的驱动器和 URL（驱动器为"dm.jdbc.driver.DmDriver"，URL 为"jdbc:dm://IP:Port"），以及用户名和密码。如图 9.17 所示。

（3）连接池属性，点击可设置该 JDBC 数据连接的连接池配置，这里使用默认设置，一般使用默认设置即可。

（4）测试连接，单击左上方的测试连接，提示成功。

（5）设置编码，推荐直接选自动即可。

（6）保存数据连接，最后单击确定按钮，保存新建的数据连接。

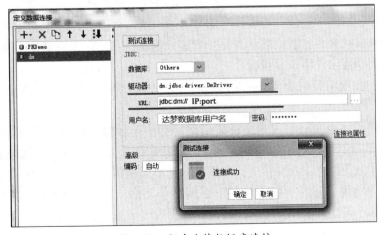

图 9.17　新建达梦数据库连接

2. 新建模板与数据集

数据连接创建好之后，可新建报表模板。数据连接是用于整个工程的，并没有实质性地将数据从数据库中取出来，故还需要在特定模板中新建数据集，通过数据连接从数据库中取数。数据集是指从数据库中将数据取出来，可直接应用于模板设计的数据展现集合。按照其使用范围可以分为服务器数据集、模板数据集。服务器数据集是对应于整个报表工程的，更换一个模板或新建一个工作簿，仍然可以使用。模板数据集是对应于当前模板的，保存在这个模板的 cpt 文件中，不能与其他模板公用，是私有的。可通过数据库查询、内置数据集、文件数据集、SAP 数据集、存储过程、多维数据库、关联数据集以及树数据集等建立不同的数据集。

建立维修保障支持系统的数据连接后，可在数据库中的 V_KJZB_JWWX_WXKZ_KZXM 视图中查看已建立的寿机件与周期性工作的所有控制项目。因此，可通过数据库查询方式建立报表的数据集，具体过程如图 9.18 所示。

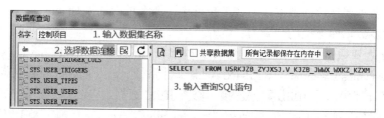

图 9.18　以数据库查询方式建立数据集

3. 模板设计

数据准备完成后，需对有寿机件与周期性工作清单模板进行设计。FineReport 模板设计分为报表设计、参数设计、图表设计和填报设计四个部分，报表设计是纯粹的数据展示，参数设计是动态查询数据，图表设计是使用图表来展示数据，填报设计是录入数据并写入数据库。根据实际情况确定使用或者联合使用哪几种方式。普通模板是最常用的设计模式，主要特点是类 Excel 设计界面、无限行列扩展和多 sheet 功能，能轻松实现数据间的各种运算，实现复杂表样、分组交叉、卡片分栏、同比环比等功能。行式报表对数据进行纵向扩展，将数据展示为一个列表式的表格。以行式清单式明细表为例进行有寿机件与周期性工作清单模板设计。

（1）新建控制项目数据集后，可取出视图中所有控制明细，熟悉视图各字段的含义。

（2）报表设计单元格写入表格标题信息，选中单元格，右边属性面板选择单元格属性——样式，设计标题样式。将数据集中的相关数据列按照标题字段依次拖入单元格，然后同样为表格整体添加样式，并设计数据单元格格式。

（3）添加预警。右击"剩余时次"数据列单元格，选择条件属性，右侧属性面板自动切换为条件属性，添加一个条件属性，选择改变的属性为边框。当满足条件剩余时次小于等于 5 时对当前单元格画线。

4. 模板预览

模板设计完成之后，保存模板至工程目录下面，即可预览，可根据显示效果调整模板设计。可在 Web 端查看、打印、导出有寿机件与周期性工作清单，如图 9.19 所示。

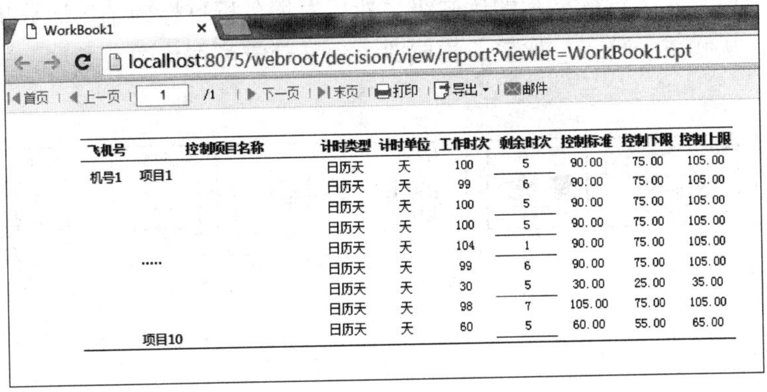

飞机号	控制项目名称	计时类型	计时单位	工作时次	剩余时次	控制标准	控制下限	控制上限
机号1	项目1	日历天	天	100	5	90.00	75.00	105.00
		日历天	天	99	6	90.00	75.00	105.00
		日历天	天	100	5	90.00	75.00	105.00
		日历天	天	100	5	90.00	75.00	105.00
		日历天	天	104	1	90.00	75.00	105.00
	·····	日历天	天	99	6	90.00	75.00	105.00
		日历天	天	30	5	30.00	25.00	35.00
		日历天	天	98	7	105.00	75.00	105.00
	项目10	日历天	天	60	5	60.00	55.00	65.00

图 9.19　有寿机件与周期性工作清单

9.2.2　装备数据可视化分析

数据可视化是指将大型数据集中的数据以图形图像形式表示，并利用数据分析和开发工具发现其中未知信息的处理过程。装备数据主要从立项论证到退役报废全周期全寿命过程中产生。通过装备管理信息系统采集、存储、处理、传输采集装备数据，为保障决策指挥和维修实施提供可靠的信息支持平台。随着数据分析与可视化技术的发展，通过挖掘装备数据价值，获取蕴含知识信息，辅助装备管理决策成为热点研究问题。装备数据的内容、主题、种类较多，这里以维修保障支持系统中的故障数据分析为例，依托 FineReport 软件介绍装备数据可视化分析过程。

航空维修保障支持系统中以故障为主题的数据主要存储在 T_KJZB_JWWX_RCDJ_GZXX（故障信息）、T_KJZB_JWWX_RCDJ_GZPCXX（故障排除信息）、T_KJZB_JWWX_RCDJ_GZPCXXGZSC（故障排除信息故障审查）等几个业务数据表中，涵盖故障报告确认、排故完成、审核归档过程涉及的重要数据信息。将故障数据进行可视化分析，可以直观反映近期装备可靠性、维护质量的基本情况，细化故障规律趋势，以辅助专业人员及时针对性制定、修改保障措施。FineReport 为弥补传统报表设计模式在自适应布局、局部刷新、展示效果等方面的不足，推出了决策报表设计模式，通过决策报表可以实现移动端和大屏场景的自适应以及报表组件间的联动。决策报表专为大屏和移动端而生，通过简单的拖拽操作即可帮助用户构建强大全面的管理驾驶舱，在一个页面中整合不同业务数据，全面展示各类业务指标，实现数据的多维度分析。可以通过大屏为数据展示载体，把相对复杂、抽象的数据通过可视的方式以更易理解的形式展示出来的一系列可视化手段。可视化分析从制作到最后的展现，一般包含 4 个步骤：需求调研、原型设计、细节美化、调试运营。

1. 需求调研

需求调研主要考虑需要可视化分析的数据内容和质量、用户的业务功能需求、软硬件条件等主要因素。主要分为以下过程：

一是业务需求调研。根据业务场景抽取关键指标，即确定可视化内容和关键指标。

根据业务需求拟定各个指标展示的优先级。然后根据分析目标确定指标分析维度和数据之间的关系，从联系、分布、比较、构成四个角度确定可视化图表类型，选择时可参考图9.20。

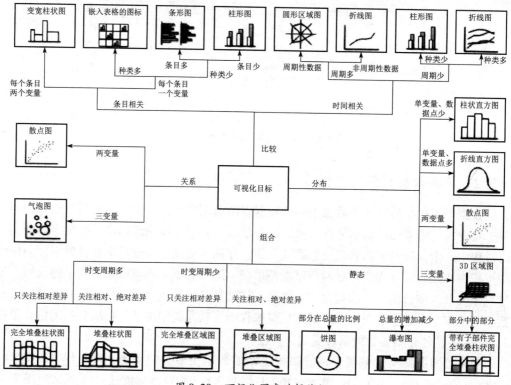

图9.20 可视化图表选择依据

二是数据质量调研。了解信息系统中与该主题相关数据来源、单位和更新频率，细致分析数据质量。

三是功能调研。确定数据关系类型、选择相应图表后，还需要增加哪些可视化分析效果。

四是软硬件调研。分析现有的软硬件条件，确保设计稿尺寸可行、指标及元素显示合理。

2. 原型设计

可视化分析的目的就是将用以辅助决策的关键数据指标直接地、区分重点地呈现给决策者，因此布局排版和呈现内容需要精心设计。

1）布局排版设计

布局排版方面设计的关键是按照主、次、辅的顺序排列指标，内容全面、突出重点。主要核心业务指标安排在中间位置，占较大面积。次要指标位于屏幕两侧，多为各类图表。辅助分析的内容可以通过钻取联动、轮播显示等方式对相关指标进行进一步分析说明。图9.21给出了布局排版中常用的几种方式。

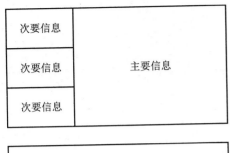

图 9.21 常用的布局排版

2) 具体设计

确定需要可视化的指标内容以及布局排版后,需要对可视化界面进行具体设计。一是建立与信息系统数据库的数据连接;二是从数据表中选择用以获取或计算可视化分析指标所需的数据字段,进行相应的数据计算;三是将所需图表按照预先选定的布局排版拖拽排列;四是定义图表的数据、类型、样式和效果;五是进行简单的效果预览。设计步骤如图 9.22 所示。

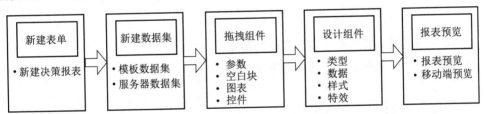

图 9.22 可视化设计步骤

3. 细节美化

完成可视化主要元素内容设计实现后,需要对显示效果进行细节美化,主要考虑以下方面:一是定义设计风格,要考虑可视化定位、用户群体等诸多因素,以符合用户特点满足管理层的要求;二是选用配色,大屏配色优选深色、暗色背景,可减少拼缝带来的不适感和屏幕色差对整体表现的影响,同时暗色背景更能聚焦视觉、突出内容效果;三是统一图表系列、标签配色;四是增加点缀、边框、图画、动态等效果。

4. 调试运营

可视化分析界面完成后需要进一步进行调试,检查关键视觉元素、字体字号、页面动效、图形图表等是否按预期显示、有无变形、错位等情况,对显示性能与数据刷新等方面进行综合测试,测试完成后将可视化模板部署到服务器。

本章小结

进行面向对象系统分析与设计的主流工具是 UML。UML 是一种对软件系统进行规约、构造、可视化和文档化的语言，UML 中常用的图包括用例图、类图、序列图等。

系统分析是在获取需求的基础上，综合考虑自身实际的情况下对系统的目标、需求结构、功能需求等进行分析的过程。面向对象系统分析采用的主要工具是用例图。面向对象系统设计是在系统需求分析的基础上进行的设计，通常包括类设计、接口设计、功能逻辑设计等。类与接口设计是将系统各部分进行合理衔接、使系统功能更加合理规划的过程。功能逻辑设计指的是分析一个用例的功能，包括涉及的对象、对象之间的交互过程，并给出其功能逻辑模型。

装备管理信息系统可辅助决策者通过数据、模型和知识，以人机交互方式进行装备管理决策，其中一种重要的方式就是通过数据可视化进行。

思考题

1. 简述用例图构成要素及要素之间的关系。
2. 简述面向对象的系统设计的基本原则。
3. 简述接口设计的优点。
4. 简述 FineReport 报表制作的流程。
5. 说明数据可视化图表选择的一般规则。

参考文献

[1] 黄梯云，李一军，叶强．管理信息系统［M］．7 版．北京：高等教育出版社，2019．
[2] ［美］肯尼斯·C. 劳顿，简·P. 劳顿．管理信息系统（原书第 15 版）［M］．黄丽华，俞东慧，等译．北京：机械工业出版社，2018．
[3] 薛华成．管理信息系统［M］．6 版．北京：清华大学出版社，2012．
[4] 薛华成．管理信息系统（精要版）［M］．北京：清华大学出版社，2016．
[5] 王晓敏，邝孔武．信息系统开发与管理［M］．4 版．北京：中国人民大学出版社，2013．
[6] 李雄飞，董元方，李军．数据挖掘与知识发现［M］．2 版．北京：高等教育出版社，2010．
[7] 王纹，毛彦．数据驱动的管理［M］．北京：清华大学出版社．2016．
[8] 郭东强，傅冬绵．现代管理信息系统［M］．4 版．北京：清华大学出版社，2017．
[9] 黄孝章，刘鹏，苏利祥．信息系统分析与设计［M］．2 版．北京：清华大学出版社，2017．
[10] 马费成，赖茂生，孙建军，等．信息资源管理［M］．2 版．北京：高等教育出版社，2014．
[11] 王北星，韩佳玲．管理信息系统［M］．北京：电子工业出版社，2013．
[12] 罗超理，高云辉．管理信息系统原理与应用［M］．3 版．北京：清华大学出版社，2012．
[13] 张基温．信息系统安全教程［M］．3 版．北京：清华大学出版社，2017．
[14] 曾历博．试论信息系统战略规划的方法［J］．科技信息，2011（33）：470-472．
[15] Jiawei Han, Micheline Kamber, Jian Pei. 数据挖掘概念与技术［M］．范明，孟小峰译．北京：机械工业出版社，2012．
[16] 李敏．管理信息系统［M］．2 版．北京：人民邮电出版社，2017．
[17] 刘建伟，王育民著．网络安全——技术与实践［M］．3 版．北京：清华大学出版社，2017．
[18] ［美］David M. Kroenke, Randall J. Boyle. 管理信息系统技术与应用［M］．袁勤俭，张一涵，孟祥莉，等译．北京：机械工业出版社，2018．
[19] ［美］肯尼斯·C. 劳顿，简·P. 劳顿．管理信息系统精要（原书第 13 版）［M］．黄丽华，等译．北京：机械工业出版社，2016．
[20] 凌海风，曾拥华，严骏，等．装备管理信息系统开发及应用［M］．2 版．北京：国防工业出版社，2019．
[21] 王铁宁，贺云卓，彭艳丽．装备管理信息系统管理与应用［M］．北京：国防工业出版社，2013．
[22] 凌斌．装备管理信息系统设计与实现［D］．成都：电子科技大学．2012．
[23] 李泓松．装备管理信息系统的设计与实现［D］．成都：电子科技大学，2011．
[24] 王文信，杨扬．数据生产力——企业 BI 项目建设与运营［M］．北京：电子工业出版社，2020．
[25] 帆软数据应用研究院．商务智能（BI）白皮书 2.0［EB/OL］，2020．
[26] 卫红春．信息系统分析与设计［M］．4 版．西安：西安电子科技大学出版社，2018．
[27] 总装备部．国家军用标准 GJB630A—1998［S］，1998．
[28] Ron Paton. 软件测试［M］．2 版．张小松，王珏，曹跃，等译．北京：机械工业出版社，2019．
[29] 杨选辉，郭路生，王果毅．信息系统分析与设计［M］．2 版．北京：清华大学出版社，2019．
[30] 薛均晓，石磊．UML 面向对象设计与分析教程［M］．北京：清华大学出版社，2020．